Arduino
开发从零开始学

爱玩键盘的猫 编著

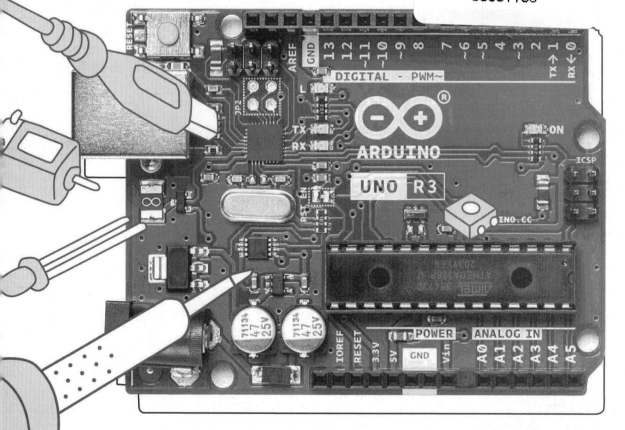

清華大學出版社
北京

内 容 简 介

Arduino 是一款便捷、灵活、方便上手的开源电子原型平台，包含硬件（各种型号的 Arduino 板）和软件（Arduino IDE）两部分。Arduino 本质上是一种电子工具，可以用来制作许多有趣的创意电子作品，比如四轴飞行器、智能小车等。本书详解 Arduino UNO R3 开发板和常用电子元件的用法，并结合下位机实验、上位机实验以及智能小车项目，帮助读者掌握 Arduino 开发技能。本书配套示例源码、PPT 课件、配图文件、作者 QQ 答疑服务。

本书共分 11 章，内容包括 Arduino 平台概述、搭建 Arduino 开发环境、辅助性库函数、电路设计软件 Fritzing 入门、硬件入门、发光二极管、按键数字信号、按键开关控制 LED、Arduino 纯下位机实验（包括 17 个小实验）、Arduino 和上位机实验、超声波智能小车项目实战。本书所用电子元件均需自行购买。

本书既适合 Arduino 初学者、电子技术爱好者、Arduino 智能小车创意开发人员阅读，也可作为高等院校或高职高专电子、物联网等专业的教材。

图书在版编目（CIP）数据

Arduino 开发从零开始学 / 爱玩键盘的猫编著. -- 北京：清华大学出版社, 2024. 6. -- ISBN 978-7-302-66571-7

Ⅰ. TP368. 1

中国国家版本馆 CIP 数据核字第 20246MD683 号

责任编辑：夏毓彦
封面设计：王 翔
责任校对：闫秀华
责任印制：宋 林

出版发行：清华大学出版社
  网 址：https://www.tup.com.cn，https://www.wqxuetang.com
  地 址：北京清华大学学研大厦 A 座   邮 编：100084
  社 总 机：010-83470000   邮 购：010-62786544
  投稿与读者服务：010-62776969，c-service@tup.tsinghua.edu.cn
  质 量 反 馈：010-62772015，zhiliang@tup.tsinghua.edu.cn

印 装 者：三河市天利华印刷装订有限公司
经 销：全国新华书店
开 本：190mm×260mm   印 张：16.5   字 数：445 千字
版 次：2024 年 7 月第 1 版   印 次：2024 年 7 月第 1 次印刷
定 价：69.00 元

产品编号：105048-01

前　　言

在笔者刚开始接触 Arduino 时，阅读了几本关于它的图书，发现存在两个问题。一个问题是，从目录上看，这些图书内容看似全面且充满创意，但真正深入学习时，却发现里面的例子实现起来非常困难，许多示例甚至缺乏详细的组装指导，就直接提供代码段并简单地指示编译和下载，预期读者能立即看到结果。这些示例没有说明使用了哪些组件，每个组件的作用是什么。对于零基础的初学者来说，这种讲解方式效果欠佳。另一个问题是示例的范围过于广泛，甚至包括了智能家居等项目，这样大的项目对于初学者来说几乎没有可行性，更不用说实现这些功能往往需要在硬件上进行大量的投资。

鉴于这些情况，笔者决定撰写一本介绍 Arduino 的入门书，并延续笔者一贯的风格：尽可能使读者的学习曲线平缓，并降低学习成本，所有实验都可以在虚拟机中完成，而不是要求读者购置多台计算机以搭建网络环境。笔者坚持一个原则，那就是能够通过软件解决和达到教学目的的问题，就绝不依赖硬件。

但 Arduino 的学习，硬件投资是必要的。为此，笔者精心挑选了很多适合初学者的有趣实例，不盲目上马"高大上"的项目。这种"高大上"的项目意味着高昂的硬件成本，对初学者而言显然不太合适。初学者的目标应该是通过尽可能少的硬件和最简洁的代码来入门 Arduino，从而快速建立起信心。本书旨在让初学者能够轻松跨过入门的门槛，通过实践有趣且实用的项目来探索 Arduino 的可能性，从而激发他们深入学习的兴趣和热情。

关于本书

为了降低初学者的学习难度，笔者在书中使用了大量插图，尤其是电路元器件的连线图，做到"一图胜千言"。在介绍程序代码时，笔者努力保持代码简洁，同时提供充分的注释，以便读者更好地理解每一行代码的作用。

另外，笔者并没有把 C 语言本身的学习放在本书中。如果目标是学习 C 语言，那么使用一台普通的计算机进行学习就绰绰有余，完全没必要在 Arduino 环境中学语言。因为 Arduino 开发涉及软件和硬件，如果在没有掌握 C 语言的情况下就开始学习 Arduino，学习的难度会大大增加。因此，笔者期望读者在开始阅读本书之前，已经具备 C 语言的基础知识。之所以说"基础"，是因为在 Arduino 的软件编程中，很少会用到复杂的算法，笔者也不会在书中展示过于复杂的编程技巧。

Arduino 软件编程中，更应该关注的是 Arduino 官方提供的库函数。这些库函数可以用来操作硬件，因此必须重视和掌握。为此，笔者特意在库函数解释方面着重笔墨，虽然很多库函数初学者暂时用不到，但在以后工作中会经常用到，到那时，本书又可以作为案头手册来使用了。

除了多示意图、多代码注释外，笔者还对硬件搭建做了详细解释。对于以前没接触过硬件的读者来讲，搭建电路、组装小车绝对是个挑战，因此笔者直接指明了搭建和组装过程中可能遇到的各种问题。另外，对于智能小车的组装，笔者还录制了视频，以供读者参考。

配套资源下载

本书配套示例源码、PPT 课件、配图文件、作者 QQ 答疑服务，请读者用自己的微信扫描下边的二维码下载。如果学习本书的过程中发现问题或有疑问，可发送邮件至 booksaga@163.com，邮件主题为"Arduino 开发从零开始学"。

笔　者

2024 年 5 月

目　　录

第1章

Arduino 平台概述

Arduino 是什么？不少人都有这个疑问。有的人觉得 Arduino 就是一个开发板，然而这并不准确。Arduino 也是一个开源的开发平台，越来越多的人用它来开发电子产品，因为它简单易掌握，零基础的人也能快速上手，制作出各种好玩的东西。

因为 Arduino 的种种优势，越来越多的专业硬件开发者已经或正在使用 Arduino 来开发他们的项目和产品；越来越多的软件开发者使用 Arduino 进入硬件、物联网等开发领域；在高等教育领域，自动化、软件甚至艺术专业，也纷纷开设了 Arduino 相关课程。

1.1　什么是 Arduino

Arduino（读作阿尔杜伊诺）是一款便捷灵活、方便上手的开源电子原型平台，包括 Arduino 硬件平台和 Arduino 软件平台两部分。Arduino 是一套能够用来感应和控制现实物理世界的工具。它由一个基于单片机并且开放技术资料的硬件平台和一套为 Arduino 硬件板编写程序的集成开发环境（Integrated Development Environment，IDE）组成，如图 1-1 所示。

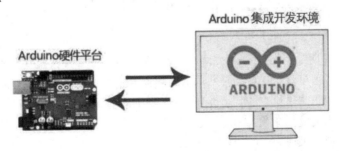

图 1-1

Arduino 平台最初由意大利的学生设计，因其具有开源、扩展性高、价格低廉等特点，一经推出就受到各界电子爱好者的青睐和推广。Arduino 平台的硬件方面，目前已经发布十多个不同类型的电子控制板，其中使用最为广泛的是 Arduino UNO 开发板。本书中所用的 Arduino 套件均为 Arduino UNO 套件。Arduino UNO 开发板基本结构如图 1-2 所示。

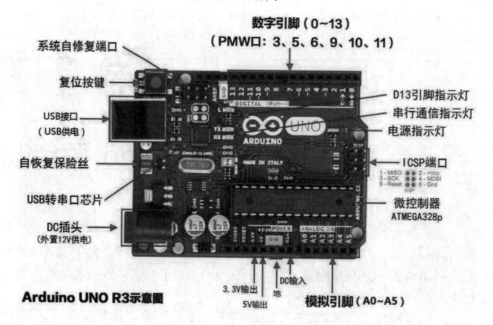

图 1-2（彩图参见配套下载资源）

Arduino UNO 开发板可以通过 USB 接口直接通电，也可以外接 6～12V 的 DC 电源通电。复位按键可以使程序运行回复到初始状态。从上图中可以看到，四个黄色的 LED 灯包括一个电源灯（ON）、一个接数字引脚 13 的 LED 灯和两个串行通信指示灯（TX/RX）。Arduino UNO 板中标出的数字引脚 0～13 和模拟引脚 A0～A5 为输入/输出引脚（也就是输入/输出接口）。Arduino UNO 开发板中有一个 3.3V 和一个 5V 的输出接口，可以根据实际情况选择使用。

Arduino 平台的软件方面是指 Arduino IDE。只有将硬件搭建与程序代码相结合，才能真正实现作品的功能。Arduino IDE 基本界面将在 2.3 节中介绍。

1.2 Arduino 的起源

意大利文艺复兴时期是一段持续了约 200 年的、令人难以置信的人类历史时期，其标志是艺术和科学技术都取得了显著进步。在这一时期，列奥纳多·达·芬奇、伽利略·伽利雷和桑德罗·波提切利等名字成为伟大思想洪流中的一小部分，他们为世界带来了难以计量的知识、艺术和发明。几个世纪后，电子技术的复兴在意大利的一个名叫伊夫雷亚的小镇出现。这一切始于一块手工焊接的电路板，这块电路板后来成为全球知名的 Arduino。

Massimo Banzi 是意大利伊夫雷亚的一家高科技设计学校的老师，他的学生经常抱怨找不到便宜好用的微控制器。2005 年冬天，Massimo Banzi 与 David Cuartielles 讨论了这个问题。David Cuartielles 是一位来自西班牙的晶片工程师，他当时在这所学校做访问学者。两人决定设计自己的电路板，并邀请 Massimo Banzi 的学生 David Mellis 为电路板设计编程语言。两天以后，David Mellis

就写出了程序代码。又过了三天，电路板就完工了。Massimo Banzi 喜欢去一家名叫 di Re Arduino 的酒吧，该酒吧是以 1000 年前的意大利国王 Arduin 的名字命名的。为了纪念这个地方，他将这块电路板命名为"Arduino"。

随后 Banzi、Cuartielles 和 Mellis 把设计图放到了网上。版权法可以监管开源软件，却很难用在硬件上，为了保持设计图的开放源码理念，他们决定采用 Creative Commons（CC，知识共享）的授权方式公开硬件设计图。在这样的授权下，任何人都可以生产电路板的复制品，甚至还能重新设计和销售原设计的复制品。人们不需要支付任何费用，甚至不用取得 Arduino 团队的许可。然而，如果重新发布了引用设计，就必须声明原始 Arduino 团队的贡献；如果修改了电路板，则最新设计必须使用相同或类似的 Creative Commons 的授权方式，以保证新版本的 Arduino 电路板也是自由和开放的。被保留的只有 Arduino 这个名字，它被注册成了商标，在没有官方授权的情况下不能使用它。

Arduino 经过十几年的发展，已经有了多种型号及众多衍生控制器。

1.3　Arduino 的主要特点

Arduino 如此流行，肯定有其独到之处，其主要特点如下：

1）跨平台

Arduino IDE 可以在 Windows、Macintosh OS X、Linux 三大主流操作系统上运行，而其他的大多数控制器只能在 Windows 上开发。

2）简单清晰易掌握

对于初学者来说，Arduino 极易掌握，同时有着足够的灵活性。初学者不需要太多的单片机基础、编程基础，简单学习后，就可以快速使用 Arduino 电路板进行开发。

3）开放性

Arduino 的硬件原理图、电路图、IDE 软件及核心库文件都是开源的，在开源协议范围内可以任意修改原始设计及相应代码。

4）发展迅速

Arduino 不仅是全球流行的开源硬件，也是一个优秀的硬件开发平台，更是硬件开发的趋势。Arduino 简单的开发方式使得开发者能够关注其创意与实现，更快地完成自己的项目开发，从而大大节约了学习成本，缩短了开发周期。

1.4　Arduino 的应用场景

Arduino 是一个极其灵活的开源电子原型平台，它允许开发者创建各种交互式产品。利用 Arduino 可以轻松读取大量的开关和传感器信号，控制多种电器，如灯光、电机及其他物理装置。

Arduino 的应用范围广泛，从电子时钟、电子显微镜、宠物喂养机、3D 打印机、无人机、智能小车，到智能家居系统，它的能力几乎只受作品创造者想象力的限制。作为创客社区的热门选择，Arduino 平台支持连接多种传感器，可接收信号以监测外部环境，也能通过诸如电机和电源等输出设备来实际操作或改变这些环境。

在教育领域，Arduino 也非常受欢迎，成为许多青少年编程和电子学习项目的入门平台。许多非电子专业的大学课程也纳入了 Arduino，使得拥有好点子的非电子专业学生也能将自己的创意实现成具体的产品。另外，Arduino 以其开源和高度扩展性的特点，成为实施机器人教育的理想平台之一。与其他积木式搭建平台相比，Arduino 能够提供更多自定义的可能性，激发学生的创新和创造力。

第2章

搭建 Arduino 开发环境

既然是开发 Arduino 程序，那么首先需要一个 Arduino 集成开发环境。集成开发环境是用于提供程序开发环境的应用程序，一般包括代码编辑器、编译器、调试器和图形用户界面等工具，是集成代码编写、分析、编译、调试等功能于一体的开发软件服务套。所有具备这一特性的软件或者软件套（组）都可以叫作集成开发环境，如微软的 Visual Studio 系列，Borland 的 C++ Builder、Delphi 系列等。该程序可以独立运行，也可以和其他程序并用。IDE 多被用于开发 HTML 应用软件。例如，许多人在设计网站时使用 IDE（如 HomeSite、DreamWeaver 等），因为很多项任务会自动生成。

对于初学者而言，最常用的操作系统是 Windows，因此本书以在 Windows 下搭建 Arduino 开发环境为主。为了照顾一部分 Windows7 系统的使用者，笔者这里采用 Windows7 操作系统。通常而言，如果 Windows7 上的环境搭建起来了，那么 Windows10 也是可以的，反之则不一定。

2.1 下载和安装 Arduino IDE

可以到官方网站 https://www.Arduino.cc/去下载 Arduino IDE。打开网站首页，在上部单击 SOFTWARE 标签进入下一个页面，或者直接打开 https://www.arduino.cc/en/software，然后在该页面右边找到"Windows MSI installer"，如图 2-1 所示。

单击"Windows MSI installer"开始下载。这里下载下来的文件是 arduino-ide_2.3.2_Windows_64bit.msi，这是个安装包。如果不想下载，也可以到随书源码根目录下的"somesofts"子目录下找到该安装包。

直接双击安装包开始安装。安装完毕后，在桌面上会生成一个名为"Arduino IDE"的图标，如图 2-2 所示。

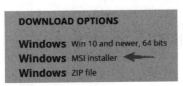

图 2-1

图 2-2

双击该目标就可以启动 Arduino IDE 程序，刚启动时候，IDE 默认是黑色界面，如果不喜欢黑色界面，可以在菜单栏依次单击"File"→"Preferences..."，然后在"Preferences"对话框中设置"Theme"为"Light High Contrast"，也就是设置颜色主题为浅色高对比（当然也可以选择自己喜欢的颜色方案），再单击"OK"按钮，此时 IDE 界面就明亮了，如图 2-3 所示。图中默认打开了一个源代码编辑窗口，这个源代码文件 sketch_mar17a.ino 也是默认产生的，并且自动建立了两个函数 setup 和 loop。如果读者学过 C 语言编程，应该知道这两个函数是什么意思。

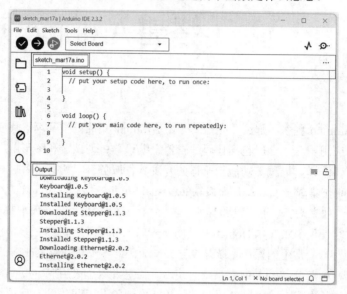

图 2-3

另外，第一次启动的时候，IDE 会下载一些软件包，并且会提示安装一些设备软件，如图 2-4 所示。直接单击"安装"按钮即可进入安装过程。

图 2-4

2.2　设置 Arduino IDE 中文界面

默认情况下，Arduino IDE 的窗口界面都是英文界面，比如菜单栏是英文，工具栏按钮提示也是英文。为了照顾英文不好的用户，Arduino IDE 提供了中文界面设置方法：在菜单栏依次单击"File"

→ "Preferences..."，此时将显示 "Preferences" 对话框，如图 2-5 所示。

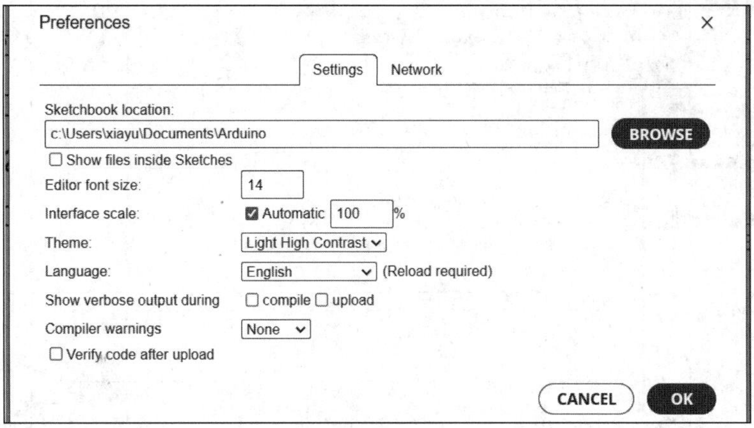

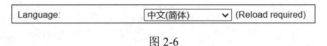

图 2-5

在该对话框上，展示 "Language" 下拉菜单，选择 "中文（简体）"，如图 2-6 所示。

图 2-6

然后单击右下角的 "OK" 按钮，稍等片刻，IDE 界面就变为中文了，如图 2-7 所示。

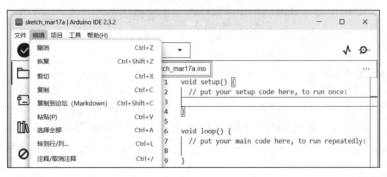

图 2-7

2.3　Arduino IDE 界面简介

　　我们设置了 Arduino IDE 为中文界面后，接下来就可以简单认识一下 IDE 上的各个界面元素。Arduino IDE 2 是一个多功能的编辑器，具有许多功能：可以直接安装库、与 Arduino Cloud 同步草图、调试草图等。在本节中将列出其核心功能。

　　和大多数 Windows 应用程序一样，Arduino IDE 窗口上也有标题栏、菜单栏和工具栏，只不过因为它是用来开发软件的，所以还多了代码编辑区和输出窗口，如图 2-8 所示。

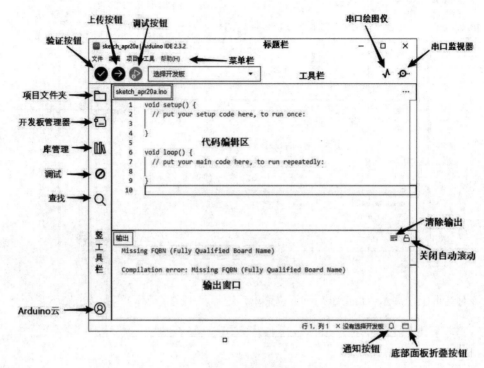

图 2-8

在图 2-8 中，输出窗口平时不显示，通常要在单击"验证"按钮或"上传"按钮后才会显示，其作用是显示编译的结果，比如编译错误信息。

2.3.1 标题栏

标题栏上通常会显示当前打开的源码文件的文件名，比如图 2-8 中的 sketch_apr20a，但没有包括文件后缀名。Arduino 源码文件的默认后缀名是 .ino，因此在硬盘上存储的源码文件是 sketch_apr20a.ino。标题栏上除了显示源码文件名之外，还会显示 Arduino IDE 的版本号，比如这里的 Arduino IDE 2.3.2。

2.3.2 菜单栏

菜单栏上有 5 个菜单项，即"文件""编辑""项目""工具"和"帮助"。

1. "文件"菜单

"文件"菜单下的子菜单通常用来打开、保存、关闭源码文件。编写源码之前，我们肯定需要打开源码文件，然后进行编辑，编辑完毕后再进行保存，这样下次打开的就是最新编辑过的源码文件了。另外，IDE 本身的一些特性设置在"文件"菜单的"首选项"子菜单中，这也是一个常用的功能，就像上一节设置中文界面，就要单击"首选项"子菜单。

2. "编辑"菜单

"编辑"菜单下的子菜单主要是和文本编辑有关的功能，代码编辑其实也就是文本编辑，和我们平时在 Word 上打字区别不大，也会有复制、剪切、粘贴、删除、撤销、全选、查找等功能。

3. "项目"菜单

"项目"菜单下面的子菜单主要用于代码的编译、上传和调试。编译是将源码文件转换成二进制文件或库的过程，是一个将高级语言代码转换为计算机能够理解和执行的机器语言代码的过程。编译出来的二进制文件再上传到 Arduino 开发板中去运行。通常把编译和运行不在同一台机器上（编译在 x86 主机，运行在 Arduino 开发板中）的编译方式叫作交叉编译，也就是说，交叉编译是指在一台计算机上进行编译，生成可以在另一台不同架构的计算机或设备（比如 Arduino 开发板、嵌入式开发板）上运行的程序。

运行程序时经常会发生错误，结果和预期不一致，此时就需要进行调试（Debug）。调试是指在软件开发过程中，通过对程序进行检测、定位和修正来解决程序错误的过程。调试是软件开发的重要环节，它可以帮助开发人员找出程序中的错误，并对其进行修复，从而提高程序的质量和稳定性。在软件开发中，调试通常包括以下几个步骤：

（1）观察程序运行过程中的现象和错误表现，根据错误信息、日志等分析程序的问题所在。

（2）利用调试工具，在程序运行时暂停程序的执行，查看程序的状态，包括变量的值、函数的调用栈、线程的状态等，以确定程序的运行状态。

（3）对程序进行修改和调整，加入调试语句输出等，以便更好地观察程序的执行过程。

（4）重新编译和运行程序。重复以上步骤，直到问题被解决为止。

调试是软件开发过程中不可避免的部分。在程序出现错误时，调试是找到和解决问题的有效手段。开发人员应该掌握一些调试技巧和工具，如断点调试、单步调试、条件断点等，以便更加高效地解决程序错误。一旦软件项目规模大了，调试就是必需的，且最重要、最耗时的开发工作。有时候因为一个程序 bug，熬夜加班乃是家常便饭。

4. "工具"菜单

"工具"菜单是一个与 Arduino 开发板相关的工具和设置的集合，主要包括如下这些子菜单。

1）"自动格式化"子菜单

该子菜单可以整理代码的格式，包括缩进、括号，使程序更易读和更规范。

2）"项目存档"子菜单

该子菜单将程序文件夹中的所有文件整合到一个压缩文件（.zip）中，以便将文件备份或者分享。

3）"管理库"子菜单

"库"（Library）在编程中是个基础的概念。简单地说，在编程时，有些特定的功能模块、函数、常量等经常被重复利用，为了方便二次开发和利用，将这些功能模块抽象打包，并提供特定的接口（即使用方法），这样的功能组合就可以称为库。"管理库"子菜单用来对库进行管理，它与竖工具栏上的"库管理"按钮功能相同。通常，使用竖工具栏上的按钮更加方便。

4）"串口监视器"子菜单

这是 Arduino IDE 自带的一个小工具，可以查看串行端口（简称串口）传来的信息，也可以向连接的 Arduino 开发板发送信息。该子菜单是一个非常实用而且常用的选项，类似即时聊天的通信工具，个人计算机（PC）与 Arduino 开发板连接的串口"交谈"的内容会在该串口监视器中显示出来。

5）串口绘图仪

Arduino IDE 具有丰富的串口绘图仪，用于跟踪从 Arduino 开发板接收的不同数据和变量。串口绘图仪是一个非常有用的视图工具，可以帮助我们更好地理解和比较数据。它还可以用于测试和校准传感器、比较数值等，如图 2-9 所示。

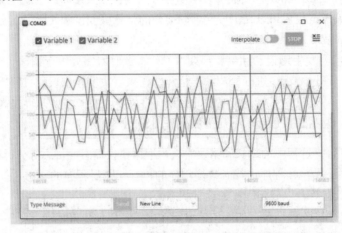

图 2-9

6）"烧录引导程序"子菜单

引导程序（BootLoader）是在系统上电或复位后运行的一段小程序。这段程序将系统的软硬件环境带到一个合适的状态，为最终调用应用程序准备好正确的环境，就像计算机的 BIOS 程序。BootLoader 是严重依赖于硬件而实现的，特别是在嵌入式系统中难以建立一个通用的 BootLoader。BootLoader 一上电就拿到单片机的控制权，实现了硬件的初始化。这个子菜单将烧录引导程序到 AVR 单片机中。

5．"帮助"菜单

"帮助"菜单主要提供了"入门""环境""故障排除""参考"和"常见问题"等子菜单，单击它们，将跳转到官网的相关主题内容下，但都是英文介绍且讲得比较笼统，所以平时很少使用。

2.3.3 工具栏

相对于菜单栏，平时用得更多的是工具栏，因为工具栏上的按钮直接单击就可以了，不像菜单栏，需要一级菜单、二级菜单地逐级查找。Arduino IDE 的工具栏有两个，一个是在菜单栏下面的横行工具栏（一般简称工具栏），另外一个是在 IDE 窗口左边的竖形工具栏。

横行工具栏上包括的按钮说明如下：

（1）"验证"按钮：编译代码。

（2）"上传"按钮：上传编译后的二进制程序到 Arduino 开发板。

（3）"调试"按钮：实时测试和调试程序，必须已经连接 Arduino 开发板。

（4）"选择开发板"下拉框：检测到的 Arduino 开发板会自动显示在这里，并显示端口号。

（5）"串口绘图仪"和"串口监视器"按钮：它们和"工具"菜单下的子菜单"串口绘图仪"和"串口监视器"的功能一致，只不过是不同的入口而已。

竖工具栏（图 2-8 所示的最左侧）包括的按钮说明如下：

（1）"项目文件夹"按钮：通常我们把一个项目内的所有文件放在一个文件夹中，因此就有了项目文件夹。单击"项目文件夹"按钮将打开项目文件夹视图，我们可以在这个视图上管理（新建、删除等操作）项目中的文件，如图 2-10 所示。现在我们并没有新建项目，所以是一片空白。

（2）"开发板管理器"按钮：单击该按钮将打开"开发板管理器"视图，在这个视图上可以浏览和 Arduino 开发板有关的软件包，我们可以对这些软件进行安装或移除。

（3）"库管理"按钮：和"管理库"子菜单功能相同，单击该按钮会打开"库管理"视图，如图 2-11 所示。

图 2-10

图 2-11

（4）"调试"按钮：单击该按钮将打开"调试"视图，如图 2-12 所示。通过这个视图，我们可以查看调试过程中的变量、调用堆栈的内容。

（5）"搜索"按钮：单击该按钮将打开"搜索"视图，让用户可以在源码中搜索内容，示例如图 2-13 所示。

图 2-12

图 2-13

（6）"Arduino 云"按钮：用于将代码同步到云端服务器上。对于在多台计算机上工作或想把代码安全地存储在云端的用户来说，Remote Sketchbook 的集成是一个非常有用的功能。我们在 Arduino Cloud 和 Arduino Web Editor 中编写所有代码都可以在 IDE 2 中进行编辑，这使得我们可以轻松地从一台计算机切换到另一台计算机并继续工作。即使没有在所有的机器上都安装 Arduino IDE 2 也没关系，只要打开 Arduino Web Editor，就可以在在线 IDE 中通过浏览器进行代码编写，并可以访问所有代码和库。有了 Remote Sketchbook，再也不用担心丢失写好的代码了，只需要单击，它们就会被安全地推送到 Arduino 云端。

Remote Sketchbook 还支持先脱机工作，稍后同步，只需将代码从云端下载下来就可以进行离线编辑，等有网络时再推送，代码的修改部分就会上传，从而保证所有代码始终都是最新的，并随时可以使用。

2.3.4 代码编辑器

代码编辑器就是编写代码的地方，它是一个文本编辑器，但功能比普通文件编辑器要强得多。代码编辑器中比较常用的功能有以下 3 个。

（1）变量或函数导航功能：也就是当右击一个变量或函数时，将会提供导航快捷键，跳到它们被声明的行（和文件），如图 2-14 所示。

（2）代码自动补全功能：在输入文字时，编辑器可以根据我们输入的代码和包含的库给出一个提示框，里面会建议自动完成变量和函数，这样就减轻了我们的记忆负担。但该功能默认情况下不开启，我们可以自己开启。在菜单栏依次单击"文件"→"首选项"，然后在"首选项"对话框上勾选"编辑快速建议"复选框，如图 2-15 所示。

图 2-14

图 2-15

（3）黑夜模式：这也是现代化开发工具的一个标配了，比如大名鼎鼎的 Visual Studio Code 默认就是黑色的，或许是因为黑色不刺眼吧。如果我们的眼睛感觉累了，可以尝试切换到黑夜模式。一些读者可能在 Beta 版期间使用过这个功能，不过这次，Arduino 的设计团队重新设计了整个黑夜主题，使其更加一致、美丽和易于观看。

Arduino IDE 2.3.2 版本的 IDE 默认采用黑夜模式，如果不喜欢，可以在颜色主题旁选择自己喜欢的颜色。如果要设置白色，可以在菜单栏依次单击"文件"→"首选项"，然后在"首选项"对话框的"颜色主题"下拉菜单中选择"浅色高对比度"，单击"确定"按钮，IDE 就变为白色了，如图 2-16 所示。

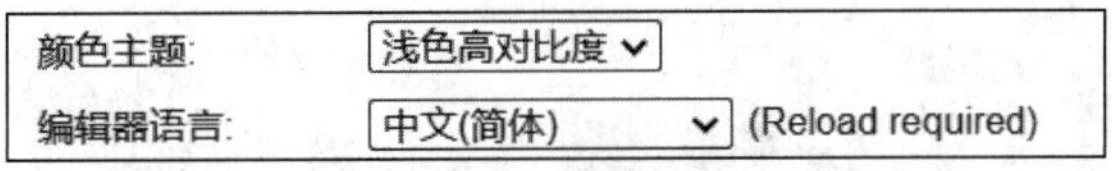

颜色主题:	浅色高对比度 ✓	
编辑器语言:	中文(简体) ✓	(Reload required)

图 2-16

2.4 连接开发板并安装驱动

介绍完 Arduino IDE 软件后,接下来就要介绍 Arduino 开发板这个硬件了,本书使用的是 Arduino UNO R3 版本。虽然我们是在计算机上编写和编译 Arduino 程序,但运行和调试都需要在 Arduino 开发板中进行。因此,需要将 Arduino 开发板用线连接到计算机。首先确保计算机已经开机并进入 Windows 系统了,然后取出 Arduino 开发板和配套的 USB 数据线,将数据线的方形口插入 Arduino 开发板的方形口,将数据线的 USB 接口插入计算机的 USB 接口。连接示意图如图 2-17 所示。

图 2-17

此时在计算机屏幕右下角会出现安装驱动的提示,说明计算机探测到有设备插入了,但由于没有安装该设备的驱动程序,因此会在设备管理器中对该设备打上一个感叹号。我们打开计算机的设备管理器就可以看到,如图 2-18 所示。

📷 USB Serial

图 2-18

这个设备是一个 USB 转串口的芯片,该芯片已经集成在 Arduino 开发板上了,其作用就是实现 USB 转串口。现在的计算机,尤其笔记本电脑上已经没有传统的那种九针串口了,通常都只有 USB 接口。九针串口也就是 RS-232 接口,是个人计算机上的通信接口之一,是由电子工业协会 (Electronic Industries Association,EIA)所制定的异步传输标准接口。它和 USB 接口的外观区别如图 2-19 所示。

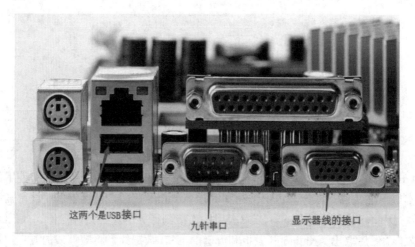

图 2-19

九针串口所插的串口线如图 2-20 所示。随着技术的进步，传统的九针串口已逐渐被淘汰。然而，在嵌入式开发领域，尤其是在 Arduino 等开发板与计算机之间的数据通信中，串口依然是最常用的通信接口。面对现代计算机普遍不再配备九针串口的现实，人们转而发明了 USB 转接芯片，以实现 USB 转串口。该芯片实物图如图 2-21 所示。

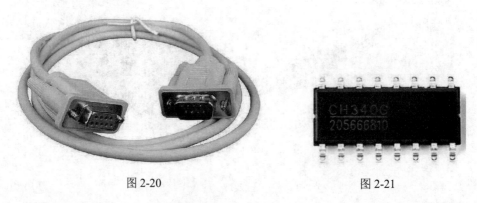

图 2-20   图 2-21

通过 CH340 转接芯片，可以将 USB 总线信号转为异步串口信号，或将并口（并行端口）打印机转为 USB 打印机，如图 2-22 所示。

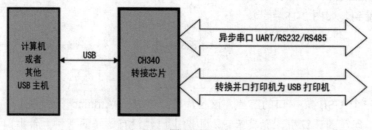

图 2-22

这样开发板上的单片机还以为和计算机相连的是传统的串口线呢。这些我们了解即可。这个转接芯片使得人们在软件的使用上和以前使用九针串口没区别，但我们需要在计算机上为这个芯片安装驱动，然后才能使用。

安装驱动的过程很简单，在随书源码的根目录下找到 somesofts 文件夹，然后在这个文件夹里找到子文件夹"usb 转串口驱动"，进入后再找到"CH341SER.exe"这个安装文件并右击，在弹出的快捷菜单上选择"以管理员身份运行"，如图 2-23 所示。

图 2-23

此时出现"DriverSetup(X64)"（驱动安装）对话框，如图 2-24 所示。

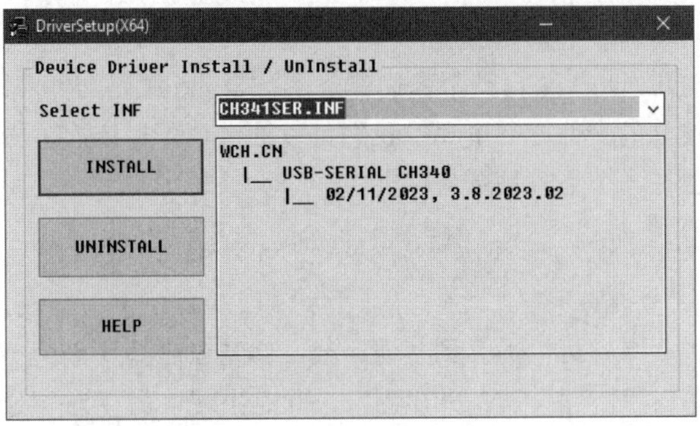

图 2-24

单击"安装"按钮，稍等片刻，出现安装成功的对话框，如图 2-25 所示。

单击"确定"按钮，然后关闭"驱动安装"对话框。我们再到设备管理器中去查看，可以发现感叹号没有了，而在"端口（COM 和 LPT）"下新增了一个"USB-SERIAL CH340（COM3）"，如图 2-26 所示。

图 2-25

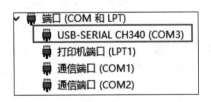

图 2-26

这就说明驱动安装成功了，并且可以知道这个 Arduino 开发板使用的 USB 转接芯片就是 CH340，占用的串口号是 COM3（不同的计算机环境，可能这个串口号不同）。串口号就是标记串口的一个名称，也就是说，计算机以为自己现在拥有了一个串口了，于是给这个串口一个名称，即 COM3。驱动程序除了做计算机和设备之间的数据通路之外，还经常"忽悠"计算机（确切地说应该是操作系统）。

至此，计算机和 Arduino 开发板之间的通信桥梁架设完毕，以后我们编译出来的程序就可以通过这个"桥梁"传到 Arduino 开发板的单片机中运行了。

2.5 验证开发环境

我们已经把 Arduino 开发环境建立好了，但好不好用、有没有问题，还必须通过实践才能得到答案。因此，趁热打铁，我们开始第一个 Arduino 程序。这个程序很简单，就是点亮开发板上的灯，然后熄灭它，再点亮它，再熄灭它，如此反复。

2.5.1 第一个 Arduino 程序

【例 2.1】第一个 Arduino 程序

（1）打开 Arduino IDE，此时会自动帮我们建好了一个.ino 源码文件，并且里面有 setup 和 loop 两个空函数。这个自动建立的文件在哪里呢？我们可以通过菜单栏依次单击"项目"→"显示项目文件夹"来查看。它存放在一个临时目录文件夹中：

```
C:\Users\Administrator\AppData\Local\Temp\.arduinoIDE-unsaved2023730-12196-
dfmycm.hn2ep\
```

如果不喜欢这么长的目录，可以另存到其他路径。首先在 D 盘下新建一个名为"myar"的文件夹，然后在菜单栏依次单击"文件"→"另存为"，此时出现"另存为"对话框，定位到 D:\myar，然后在"文件名"旁输入 test，如图 2-27 所示。

这个 test 就是项目文件夹的新名称，相应的源文件名称也变为"test.ino"。单击"保存"按钮，此时 IDE 中的源文件名变为"test.ino"了，如图 2-28 所示。

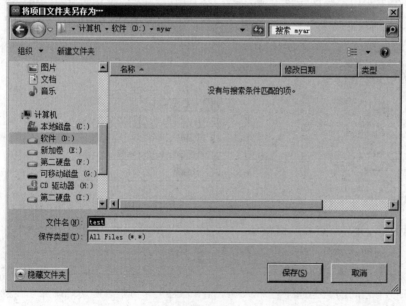

图 2-27   图 2-28

我们再到 D:\myar 下去查看，发现多了一个 test 文件夹，进入该文件夹，里面有一个 test.ino，这是源码文件，我们在 IDE 编辑框中输入的代码，就会保存到 D:\myar\test\test.ino 中。如果现在关闭 IDE，然后到 D:\myar\test\下直接双击 test.ino，则 IDE 将启动并打开 test.ino 文件。以后的实例，如果不特别说明，都基于 D:\myar\test\test.ino 来编写程序。因此，以后实例会直接这样说：打开 test.ino、在 test.ino 中输入代码等。这个 test.ino 就位于 D:\myar\test\下。当然读者也可以保存在其他地方。

（2）在 test.ino 中添加一些代码。首先在 setup 函数前定义一个全局变量，并在 setup 函数中添加一行代码，如下所示：

```
int gPin=13;  //表示引脚 13，以后如果要改为其他引脚，只需要在这里修改即可
void setup() {
    //将 setup 代码放在这里，只运行一次
    pinMode(gPin,OUTPUT);  //这是我们添加的代码，作用是设置引脚 13 为输出模式
}
```

setup 函数在开发板上电后只执行一次，通常把一些只需要执行一次的初始化操作放在这个函数中。我们添加的函数是 pinMode，该函数用于设置特定引脚的工作模式，它接收两个参数：引脚号和工作模式，即 13 表示编号为 13 的引脚，OUTPUT 表示设置该引脚的工作模式为输出，简单地说就是设置引脚 13 为输出模式。

引脚又叫管脚，英文叫 Pin，它是从集成电路（芯片）内部电路引出与外围电路的接线，所有的引脚构成了这块芯片的接口。每个引脚都有特定的功能和用途，通过引脚，芯片可以与其他电子元件进行通信和交互。引脚的作用是将芯片内部的电子信号传输到外部电路，或者将外部电路的信号输入芯片内部。它们充当了芯片与外界之间的桥梁，起到了信号传输和数据交换的作用。相应地，引脚的工作模式至少有输入模式（INPUT）和输出模式（OUTPUT），现在我们使用的是 OUTPUT，也就是输出芯片内部的电子信号，通俗地讲就是输出电流，即当引脚设置为输出（OUTPUT）模式时，Arduino 可以向其他电路元件提供电流。也就是说，如果这个引脚连接了一个 LED 灯，那么引脚在输出（OUTPUT）模式下可以点亮该 LED 灯。

下面，我们再在 loop 函数中添加代码：

```
void loop() {
    //将主函数代码放在这里，以便重复运行
    digitalWrite(gPin,HIGH);    //向引脚 13 输出高电平，此时小灯被点亮
    delay(1000);                //等待 1000ms，也就是等待 1s
    digitalWrite(gPin,LOW);     //向引脚 13 输出低电平，此时小灯被熄灭
    delay(1000);                //再等待 1s
}
```

我们在 loop 函数中添加了 4 个函数，其基本功能是向引脚 13 输出高电平，等待 1s，再向引脚 13 输出低电平，再等待 1s。由于 loop 函数会反复执行，因此这 4 个函数会一直重复执行下去。也就是说，执行完最后一个 delay(1000);后，又从 digitalWrite(gPin,HIGH);开始执行，如此无限循环。那么，如此反复执行后会有什么效果呢？先不急着看实际效果，我们看代码中的注释，digitalWrite(gPin,HIGH);这个函数旁的注释是"向引脚 13 输出高电平，此时小灯被点亮"。前半句好理解，我们看函数就知道是向引脚 13 输出高电平，那么为何会点亮 LED 灯呢？首先要知道，Arduino UNO 开发板上的引脚 0~13 用作数字输入/输出（I/O）引脚，其中引脚 13 连接到板载的 LED 指示灯，这是开发板在设计时就规定好了的。我们可以仔细看开发板上有 L 的地方，如图 2-29 所示。

这个 L 就是 LED 的首字母，表示是一个 LED 灯，而且这个 LED 灯是接在引脚 13 上的。因此

可以推断出亮的灯就是字母"L"旁边的 LED 灯。那又有疑问，为什么输出高电平是点亮 LED 灯？其实这没有为什么，就是这样设计的，我们也可以设计成低电平点亮 LED 灯。

LED 灯有两种连线方法，第一种方法是当 LED 灯的阳极通过限流电阻与开发板上的数字输入/输出接口（也就是数字输入/输出引脚）相连时，引脚输出高电平，LED 灯导通，发光二极管发出亮光；数字引脚输出低电平时，LED 灯截止，发光二极管熄灭。另外一种方法就是当 LED 灯的阴极与开发板上的数字输入/输出接口（数字输入/输出引脚）相连时，引脚输出高电平，LED 灯截止，发光二极管熄灭；数字引脚输出低电平，LED 灯导通，发光二极管点亮。Arduino UNO 开发板的 LED 灯采用的是第一种方法，即高电平点亮，我们现在记住这 5 个字即可。

好了，现在我们把 digitalWrite(gPin,HIGH);搞清楚了，它就是让字母 L 旁边的 LED 灯亮起来。然后间隔 1s，再调用 digitalWrite(gPin,LOW);，此函数让引脚 13 输出低电平，那么 LED 灯就熄灭了。最终效果就是字母 L 旁的 LED 灯每间隔 1s 点亮和熄灭，如此循环反复。

（3）运行程序。首先确保 Arduino 开发板已经和计算机连接好，然后在 Arduino IDE 工具栏上的"选择开发板"下拉框中选择串口号。这个串口号是 Arduino 开发板连接到计算机上后，计算机自动分配的，可以在设备管理器"端口"下看到，并且每次分配的串口号几乎都不同，比如笔者现在的串口号是 COM6（不同的计算机，这个串口号可能不同），因此选择 COM6，如图 2-30 所示。

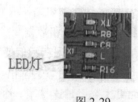

图 2-29

图 2-30

单击"COM6"后会出现"选择其他开发板和端口"对话框，在该对话框上搜索 uno，然后选中"Arduino Uno"，如图 2-31 所示。

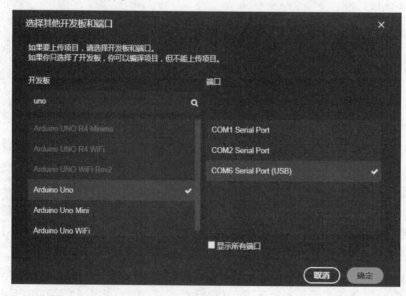

图 2-31

单击"确定"按钮，这样开发板和串口就选择好了，IDE 工具栏的下拉框中的标题变为"Arduino Uno"了，如图 2-32 所示。

图 2-32

现在，单击工具栏上的上传按钮（就是横向箭头的那个按钮），此时 IDE 右下角会依次出现"正在编译""正在上传"和"上传完成"等提示，并且输出窗口也会出现一些项目所用的存储空间信息，如图 2-33 所示。

图 2-33

这就说明我们编译上传成功了。这个时候，应该可以看到开发板上的 L 字母旁的 LED 灯每隔 1s 闪烁一次了，如图 2-34 所示。

图 2-34

这个效果和我们预期的一样。下面我们来了解 Arduino 编程的基本方式。Arduino 编程本质上也是单片机编程，单片机编程的基本方式是先做一些初始化工作，比如初始化变量、设置针脚的输出/输入类型、配置串口、引入类库文件等，这些初始化工作在每次程序开始运行时做一次即可；然后就进入一个循环中反复执行某些操作，即使没有事情干，也要空循环。这就是单片机编程的特点。Arduino 编程也是如此，它提供了一个 setup 函数，在里面添加初始化的代码；另外提供了一个 loop 函数，在里面添加反复执行的工作代码，就像本例中的亮灯、灭灯。这种编程方式总结成一句话：初始化和循环。

再多说一句，有没有发现这个例子中的代码和 C 语言代码有点相似。其实，Arduino 使用的编程语言主要是基于 C/C++语言的一种简化版本，称为 Arduino 语言或 Wiring 语言。Arduino 语言在 C/C++的基础上进行了一些简化和封装，使得用户可以更加轻松地进行硬件编程。库大部分是 C++ 语言。Arduino 的 C/C++语言编译环境是基于 gcc 的一个衍生版本 gcc-avr 修改而来的。

2.5.2　数字引脚和数字电平

数字信号使用二进制形式来表示信息，每个位（bit）可以是 0 或 1，这通常对应于两种不同的电压水平。Arduino 上的数字引脚根据用户需求设计为输入或输出的引脚。数字引脚可以打开或关闭。打开时，它们处于 5V 的高电平状态；关闭时，它们处于 0V 的低电平状态。也就是说，数字引脚上要么是 5V（高电平），要么是 0V（低电平），只有这两种状态。

前面例子中引脚 13 就是一个数字引脚。在 Arduino 上，当数字引脚配置为输出时，它们设置为 0V 或 5V。因此，函数 digitalWrite(13,HIGH);也可以这么注释：打开数字引脚 13。以后听到或看到打开数字引脚，就知道这个数字引脚处于高电平状态。而函数 digitalWrite(13,LOW);可以注释为关闭数字引脚 13，即该数字引脚处于低电平状态。在计算机中，用数字来表征一样东西，其含义通常就是要么是这种状态，要么是另一种状态。

Arduino UNO 的引脚 0～13 用作数字输入/输出引脚，其中引脚 13 连接到板载的 LED 指示灯，引脚 3、5、6、9、10、11 具有 PWM（脉冲宽度调制）功能。

当数字引脚配置为输入时，电压由外部设备提供。该电压可以在 0～5V 范围内变化，并被转换为数字形式（0 或 1）。为了保障这一点，设置了两个阈值：低于 0.8V 的电压被识别为 0；高于 2.0V 的电压被识别为 1。

将组件连接到数字引脚时，要确保逻辑电平匹配。如果电压在阈值之间，则返回值将不确定。

2.6　串口打印

上一节的实例成功了，说明我们搭建的开发环境没有问题，本节来验证一下 IDE 的另外一项功能——串口打印。串口打印也是一种调试手段，它能在运行过程中让我们看到某些变量的值或其他所需要的信息。本节的实例很简单，只需要在 2.5 节的实例的基础上添加两个函数即可。

串口用于 Arduino 开发板与计算机或其他设备之间的通信，所有 Arduino 开发板都至少有一个串口（也称为 UART 或 USART）。UART 的全称是 Universal Asynchronous Receiver/Transmitter，中文翻译为通用异步收发器，俗称串口，是一种用于芯片与 PC 之间或芯片与芯片之间的低速通信接口。

在 UNO、Nano、Mini 和 Mega 上，引脚 0 和 1 用于与计算机通信。将任何东西连接到这些引脚都可能干扰通信，甚至可能导致无法上传数据到开发板上。以常见的 Arduino UNO 为例，面板上只有两个串口，即引脚 0（RX）和 1（TX）。 计算机与 Arduino 的通信通过这两个串口进行，USB 接口通过一个转换芯片（通常为 ATmega16 u2）与这两个串口引脚连接，虽然表面上计算机没有直接用外置的电线与这两个引脚相连，但是二者之间的效果是一样的。当 Arduino 开发板使用 USB 线与计算机相连时，两者之间便建立了串口连接。通过此连接，Arduino 开发板可以与计算机相互传数据。通常一个串口只能连接一个设备进行通信。以上是硬件方面的一些基础知识，下面我们说说关于串口的软件方面的知识。

串口打印输出是一个非常有用的调试技巧，我们可以在程序的某个地方加入串口打印语句，把需要查看的变量的值打印到串口输出窗口中，从而实时查看程序运行过程中变量值的变化。

Arduino 的类库提供 HardwareSerial 类来实现串口打印功能，该类继承 Stream 类，而 Stream 类又继承 Print 类。下面按照继承顺序，依次讲解 Print 类、Stream 类和 HardwareSerial 类。

2.6.1　Print 类

Print 类是一个非常有用的类，从名字就能看出来，这个类的作用是打印数据。不同的输出介质（如串口、LCD 液晶屏等）执行打印操作的过程基本相同，区别仅在于底层实现。底层实现的核心在于打印单个字符，但根据所使用的硬件，打印字符的具体方式会有所不同。例如，通过串口时，字符数据会按位发送；而在 LCD 液晶屏上打印字符时，则采用不同的方法。除此之外，其他部分都一样了。例如，打印一个字符串可以通过逐个字符的方式进行；同样，要打印数字 123，就需要依次打印"1""2"和"3"这三个字符。这样的处理逻辑无论是应用于串口、LCD 屏幕还是其他任何硬件，都是相同的。因此，可以写一个类，给出共同部分的实现，而最底层实现写成虚函数，留给具体子类去实现。这个类就是 Print 类，它同时还包含了一些反映运行时状态（是否传送错误）的变量与方法。

接下来，让我们深入了解 Print 类中的一些关键成员函数。虽然 Print 类本身并不用于直接创建对象，但它的子类会频繁使用 Print 类提供的函数，因此了解这些函数的用法十分重要。其中，最核心的成员函数是 print，它能够将数据以可读的 ASCII 文本形式输出到串口。print 函数有多种重载形式，以适应不同数据类型的打印需求：

- 数字被转换成相应的 ASCII 字符后打印。
- 浮点数默认打印到小数点后两位。
- 字节数据作为单个字符发送。
- 字符和字符串则按原样输出。

print 函数声明如下：

```
size_t print(const String &);              //打印字符串
size_t print(const char[]);                //打印字符数组，也就是字符串
size_t print(char);                        //打印单个字符
size_t print(unsigned char, int = DEC);    //打印一个字节数据，默认是十进制
size_t print(int, int = DEC);              //打印一个整型数据，默认是十进制
size_t print(unsigned int, int = DEC);     //打印一个无符号整型数据，默认是十进制
size_t print(long, int = DEC);             //打印一个长整型数据，默认是十进制
size_t print(unsigned long, int = DEC);    //打印一个无符号长整型数据，默认是十进制
size_t print(long long, int = DEC);        //打印一个超长整型数据，默认是十进制
size_t print(unsigned long long, int = DEC);//打印一个无符号超长整型数据，默认是十
进制
size_t print(double, int = 2); //打印一个双精度浮点型的实数数据，默认保持 2 位小数
size_t print(struct tm * timeinfo, const char * format = NULL);//打印时间
```

print 函数中，第一个参数是打印的内容，第二个参数用来指定打印的格式。如果第一个参数是整数，则第二个参数表示进制，取值是宏，定义如下：

```
#define DEC 10                //十进制
#define HEX 16                //十六进制
#define OCT 8                 //八进制
#define BIN 2                 //二进制
```

如果第一个参数是 double 型的实数，则第二个参数表示小数的位数个数。示例如下：

```
Serial.print(78, BIN)       //打印结果："1001110"，以二进制形式打印整数 78
Serial.print(78, OCT)       //打印结果："116"，以八进制形式打印整数 78
Serial.print(78, DEC)       //打印结果："78"，以十进制形式打印整数 78
Serial.print(78, HEX)       //打印结果："4E"，以十六进制形式打印整数 78
Serial.print(1.23456, 0)    //打印结果："1"，因为保留 0 位小数，所以打印结果为"1"
Serial.print(1.23456, 2)    //打印结果："1.23"
Serial.print(1.23456, 4)    //打印结果："1.2346"，保留 4 位小数
```

注意：真正打印时，没有双引号，这里加了双引号，是为了说明打印出来的内容都是字符。print 函数还会返回打印的字节数。

打印函数除了 print 之外，还有 println，它们的功能基本一样，只不过 println 输出完内容后，还会自动换行。

2.6.2　Stream 类

Stream 类继承 Print 类，它是二进制数据或者字符串数据流传输的基础类，不能直接被调用，但可以被继承。该类的重要成员函数介绍如下。

1）find 函数

该函数从串行缓冲器读取数据，直到找到目标为止。也就是说，该函数相当于一个搜索函数。该函数声明如下：

```
bool find(const char *target);    //从流中读取数据，直到找到目标字符串
bool find(uint8_t *target);       //从流中读取数据，直到找到字节数组
bool find(const char *target, size_t length); //从流中读取数据，直到找到给定长度
的目标字符串
bool find(const uint8_t *target, size_t length); //从流中读取数据，直到找到给定长
度的目标字节数组
```

如果找到目标，函数将返回 true；如果超时，则返回 false。具体的超时时间可以通过成员函数 setTimeout 来设定。

2）findUntil 函数

该函数从串行缓冲器读取数据，直到找到给定长度的目标字符串或终止符字符串。也就是说，该函数有两种情况：一种是遇到目标字符串就停止搜索，另外一种是遇到终止符也停止搜索，这两种情况下函数都会返回 true。该函数声明如下：

```
bool findUntil(const char *target, const char *terminator);    //目标数据是字符串
bool findUntil(const uint8_t *target, const char *terminator); //目标数据是字
节数组
bool findUntil(const char *target, size_t targetLen, const char *terminate,
```

```
size_t termLen); //为目标数据和终止数据指定了长度
    bool findUntil(const uint8_t *target, size_t targetLen, const char *terminate,
size_t termLen);//为目标数据和终止数据指定了长度
```

3）setTimeout 函数

该函数用于设置等待串行数据的最大毫秒数，搜索函数就是基于这个时间来确定搜索的最长时间。默认值为 1000ms，即 1s。该函数声明如下：

```
void setTimeout(unsigned long timeout);
```

参数 timeout 表示要设置的最大毫秒数。

4）getTimeout 函数

该函数用于获取等待串行数据的最大毫秒数。该函数声明如下：

```
unsigned long getTimeout(void);
```

返回结果是等待串行数据的最大毫秒数。

5）parseInt 函数

该函数用于在传入序列中查找下一个有效整数。如果超时，该函数将终止。该函数声明如下：

```
long parseInt();
```

该函数返回当前位置的第一个有效（长）整数值。如果发生超时（超时时间通过 Serial.setTimeout 来设置）时未读取有效数字，则返回 0。

6）parseFloat 函数

该函数返回串行缓冲区中的第一个有效浮点数，如果超时，该函数将终止。该函数声明如下：

```
float parseFloat();
```

7）readBytesUntil 函数

该函数将串行缓冲区中的字符读取到数组中。如果已读取确定的长度、超时或检测到终止符字符串（在这种情况下，函数会将字符返回到提供的终止符之前的最后一个字符），则该函数会终止。缓冲区中不会返回终止符本身。该函数声明如下：

```
size_t readBytesUntil(char terminator, char *buffer, size_t length);
size_t readBytesUntil(char terminator, uint8_t *buffer, size_t length);
```

其中参数 terminator 表示终止符字符串；buffer 表示存放读取到的数据的缓冲区；length 表示要读取的数据的长度。函数返回读入缓冲区的数据的字节数，如果 length 小于或等于 0，或者出现超时，或者遇到终止符，则返回 0。注意：除非读取并复制到缓冲区的字符数等于长度，否则终止符字符串将从串行缓冲区中丢弃。示例代码如下：

```
Serial.readBytesUntil(character, buffer, length);
```

8）readStringUntil 函数

该函数将串行缓冲区中的字符读取到字符串中。如果超时或遇到终止符，则函数将终止。该函数声明如下：

```
String readStringUntil(char terminator);
```

其中参数 terminator 是终止符。函数返回从串行缓冲区读取的字符串，直到遇到终止符，终止符将从串行缓冲区中丢弃。示例如下：

```
Serial.readStringUntil(terminator);
```

2.6.3 HardwareSerial 类

HardwareSerial 类通常被称为硬串口类，这是因为 Arduino 还有另一种串口类——SoftwareSerial，即软串口类。尽管 SoftwareSerial 也可用于串口通信，但它的使用相对较少。大多数 Arduino 开发板配备的是硬件实现的串口（硬串口），因此 HardwareSerial 的使用更为普遍。为了简便，HardwareSerial 类通常直接被称为"串口类"。HardwareSerial 类实现串口的读写，并在类的源文件中定义了一个对象 Serial：

```
HardwareSerial Serial(0);
```

其中 0 是传递给构造函数的参数。HardwareSerial 类的构造函数如下：

```
HardwareSerial(int uart_nr);
```

其中参数 uart_nr 表示要使用的串口序号，取 0、1、2 这 3 个值，0 表示开发板上的 0 号串口，也就是第一个串口；1 表示 1 号串口，也就是第二个串口；2 表示 2 号串口，也就是第三个串口。通常设备上只有一个串口，如果有多个，那么可以用对象 Serial1 来表示 1 号串口，Serial2 表示 2 号串口。这两个对象在 HardwareSerial 类源文件中也已经定义好了，代码如下：

```
#if SOC_UART_NUM > 1
HardwareSerial Serial1(1);
#endif
#if SOC_UART_NUM > 2
HardwareSerial Serial2(2);
#endif
```

我们直接使用即可。在 HardwareSerial 类的头文件中，也对这两个对象进行了声明：

```
extern HardwareSerial Serial;
#endif
#if SOC_UART_NUM > 1
extern HardwareSerial Serial1;
#endif
#if SOC_UART_NUM > 2
extern HardwareSerial Serial2;
#endif
```

因此，我们在应用程序中可以放心大胆地直接使用 Serial。

现在，我们来看一下 HardwareSerial 类的常用成员函数。

1）available 函数

该函数获取可从串口读取的字节数（字符数）。该函数声明如下：

```
int available(void);
```

函数返回可读取的字节数。

2）availableForWrite 函数

该函数获取在不阻止写入操作的情况下可在串行缓冲区中写入的字节数（字符数）。该函数声明如下：

```
int availableForWrite(void);
```

函数返回可写入的字节数。

3）begin 函数

该函数用于设置串行数据传输的速率，以"位/秒"即波特率（bps）为单位。要与串口监视器通信，请确保使用屏幕右下角菜单中列出的波特率中的一个。当然，我们也可以指定其他速率，例如通过引脚 0 和 1 与需要特定波特率的组件进行通信。该函数声明如下：

```
void begin(unsigned long baud, uint32_t config=SERIAL_8N1, int8_t rxPin=-1,
int8_t txPin=-1, bool invert=false, unsigned long timeout_ms = 20000UL, uint8_t
rxfifo_full_thrhd = 112);
```

除了第一个参数之外，其他参数都有默认值，因此我们一般只需要关注第一个参数，该参数就是要设置的波特率。第二个参数 config 用于设置数据、奇偶校验和停止位，可取的有效值如表 2-1 所示。

表 2-1　参数 config 可取的有效值

SERIAL_5N1	SERIAL_6N1	SERIAL_7N1	SERIAL_8N1	SERIAL_5N2	SERIAL_6N2
SERIAL_7N2	SERIAL_8N2	SERIAL_5E1	SERIAL_6E1	SERIAL_7E1	SERIAL_8E1
SERIAL_5E2	SERIAL_6E2	SERIAL_7E2	SERIAL_8E2	SERIAL_5O1	SERIAL_6O1
SERIAL_7O1	SERIAL_8O1	SERIAL_5O2	SERIAL_6O2	SERIAL_7O2	SERIAL_8O2

其中，SERIAL_8N1 是默认值；倒数第二个字符是 E 的都是偶校验，比如 SERIAL_5E1、SERIAL_8E1 等；倒数第二个字符是 O 的都是奇校验，比如 SERIAL_5O1、SERIAL_8O2 等。

通常该函数只需在开发板初始化时候调用一次即可，因此一般将它放在 setup 函数中，比如：

```
void setup() {
    Serial.begin(9600); //打开串口，将数据传输的速率设置为 9600 bps
}
```

4）end 函数

该函数用于禁用串行通信，从而允许 RX 和 TX 引脚用于一般输入和输出。要重新启用串行通信，请调用 serial.begin 函数。end 函数声明如下：

```
void end(bool fullyTerminate = true);
```

参数 fullyTerminate 表示是否完全停止，默认值是 true，即完全停止。示例如下：

```
Serial.end();
```

5）flush 函数

该函数等待传出串行数据的传输完成。该函数有两种形式，声明如下：

```
void flush(void);
void flush( bool txOnly);
```

一般我们只需用不带参数的形式即可，比如：

```
Serial.flush();
```

6）peek 函数

该函数用于读取接收缓存区中的第一个字节数据，并且不将其从接收缓存区中删除。也就是说，对 peek 的连续调用将返回相同的字符。该函数声明如下：

```
int peek(void);
```

函数返回传入串行数据的第一个可用字节，如果没有可用数据，则返回-1。

7）read 函数

该函数也用于读取接收缓存区中的第一个字节数据，但读取过的数据将从接收缓存中清除。该函数声明如下：

```
int read(void);
```

函数返回传入串行数据的第一个可用字节数据，如果没有可用数据，则返回为-1。示例如下：

```
int incomingByte = 0; //对于传入的串行数据
void loop() {
    //仅在接收到数据时发送数据
    if (Serial.available() > 0) {
        //读取传入的字节:
        incomingByte = Serial.read();
        //输出你收到了什么
        Serial.print("I received: ");
        Serial.println(incomingByte, DEC);
    }
}
```

8）readBytes 函数

该函数将字符从串口读取到缓冲区中。如果读取了确定的长度或者超时，则函数终止。该函数声明如下：

```
size_t readBytes(uint8_t *buffer, size_t length);
size_t readBytes(char *buffer, size_t length);
```

其中参数 buffer 是用于存储字节的缓冲区；length 表示要读取的字节数。函数返回读到并放置在缓冲区中的数据的字节数。示例如下：

```
Serial.readBytes(buffer, length);
```

9）write 函数

该函数将二进制数据写入串口，此数据以字节或一系列字节的形式发送。write 函数声明如下：

```
size_t write(uint8_t n);
inline size_t write(const char * s);
```

```
size_t write(const uint8_t *buffer, size_t size);
```

其中参数 n 是要写入的单个字节数据；参数 s 表示要写入的字符串；参数 buffer 指向要写入数据的缓冲区；参数 size 表示要写入数据的字节长度。函数返回实际写入的字节数。

下面看一个实例，在串口监视器上输出字符串。我们把程序设计得足够简单，主要目的是测试开发板上的串口能否工作。

【例 2.2】在串口监视器上输出字符串

（1）连接好开发板，打开 Arduino IDE，此时会自动建好一个.ino 源码文件，并且里面有 setup 和 loop 两个空函数。选择开发板和串口号，在 setup 函数中添加如下代码：

```
void setup() {
    //将 setup 代码放在这里，只运行一次
    Serial.begin(9600);  //设置串口波特率为 9600
}
```

我们调用 begin 函数设置串口波特率为 9600，这个数值要和串口监视器右上角显示的波特率一致。打开串口监视器的方法是单击 IDE 右上角的工具栏中的"串口监视器"按钮，如图 2-35 所示。此时会在 IDE 下方出现"串口监视器"窗口，并且可以在该窗口的右上方看到波特率是 9600，如图 2-36 所示。

图 2-35　　　　　　　　　　　　　　　图 2-36

因此，我们通过 begin 函数设置 9600 波特率是没问题的。

（2）设置好波特率后，我们就可以在 loop 函数中调用 print 函数进行打印输出了，代码如下：

```
void loop() {
    //将主代码放在这里，以便重复运行
    Serial.print("hi,world.  ");      //向串口发送字符串
    delay(1000);                      //延时 1s
}
```

我们调用 print 函数向串口发送字符串"hi,world. "，在串口监视器中将可以看到这个字符串，并且由于 loop 函数是反复执行的，因此串口监视器将每隔 1s 就输出"hi,world. "。保存源码文件为 test.ino。

（3）单击工具栏上的上传按钮进行编译上传，然后就可以看到串口监视器上输出字符串了，如图 2-37 所示。

这里我们使用的是 print 函数，因此输出内容没有换行，如果用的是 println 函数，则会每输出一个字符串就换行，读者可以自行尝试。至此，我们成功验证了串口的工作。

图 2-37

上面的例子比较简单,现在尝试一个稍微复杂一些的例子——打印输出 ASCII 表中的可视字符。相信学过 C 语言的都知道 ASCII 表,ASCII 表就是美国信息互换标准代码表,是一套基于拉丁字母的字符编码,共收录了 128 个字符,用一个字节就可以存储。我们针对 ASCII 表中的字符,打印出所有可能格式的字节值,包括原始二进制值,ASCII 编码的十进制值、十六进制值、八进制值和二进制值。

【例 2.3】打印输出 ASCII 表中的可视字符

(1)连接好开发板,打开 Arduino IDE,此时会自动建好了一个.ino 源码文件,并且里面有 setup 和 loop 两个空函数。选择开发板和串口号,在 setup 函数中添加如下代码:

```
void setup() {
    //初始化串口并等待端口打开
    Serial.begin(9600);    //设置波特率为 9600
    while (!Serial) {
        ;  //等待串口连接。仅本机 USB 接口需要
    }
    //打印标题并换行
    Serial.println("ASCII Table ~ Character Map");  //输出一行字符串
}
```

然后定义一个全局变量,代码如下:

```
int thisByte = 33;  //第一个可见的 ASCII 字符"!"的数值是 33
//也可以用单引号编写 ASCII 字符。例如,"!"与 33 相同,因此也可以这样定义:
//int thisByte = '!';
```

接着,在 loop 函数中添加代码:

```
void loop() {
    //打印未更改的值,即字节的原始二进制版本
    //串口监视器将所有字节解释为 ASCII,所以第一个数字 33 将显示为"!"
    Serial.write(thisByte);

    Serial.print(", dec: ");
    //将值打印为 ASCII 编码的十进制(以 10 为基数)的字符串
    //十进制是 Serial.print 和 Serial.println 的默认格式,因此不需要修改
    Serial.print(thisByte);
    //如果你愿意,也可以为 decimal 声明修饰符。如果取消对其的注释,这也适用
    //Serial.print(thisByte, DEC);

    Serial.print(", hex: ");
    //将值打印为十六进制字符串(以 16 为基数)
    Serial.print(thisByte, HEX);
```

```
Serial.print(", oct: ");
//将值打印为八进制字符串（基数为 8）
Serial.print(thisByte, OCT);

Serial.print(", bin: ");
//将值打印为二进制字符串（基数为 2），而且还打印结束换行符，因为用了 println
Serial.println(thisByte, BIN);

//如果打印的是最后一个可见字符"~"或 126，则停止
if (thisByte == 126)  //也可以用: if (thisByte == '~')
{
    while (true) {    //这个循环反复执行
        continue;
    }
}
//转到下一个字符
thisByte++;
}
```

　　我们在 loop 中打印了每个可见字符的十进制值、八进制值和二进制值。注意，loop 函数会反复被调用，因此 thisByte++;执行后，再执行 loop 时，将打印下一个字符。

　　保存文件为 test.ino，然后打开串口监视器。

　　（2）单击工具栏上的上传按钮进行编译上传，然后就可以看到串口监视器输出字符串了，如下所示：

```
ASCII Table ~ Character Map
!, dec: 33, hex: 21, oct: 41, bin: 100001
", dec: 34, hex: 22, oct: 42, bin: 100010
#, dec: 35, hex: 23, oct: 43, bin: 100011
$, dec: 36, hex: 24, oct: 44, bin: 100100
%, dec: 37, hex: 25, oct: 45, bin: 100101
&, dec: 38, hex: 26, oct: 46, bin: 100110
', dec: 39, hex: 27, oct: 47, bin: 100111
(, dec: 40, hex: 28, oct: 50, bin: 101000
), dec: 41, hex: 29, oct: 51, bin: 101001
*, dec: 42, hex: 2A, oct: 52, bin: 101010
+, dec: 43, hex: 2B, oct: 53, bin: 101011
…
n, dec: 110, hex: 6E, oct: 156, bin: 1101110
o, dec: 111, hex: 6F, oct: 157, bin: 1101111
p, dec: 112, hex: 70, oct: 160, bin: 1110000
q, dec: 113, hex: 71, oct: 161, bin: 1110001
r, dec: 114, hex: 72, oct: 162, bin: 1110010
s, dec: 115, hex: 73, oct: 163, bin: 1110011
t, dec: 116, hex: 74, oct: 164, bin: 1110100
u, dec: 117, hex: 75, oct: 165, bin: 1110101
v, dec: 118, hex: 76, oct: 166, bin: 1110110
w, dec: 119, hex: 77, oct: 167, bin: 1110111
```

```
x, dec: 120, hex: 78, oct: 170, bin: 1111000
y, dec: 121, hex: 79, oct: 171, bin: 1111001
z, dec: 122, hex: 7A, oct: 172, bin: 1111010
{, dec: 123, hex: 7B, oct: 173, bin: 1111011
|, dec: 124, hex: 7C, oct: 174, bin: 1111100
}, dec: 125, hex: 7D, oct: 175, bin: 1111101
~, dec: 126, hex: 7E, oct: 176, bin: 1111110
```

可见，我们把可视字符都打印在串口监视器上了。这两个实例输出的内容都在程序中固定了，并不灵活。一线开发过程中，经常要和用户进行交互，需要根据用户的要求输出相应的内容。下面我们设计串口输出程序，根据用户的输入来决定输出内容。比如，用户输入"h"，则串口监视器输出字符串"Hello World!"；用户输入"b"，则输出"boy"；用户输入"g"，则输出"girl"。

【例 2.4】根据用户的输入来决定输出内容

（1）打开 Arduino IDE，在 IDE 中打开 test.ino，并在 test.ino 中输入如下代码：

```
void setup()  //初始化函数，每次上电或复位后只执行一次
{
    Serial.begin(9600);  //设置串口波特率为 9600，这里要跟 IDE 软件设置保持一致
}
void loop()  //循环反复执行
{
    int val=Serial.read();  //读取 PC 发送给 Arduino 开发板的字符，并将读到的字符赋给 val
    if(val=='h')  //判断接收到的是不是字符 h
        Serial.println("Hello World!");  //如果是字符 h，则在串口监视器上显示字符串
"Hello World!"
    else if(val=='b') Serial.println("boy");  //如果是字符 b，则在串口监视器上显示字
符串"boy"
    else if(val=='g') Serial.println("girl");  //如果是字符 g，则在串口监视器上显示
字符串"girl"
}
```

（2）确保开发板和计算机已经通过数据线相连，再在 IDE 中选择要连接的串口（不同计算机的串口号可能不同，这里是 COM3）。然后就可以编译并上传程序了。在工具栏上单击验证按钮和上传按钮，如果没报错，就可以在 IDE 的右上角处单击串口监视器按钮来打开串口监视器。

在串口监视器的消息编辑框中输入"h"后按回车键，则会显示"Hello World!"，再输入"b"，则显示"boy"，再输入"g"，则显示"girl"，如图 2-38 所示。这就是和用户的一个交互过程，根据用户的指令来输出相应的内容。

图 2-38

2.7　常见的第三方软件

Arduino IDE 虽然功能强大，但一个好汉三个帮，有了更多的第三方软件的辅助，使得 Arduino 开发如虎添翼。本节将介绍几款常见的第三方软件。

2.7.1　Arduino 的模拟仿真利器 Virtual Breadboard

Virtual Breadboard 是一款 Arduino 开发版仿真软件，其功能非常强大，可以说是专门为了 Arduino 而定制的，当然它也支持很多其他芯片，还支持用户自定义的元件。它的界面如图 2-39 所示。

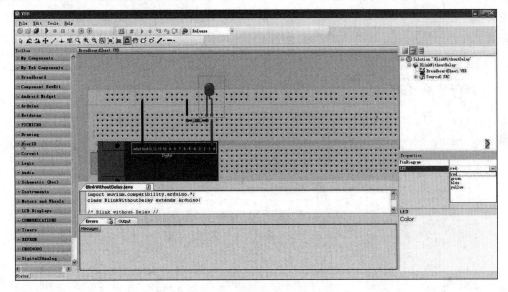

图 2-39

Virtual Breadboard（以下简称 VBB）中文名可直译为"虚拟面包板"，它通过单片机实现嵌入式软件的模拟器和开发环境。VBB 非常简单易用，我们可以轻松地用它取代日常使用的面包板。更加令人兴奋的是，它不但可以像著名的 Fritzing 那样包括所有 Arduino 的样例电路，可以实现面包板电路的设计和布置，还包括所有样例程序，并且可以实现对程序的仿真调试。当然，VBB 的强大不仅如此，它还支持 PIC 系列芯片、Netduino，以及 Java、VB、C++等主流编程环境。

VBB 可以模拟 Arduino 和各种各样的电子模块，例如液晶屏、舵机、逻辑数字电路以及其他的输入/输出设备。这些部件不仅可以直接使用，还可以通过组合的方式设计出更复杂的电路和模块。也就是说，即使零件库里没有我们想要的零件，也可以轻松地从网上的分享区下载或者自己设计制作一个全新的零件。VBB 具有如下特点：

- 先做原型模拟，然后快速实现。
- 界面友好，具有可视化的模拟和交互效果，可以实时看到 LED 的闪烁和电机的转动。
- 100%安全的电子实验，不必担心触电或者冒烟。
- 可分享自己的作品，或下载他人分享的模块。
- 通过样例来快速学习。

VBB 目前更多专注于教育领域。这个曾经免费的软件现在已经收费了，目前单用户要 49 美元，可以无限制使用并且免费升级 1 年。如果不想花钱，可以在官方网站（https://www.virtualbreadboard.com）下载免费版本的 VBB Express。

2.7.2　电路分析与实物仿真软件 Proteus

由于 Arduino 的使用者一般是那些对电路知识、电子技术及单片机技术等了解不深入的初学者，因此，如何在 Arduino 开发过程中快速有效地提高他们的片机系统开发能力和电子电路设计能力，这是一个迫切需要解决的问题。

Proteus 的引入较好地解决了这个问题。Proteus 是一款电路分析与实物仿真软件，它除了能进行基本电子电路仿真外，还能直接在单片机虚拟系统上对微控制器单元（Microcontroller Unit，MCU）编程。该软件的主界面如图 2-40 所示。

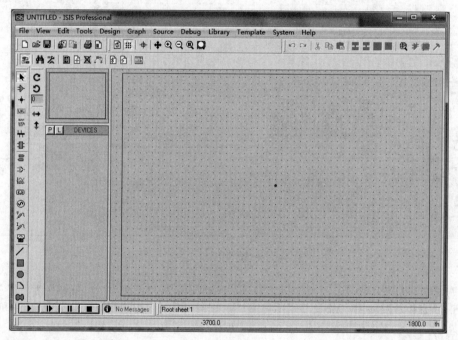

图 2-40

Proteus 虚拟开发技术的应用形成了一种全新的 Arduino 系统开发理念，其系统开发流程如下：

（1）电路设计与仿真。

（2）电路修改与完善。

（3）绘制印刷电路板（Printed Circuit Board，PCB）与生成印刷电路板三维效果图。

（4）硬件组装与调试。

这个流程颠覆了传统的系统设计方法，使得 Arduino 的使用者能够在设计的早期阶段就发现潜在的系统设计缺陷，避免了在设计过程中不断对焊接电路进行修改所带来的问题。此外，印刷电路板的三维效果图将元件的符号与其实际的封装形式直观地结合起来，为初学者提供了强烈的视觉和感知体验，从而深化了他们对于单片机系统设计的理解和感知。该软件的官网为 https://www.labcenter.com/。

第3章

辅助性库函数

在 Arduino 编程中，经常会用到一些库函数，比如位操作函数、数学函数、随机函数。这些库函数为我们在特定领域编程提供了极大的便利性。例如，在密码编程领域，数学函数和随机函数必不可少；在图像编程领域，数学函数和位操作函数经常会被用到。因此，了解和掌握这些库函数的使用方法是非常有必要的。

3.1 位操作函数

位操作是程序设计中对位模式按位或二进制数进行的一元和二元操作，比如读取某个位的数据、向某位写数据等。在许多古老的微处理器上，位运算比加减法运算略快，而比乘除法运算要快很多。在现代架构中，情况并非如此：位运算的运算速度通常与加法运算相同（仍然快于乘法运算）。Arduino 定义了几个宏来操作位，比如 bitRead、bitSet、bitClear、bitWrite。其中 bitRead 表示读取某一个位上的数据，bitSet 表示置某位为 1，bitClear 表示置某位为 0，bitWrite 表示向某一位上写数据。

在 Arduino 中，位运算操作和 C 语言中的位运算类似，比如左移、右移等。

3.1.1　bitRead 读取位数据

宏 bitRead 用于从一个数值中读取指定位置的二进制位的值。这个宏可以用于处理各种类型的数据，比如 byte、int、long 等。

当涉及 Arduino 的位操作宏 bitRead 时，它用于从一个字节或整数中读取特定位置的位值。宏 bitRead 常用于需要对数据的单个位进行操作的应用中，例如读取或检查特定的标志位、位掩码操作等。在 Arduino 中，宏 bitRead 的用法如下：

```
#define bitRead(value, bit)  (((value) >> (bit)) & 0x01)
```

该宏接收两个参数：value 表示需要读取位值的字节或整数，bit 表示需要读取的位的位置。函数将返回一个布尔（boolean）类型的值，表示指定位置处的位值。注意：右起第 1 位是 0 位，第 2 位是 1 位，以此类推。

宏 bitRead 的适用范围如下：

（1）用于检测或修改一个数值的某一位的状态，比如开关、标志、掩码等。例如，如果要检测一个 byte 类型的变量的最高位是否为 1，可以用宏 bitRead 进行判断。

（2）用于将多位的数据分割成单位的数据，以方便在串口或者网络上进行传输或接收。例如，如果要将一个 int 类型的变量发送到另一个 Arduino 开发板，可以先用宏 bitRead 将其分成 16 个位，然后分别发送。接收方也可以用相同的方法进行还原。

（3）用于进行位运算，比如移位、与、或、异或等。例如，如果要将一个 int 类型的变量右移 4 位，可以先用宏 bitRead 提取其低 4 位，然后右移 4 位，再赋值给原变量。

宏的主要应用场景如下：

（1）读取特定的标志位：在许多应用中，使用位来表示特定的标志位，例如开关状态、使能标志、错误标志等。使用宏 bitRead 可以方便地读取字节或整数中特定位置的位值，并根据位值进行相应的处理。

（2）位掩码操作：位掩码是一种常见的位操作技术，用于与特定位模式进行比较或设置。例如，使用位掩码可以检查字节或整数的某些位是否匹配特定模式，或者将特定位设置为指定的值。宏 bitRead 可以用于读取位掩码中的特定位值，以进行后续的逻辑操作。

（3）数据解析：在某些情况下，数据的特定位包含了重要的信息，需要从中提取出来进行进一步处理。例如，解析传感器数据、解析通信协议等。使用宏 bitRead 可以方便地读取字节或整数中的特定位值，以进行后续的数据解析和处理。

宏 bitRead 的使用注意事项有以下几点：

（1）bitRead 只能作用于一个变量或常量，不能作用于一个表达式。例如，bitRead(a+b, 0)是错误的写法，应该先将 a+b 赋值给一个临时变量，再用 bitRead 提取。

（2）宏 bitRead 返回的是一个字节类型（byte）的值，范围是 0 或 1。如果要将其转换为其他类型，需要进行强制类型转换。例如，如果要将其转换为 int 类型，需要写成 int(bitRead(x, n))。

（3）宏 bitRead 只能提取一个数值中指定位置的二进制位的值。如果要提取其他位置的位的值，需要使用其他方法。例如，如果要提取一个 long 类型变量的第 17 位的值，可以先右移 16 位，再用 bitRead 提取。

下面我们来看几个在 Arduino 编程中使用 bitRead 的实例。

【例 3.1】检测数值的某一位的状态

（1）打开 Arduino IDE，并打开 test.ino 文件，然后输入如下代码：

```
void setup()
{
    Serial.begin(9600);          //设置串口波特率为9600
    byte x = 0b10101010;         //定义一个byte类型的变量，0b表示二进制形式
    if (bitRead(x, 7) == 1) {    //检测最高位是否为1
        Serial.println("The highest bit is 1");
    } else {
        Serial.println("The highest bit is 0");
```

```
        }
    }
void loop()
{
}
```

首先我们设置串口波特率为 9600；然后定义一个字节型变量 x，并赋值一个二进制数据，其最高位（第 7 位）是 1；接着使用宏 bitRead 来获取第 7 位的数据，判断返回数据是否为 1，并打印相应的结果。需要注意，虽然我们把代码都写在 setup 函数中，并没有在 loop 函数中添加内容，但 loop 函数也必须保留为空函数的形式，否则编译会报错。

（2）确保开发板和计算机已经通过数据线相连。编译上传程序，然后在串口监视器中可以看到如下输出结果：

```
The highest bit is 1
```

这是因为 0b10101010 的最高位（第 7 位）是 1，所以检测结果为真。

【例 3.2】进行位运算

（1）打开 Arduino IDE，并打开 test.ino 文件，然后输入如下代码：

```
void setup()
{
    int x = 12345; //定义一个 int 类型的变量
    //提取低 4 位
    byte low = 0;
    for (int i = 0; i < 4; i++) {
        low += bitRead(x, i) * pow(2, i); //累加每一位乘以 2 的幂次
    }
    x = x >> 4; //右移 4 位
    //打印结果
    Serial.begin(9600);          //设置串口波特率
    Serial.println(x, BIN);      //二进制方式打印整型变量 x
    Serial.println(low, BIN);    //二进制方式打印字节变量 low
}
void loop(){}
```

其中 pow 是一个数学函数，用于求 2 的幂次方，这里是 2^i。>>是向右移位操作，相信学过 C 语言的读者都不会陌生。

（2）确保开发板和计算机已经通过数据线相连。编译上传程序，然后在串口监视器中可以看到如下输出结果：

```
1100000011
1000
```

【例 3.3】证明右起第一位是 0 位

（1）打开 Arduino IDE，并打开 test.ino 文件，然后输入如下代码：

```
void setup()
```

```
{
    Serial.begin(9600);
    //定义一个 int 类型的变量
    int x = 8;  //二进制形式是 1000
    //从低位开始逐个打印每位数据
    for (int i = 0; i < 4; i++) {
        Serial.print(bitRead(x, i)); //打印每一位
    }
}
void loop(){}
```

首先通过函数 bitRead 获取第 0 位上的数据并打印，然后获取第 1 位上的数据并打印，一直到获取第 3 位上的数据并打印，第 3 位上的数据是 1。

（2）确保开发板和计算机已经通过数据线相连。编译上传程序，然后在串口监视器中可以看到如下输出结果：

```
0001
```

结果符合预期，先打印的是第 0 位上的数据，也就是 0；最后打印的是第 3 位上的数据，也就是 1。这些实例展示了 bitRead()函数的一些常见应用。通过读取指定位置的位值，我们可以根据需要对数据进行判断、提取或处理。

3.1.2 bitWrite 写位数据

Arduino 的 bitWrite 宏用于向一个数值写入指定位置二进制位的值。这个宏可以用于处理多种类型的数据，比如 byte、int、long 等。

当涉及 Arduino 的位操作宏 bitWrite 时，它用于将特定位置的位值写入一个字节或整数中。宏 bitWrite 常用于需要对数据的单个位进行设置或清除的应用中，例如设置标志位、位掩码操作等。宏 bitWrite 的定义如下：

```
#define bitWrite(value, bit, bitvalue)   ((bitvalue) ? bitSet(value, bit) :
bitClear(value, bit))
```

该宏接收 3 个参数：value 表示需要写入位值的字节或整数；bit 表示需要写入的位的位置，这个位置索引从 0 开始，也就是数据的二进制形式的右边最低位是第 0 位；bitValue 表示要写入的位值（布尔类型，true 表示 1，false 表示 0）。

宏 bitWrite 的适用范围如下：

（1）用于设置或清除一个数值的某一位的状态，比如开关、标志、掩码等。例如，如果要设置一个 byte 类型的变量的最高位为 1，可以用 bitWrite 进行操作。

（2）用于将单位的数据组合成多位的数据，以方便在串口或者网络上进行传输或接收。例如，如果要从另一个 Arduino 开发板上接收一个 int 类型的变量，可以先用 bitWrite 将接收到的 16 个位组合成一个 int 类型的变量。发送方也可以用相同的方法进行分割。

（3）用于进行位运算，比如移位、与、或、异或等。例如，如果要将一个 int 类型的变量左移 4 位，可以先用 bitWrite 将其高 4 位写入低 4 位，然后左移 4 位，再赋值给原变量。

bitWrite 主要应用场景如下：

（1）设置或清除标志位：在许多应用中，使用位来表示特定的标志位，例如开关状态、使能标志、错误标志等。使用 bitWrite 可以方便地设置或清除字节、整数中特定位置的位值，以更新标志位的状态。

（2）位掩码操作：位掩码是一种常见的位操作技术，用于与特定位模式进行比较或设置。例如，使用位掩码可以将特定位设置为指定的值，或者将特定位清零。bitWrite 可以用于设置或清除位掩码中的特定位值，以进行后续的逻辑操作。

（3）数据生成：在某些情况下，需要根据特定的位模式生成数据。例如，生成特定格式的通信数据、生成控制信号等。使用 bitWrite 可以方便地设置字节或整数中的特定位值，从而生成所需的数据。

宏 bitWrite 的使用注意事项有以下几点：

（1）bitWrite() 只能作用于一个变量，不能作用于一个常量或表达式。例如，bitWrite(123, 0, 1) 是错误的写法，应该先将 123 赋值给一个临时变量，再用 bitWrite 写入。

（2）bitWrite 只能写入 0 或 1 的值，如果写入其他值，会被自动转换为 0 或 1。例如，bitWrite(x, 0, 2) 等同于 bitWrite(x, 0, 1)。

（3）宏 bitWrite 只能写入一个数值中指定位置的二进制位的值。如果要写入其他位置的位的值，需要使用其他方法。例如，如果要写入一个 long 类型变量中第 17 位的值，可以先左移 16 位，再用 bitWrite 写入。

bitWrite 的使用示例如下：

【例 3.4】修改一个数值某一位上的数据

（1）打开 Arduino IDE，并打开 test.ino 文件，然后输入如下代码：

```
void setup()
{
    Serial.begin(9600);
    byte x = 0b10101010;      //定义一个byte 类型的变量

    bitWrite(x, 0, 1);        //修改第 0 位为 1，也就是让最右边的二进制数据 0 变为 1
    Serial.println(x, BIN);   //二进制形式打印修改后的结果
}
void loop(){}
```

（2）确保开发板和计算机已经通过数据线相连。编译上传程序，然后在串口监视器中可以看到如下输出结果：

```
10101011
```

我们修改了第 0 位（从右往左数）为 1，所以原来的 10101010 变成了 10101011，结果符合预期。

【例 3.5】进行位操作

（1）打开 Arduino IDE，并打开 test.ino 文件，然后输入如下代码：

```
void setup()
{
    int x = 12345;  //定义一个int类型的变量

    //将高4位写入低4位
    for (int i = 12; i < 16; i++) {
        bitWrite(x, i - 12, bitRead(x, i)); //读取高4位，写入低4位
    }
    x = x << 4; //左移4位
    //打印结果
    Serial.begin(9600);
    Serial.println(x, BIN);
}
void loop(){}
```

（2）确保开发板和计算机已经通过数据线相连。编译上传程序，然后在串口监视器中可以看到如下输出结果：

```
1100110000
```

3.1.3 bitSet 置 1

Arduino 的 bitSet 宏用于将一个数值的某一位设置为 1。这个宏可以用于处理多种类型的数据，比如 byte、int、long 等。

当涉及 Arduino 的位操作宏 bitSet 时，它用于将特定位置的位值设置为 1，即将特定位设置为高电平。宏 bitSet 通常用于需要将特定位设置为 1 的应用中，例如开启某个标志位、设置控制信号等。宏 bitSet 定义如下：

```
#define bitSet(value, bit)   ((value) |= (1UL << (bit)))
```

该宏接收两个参数：value 表示需要设置位值的字节或整数，bit 表示要置 1 的位置。相比 bitWrite，bitSet 少了一个参数。该宏的存在主要是为了能以简洁的方式置某位上的数据为 1。bitSet 的应用场景和 bitWrite 类似，不再赘述。

【例 3.6】将字节数据全置 1

（1）打开 Arduino IDE，并打开 test.ino 文件，然后输入如下代码：

```
void setup() {
    byte status = 0;          //开始时赋值0
    //将所有位全部置1
    for(int i=0;i<4;i++)
        bitSet(status, i);    //将i位置1
    //打印结果
    Serial.begin(9600);
    Serial.println(status, BIN);
}
void loop() {}
```

代码很简单，通过宏 bitSet 将字节变量 status 的每一位置 1。

（2）确保开发板和计算机已经通过数据线相连。编译上传程序，然后在串口监视器中可以看到如下输出结果：

```
1111
```

3.1.4　bitClear 置 0

和 bitSet 的作用相反，宏 bitClear 用于将一个数值的某一位清空为 0。该宏定义如下：

```
#define bitClear(value, bit)        ((value) &= ~(1UL << (bit)))
```

该宏接收两个参数：value 表示需要设置位值的字节或整数，bit 表示要置 0 的位置。

【例 3.7】将字节数据全置 0

（1）打开 Arduino IDE，并打开 test.ino 文件，然后输入如下代码：

```
void setup() {
    byte status = 1;              //开始时赋值 1
    //将所有位全部置 0
    for(int i=0;i<4;i++)
        bitClear(status, i);     //将 i 位置 0
    //打印结果
    Serial.begin(9600);
    Serial.println(status, BIN);
}
void loop() {}
```

代码很简单，通过宏 bitSet 将字节变量 status 的每一位置 0。

（2）确保开发板和计算机已经通过数据线相连。编译上传程序，然后在串口监视器中可以看到如下输出结果：

```
0
```

3.1.5　lowByte 提取低字节

宏 lowByte 的作用是提取一个数的低字节。低字节是一个数中最低有效的 8 位，也就是二进制表示中最右边的 8 位。宏 lowByte 的定义如下：

```
#define lowByte(w)  ((uint8_t) ((w) & 0xff))
```

其中参数 w 是任意类型的数。宏 lowByte 返回一个 byte 类型的数，表示 w 的低字节。lowByte 的应用场景如下：

（1）与外设通信：与许多外设通信时，数据通常以字节为单位进行传输。例如，与串口设备通信时，需要将 16 位的整数数据拆分为两个字节进行传输，其中一个字节是低位字节。使用 lowByte 可以方便地提取整数值的低位字节，以便与外设进行字节级的通信。

（2）位操作：在某些情况下，需要对数据的位进行操作。例如，设置特定的标志位、读取或写入特定的位等。使用 lowByte 可以提取整数值的低位字节，并对字节级别的位进行操作。

（3）数据解析：在数据解析过程中，有时需要从一个整数值中提取出特定的字节或位。例如，解析传感器数据、文件格式解析等。使用 lowByte 可以方便地提取整数值的低位字节，以便进行后续的数据解析和处理。

下面实例将一个 byte 类型的数转换为十六进制的字符串，我们可以使用 lowByte 和 bitRead 来提取数据，并将它们转换为对应的十六进制字符。

【例 3.8】将整数转为十六进制字符

（1）打开 Arduino IDE，并打开 test.ino 文件，然后输入如下代码：

```
//定义一个常量数组表示十六进制字符串
const char hexChars[16] = {'0', '1', '2', '3', '4', '5', '6', '7','8', '9', 'A',
'B', 'C', 'D', 'E', 'F'};

//将一个 byte 类型的数转换为十六进制的字符串
void toHex(byte x, char buffer[3]) {
    //使用 lowByte 提取低字节
    byte low = lowByte(x);
    //使用 bitRead 提取高4位
    byte highNibble = bitRead(low, 7) * 8 + bitRead(low, 6) * 4 + bitRead(low,
5) * 2 + bitRead(low, 4);
    //使用 bitRead 提取低4位
    byte lowNibble = bitRead(low, 3) * 8 + bitRead(low, 2) * 4 + bitRead(low,
1) * 2 + bitRead(low, 0);
    //将高4位转换为对应的十六进制字符
    char highChar = hexChars[highNibble];
    //将低4位转换为对应的十六进制字符
    char lowChar = hexChars[lowNibble];
    //将两个字符存储在字符串中，并添加结束符
    buffer[0] = highChar;
    buffer[1] = lowChar;
    buffer[2] = '\0';
}

void setup() {
    char s[3]="";
    toHex(15,s);
    Serial.begin(9600);
    Serial.println(s);
}
void loop() {}
```

上面代码中，我们将整数 15 转换为十六进制形式的字符，15 的十六进制数是 0x0F。

（2）确保开发板和计算机已经通过数据线相连。编译上传程序，然后在串口监视器中可以看到如下输出结果：

```
0F
```

3.1.6　highByte 提取高字节

宏 highByte 用于提取一个字（word）的高位字节，或者一个更大的数据类型的第二低位字节。highByte 的定义如下：

```
#define highByte(w) ((uint8_t) ((w) >> 8))
```

该宏接收一个整数参数 w，表示需要提取高位字节的值。函数将返回一个字节类型的值，即 w 的高 8 位字节。highByte 的应用场景如下：

（1）用于将多字节的数据分割成单字节的数据，以方便在串口或者网络上进行传输或接收。例如，如果要将一个 int 类型的变量发送到另一个 Arduino 开发板上，可以先用 highByte 和 lowByte 将其分成两个字节，然后分别发送。接收方也可以用相同的方法进行还原。

（2）用于将多字节的数据存储到 EEPROM 中，EEPROM 只能以字节为单位进行读写。例如，如果要将一个 float 类型的变量保存到 EEPROM 中，可以先用 highByte 和 lowByte 将其分成 4 个字节，然后分别写入。读取时也可以用相同的方法进行还原。

（3）用于进行位运算，比如移位、与、或、异或等。例如，如果要将一个 int 类型的变量左移 8 位，可以先用 highByte 提取其高位字节，然后左移 8 位，再赋值给原变量。

下面的实例将 16 位整数转换为两个 8 位字节。

【例 3.9】提取高低字节

（1）打开 Arduino IDE，并打开 test.ino 文件，然后输入如下代码：

```
void setup() {
    int value = 0xABCD;                        //16 位整数
    byte highByteValue = highByte(value);      //提取高位字节
    byte lowByteValue = lowByte(value);        //提取低位字节
    Serial.begin(9600);                        //初始化串口，设置波特率
    Serial.println(highByteValue,HEX);         //打印高位字节
    Serial.println(lowByteValue,HEX);          //打印低位字节
}
void loop() {}
```

程序非常简单，直接利用宏 highByte 提取高位字节，利用宏 lowByte 提取低位字节。

（2）确保开发板和计算机已经通过数据线相连。编译上传程序，然后在串口监视器中可以看到如下输出结果：

```
AB
CD
```

3.2　随机数函数

随机数是在一定范围内随机生成的数值，这个范围可以根据实际需求来设定。比如，在计算机

编程中，随机数通常是在一定整数范围内随机生成的数值。随机数的生成可以通过各种算法来实现，其中最简单的方法是使用随机数生成器。

在实际应用中，随机数在许多领域都有广泛的应用，比如统计学、游戏、密码学等。在统计学中，随机数常用于模拟实验和抽样调查；在游戏开发中，随机数用于生成游戏中的各种随机事件和奖励；在密码学中，随机数用于生成加密和解密的密钥等。

真正的随机数通常是通过物理现象产生的，比如掷钱币、扔骰子、转轮、电子元件的噪音、核裂变等。这样的随机数发生器叫作物理性随机数发生器。它们的主要缺点是技术要求比较高。计算机产生真随机数的一种方法是获取 CPU 频率与温度的不确定性，统计一段时间的运算次数（每次都会产生不同的值）、系统时间的误差以及声卡的底噪等。

在学习或要求不高的一般应用中，使用伪随机数就足够了。伪随机数是"似乎"随机的数，实际上它们是通过一个固定的、可以重复的计算方法产生的，不是真正的随机数，但是它们具有类似于随机数的统计特征，如均匀性、独立性等。这样的发生器叫作伪随机数发生器。注意，在真正关键性的应用中，比如在密码学中，人们一般使用真正的随机数。

在计算伪随机数时，若使用的初值（种子）不变，那么伪随机数的序列也不变。伪随机数可以用计算机大量生成。在模拟研究中，为了提高模拟效率，一般采用循环周期极长并能通过随机数检验的伪随机数，代替真正的随机数，以保证计算结果的随机性。

3.2.1 randomSeed 设置随机数种子

随机数种子（Random Seed）是指在伪随机数生成器中用于生成伪随机数的初始数值。这个种子可以是任何数值，但一旦确定，生成的随机数序列也就确定了。在计算机中，随机数生成器通常采用伪随机数生成器，即通过一个确定的算法来生成看似随机的数值。伪随机数生成器需要一个种子作为起始值，然后通过一定的算法不断迭代产生随机数。在某些应用中，为了保证随机数的可重复性，可以使用相同的种子来生成随机数序列。而在其他应用中，为了增加随机性，可以使用不同的种子来生成随机数序列。总之，随机数种子是随机数生成过程中的一个重要参数，它决定了随机数序列的起始值和特性。

Arduino 中，生成随机数种子的库函数是 randomSeed，它初始化伪随机数生成器，使其从随机序列中的任意点开始。该函数声明如下：

```
void randomSeed(unsigned long seed);
```

其中参数 seed 表示一个种子，它是一个非零无符号整数，作为起始值。如果要求生成的随机数的序列不同，那么可以在使用 randomSeed 时用一个随机的值作为种子，比如使用函数 analogRead(pin)的返回值（函数 analogRead 读取指定模拟引脚的值）。相反，如果要求使用精确重复的伪随机序列，那么使用一个固定正整数作为种子，比如 randomSeed(100)。

randomSeed 函数一般放在初始化函数中，比如 setup 函数，只需要执行一次就够了。以后其他地方生成随机数都会以此种子为基础。注意：如果种子设为 0，那么函数 randomSeed 将无效，即不起作用。randomSeed 的使用示例如下：

```
void setup() {
    Serial.begin(9600);
    randomSeed(analogRead(0));  //使用引脚 0 的值作为种子
```

```
}
```

3.2.2 random 生成随机数

随机数种子设置完毕后，就可以调用 randmo 函数生成伪随机数了。函数 random 有两种形式，声明如下：

```
long random(long max);
long random(long min, long max);
```

当只传入一个参数 max 时，函数将返回 0 到 max-1 之间的一个随机数；当传入两个参数 min 和 max 时，函数将返回 min 到 max-1 之间的一个随机数。

【例 3.10】生成随机数

（1）打开 Arduino IDE，并打开 test.ino 文件，然后输入如下代码：

```
void setup() {
    Serial.begin(9600);              //设置串口波特率
    randomSeed(analogRead(0));       //设置随机数种子
}

void loop() {
    int randNumber = random(300);    //生成小于 300 的随机数
    Serial.println(randNumber);      //打印随机数
    delay(50);                       //延时 50ms
}
```

（2）确保开发板和计算机已经通过数据线相连。编译上传程序，然后在串口监视器中可以看到如下输出结果：

```
15
291
4
138
133
159
```

由于 loop 是反复循环执行，因此会不停地输出随机数，不过我们可以看到，所有随机数都小于 300。

3.3 时间函数

时间函数在统计程序性能和延时（即暂停）程序执行方面应用非常广泛。比如，我们为了在 loop 函数中看清楚打印输出的内容，通常会加一个延时函数（delay），否则 loop 循环快速执行，可能会让用户看不清输出的内容。Arduino 中，提供了 4 个有关时间的函数，包括 delay、delayMicroseconds、micros 和 millis。

3.3.1 delay 暂停程序（毫秒级）

函数 delay 在用于将程序执行暂停参数指定的时间（单位为毫秒，1s=1000ms）。该函数声明如下：

```
void delay(unsigned long ms);
```

其中参数 ms 是要暂停程序执行的时间，单位是毫秒。该函数用法如下：

```
delay(50);        //延时 50ms
delay(1000);      //延时 1s, 1000ms 就是 1s
```

3.3.2 delayMicroseconds 暂停程序（微秒级）

Arduino 还提供了微秒级的程序执行暂停函数 delayMicroseconds，这就大大拓宽了 Arduino 的应用范围，可用于对于时间间隔要求极高的领域。函数 delayMicroseconds 声明如下：

```
void delayMicroseconds(unsigned int us);
```

参数 us 就是要暂停的微秒时间。例如：

```
delayMicroseconds(50);        //暂停 50μs
```

需要注意，这个函数在 3~16383μs 的范围内工作得非常准确，但官方已经明确这个范围之外的暂停不能保证非常准确。

3.3.3 micros 运行计时（微秒级）

函数 micros 返回自 Arduino 开发板开始运行当前程序以来的微秒数。大约 70min 后，此数字将溢出（归零）。在 Arduino Portenta 系列的主板上，该功能在所有内核上的分辨率都为 1μs。在 16 MHz Arduino 开发板（例如 Duemilanove 和 Nano）上，此函数的分辨率为 4μs（即返回的值总是 4 的倍数）。在 8 MHz Arduino 开发板（例如 LilyPad）上，此功能的分辨率为 8μs。函数 micros 声明如下：

```
unsigned long micros();
```

注意：1ms 有 1000μs，1s 有 1000000μs。

下面的实例返回自 Arduino 开发板启动以来的微秒数。

【例 3.11】获取微秒级的运行时间

（1）打开 Arduino IDE，并打开 test.ino 文件，然后输入如下代码：

```
unsigned long time; //定义一个全局变量，用于存储运行时间
void setup() {
    Serial.begin(9600); //设置串口波特率
}

void loop() {
    Serial.print("Time: ");
    time = micros(); //返回自 Arduino 开发板开始运行当前程序以来的微秒数，返回值存在全
```

局变量 time 中

```
    Serial.println(time);    //打印程序启动后的时间
    delay(1000);             //程序暂停1s, 以免发送大量数据
}
```

（2）确保开发板和计算机已经通过数据线相连。编译上传程序，然后在串口监视器中可以看到如下输出结果：

```
Time: 52
Time: 1000220
Time: 2000612
Time: 3001008
…
```

3.3.4　millis 运行计时（毫秒级）

函数 mills 返回自 Arduino 开发板开始运行当前程序以来经过的毫秒数。大约 50 天后，此数字将溢出（归零）。该函数声明如下：

```
unsigned long millis();
```

millis 函数的返回值类型为 unsigned long，如果程序员试图用较小的数据类型（如 int）进行算术运算，则可能会发生逻辑错误。即使是有符号的 long 也可能会遇到错误，因为它的最大值是其无符号对应值的一半。

对于 16 MHz 的 AVR 芯片以及其他一些芯片，millis()函数大约每 1.024ms 递增 1 次。然而，为了保持时间的准确性，millis()每经过 41 或 42 次递增 1 次的周期后会递增 2 次（而不是 1 次），这样做是为了将计时调回到更精确的同步状态，因此会跳过某些 millis()值。要在短时间间隔内进行更精确的计时，可以考虑使用 micros()函数，它以微秒为单位返回时间，提供了更高的时间精度。

另外需要注意，millis()函数在大约 49 天后会溢出，即大约超过 4 294 967 295ms 后，它会回滚到 0 重新开始计数。而 micros()函数会在大约 71min 后达到其最大值并回滚到 0。

微控制器定时器的重新配置可能会导致不准确的毫秒读数。Arduino AVR 开发板和 Arduino megaAVR 开发板内核使用 Timer0 生成 millis。Arduino ARM（32 位）开发板和 Arduino SAMD（32 位 ARM Cortex-M0+）开发板核心使用 SysTick 定时器。

下面的实例返回自 Arduino 开发板启动以来的毫秒数。

【例 3.12】获取毫秒级的运行时间

（1）打开 Ar0064uino IDE，并打开 test.ino 文件，然后输入如下代码：

```
unsigned long time;        //定义全局变量, 用于存储运行时间

void setup() {
    Serial.begin(9600);    //设置串口波特率
}

void loop() {
    Serial.print("Time: ");
    time = millis();        //获取自启动以来的运行时间, 并存于全局变量 time 中
```

```
      Serial.println(time);      //打印运行时间
      delay(1000);               //程序暂停 1s，以免发送大量数据
}
```

（2）确保开发板和计算机已经通过数据线相连。编译上传程序，然后在串口监视器中可以看到如下输出结果：

```
Time: 0
Time: 999
Time: 1999
Time: 3000
...
```

这个实例和【例 3.11】类似，为何还要列出来呢？主要是为了让读者对比一下运行结果，理解一下微秒级的时间精确度更高。

3.4 数学函数

数学函数对于图像编程、数值运算非常重要。在 Arduino 中，数学函数基本和 C 语言中的类似，我们用一张表格将它们列出来，如表 3-1 所示。

表 3-1 Arduino 中的数学函数

函　　数	说　　明
abs(x)	求绝对值，比如 abs(-1)的结果是 1
constrain(x,a,b)	约束范围，即压缩数字防止溢出范围。x 是被压缩的数，a 和 b 是范围，当 a<x<b 时，返回 x。比如：constrain(8,2,10)的结果是 8，constrain(11,2,10)的结果是 10，constrain(1,2,10)的结果是 2
map(x,fromL,fromH,toL,toH)	该函数用于将一个数值从一个数值范围映射到另一个数值范围。它接收 5 个参数：待映射的数值、原始范围的下限、原始范围的上限、目标范围的下限和目标范围的上限，并返回映射后的数值。比如：y = map(x, 1, 50, 50, 1); y = map(x, 1, 50, 50, -100);
max(x,y)	两个参数中的较大者，比如 max(3,5)的结果是 5
min(x,y)	两个参数中的较小值，比如 min(3,5)的结果是 3
pow(a,b)	返回 a 的 b 次方，比如 pow(2,2)的结果是 4
sq(x)	返回 x 的平方，比如 sq(2)的结果是 4
sqrt(x)	返回 x 的平方根，比如 sqrt(9)的结果是 3
sin(x)	正弦函数，比如 sin(8)的结果是 0.139173
cos(x)	余弦函数，比如 cos(8)的结果是 0.990268
tan(x)	正切函数，比如 tan(8)的的结果是 0.140540

3.5 字符函数

在嵌入式编程或界面编程中，会经常和字符打交道。Arduino 提供的字符函数和 C 语言中的字符函数基本类似，我们把它们放入一张表格中，如表 3-2 所示。

表 3-2 Arduino 提供的字符函数

函　数	说　明
isAlpha(thisChar)	分析一个字符是否为字母。如果 thisChar 包含一个字母，则返回 true
isAlphaNumeric(thisChar)	分析字符是否为字母数字（即字母或数字）。如果 thisChar 包含数字或字母，则返回 true
isAscii(thisChar)	分析字符是否为 ASCII。如果 thisChar 包含 ASCII 字符，则返回 true
isControl(thisChar)	分析字符是否为控制字符。如果 thisChar 是控制字符，则返回 true
isDigit(thisChar)	分析字符是为数字。如果 thisChar 是一个数字，则返回 true
isGraph(thisChar)	分析一个字符是否可以打印某些内容（空格可以打印，但没有内容）。如果 thisChar 可打印，则返回 true
isHexadecimalDigit(thisChar)	分析字符是否为十六进制数字（a～F，0～9）。如果 thisChar 包含十六进制数字，则返回 true
isLowerCase(thisChar)	分析字符是否为小写（即字母是否为小写）。如果 thisChar 包含小写字母，则返回 true
isPrintable(thisChar)	分析字符是否可打印（即产生输出的任何字符，甚至空格）。如果 thisChar 可打印，则返回 true
isPunct(thisChar)	分析字符是否为标点符号（即逗号、分号、感叹号等）。如果 thisChar 是标点符号，则返回 true
isSpace(thisChar)	分析字符是否为空白字符。如果参数是空格、换行符（'\f'）、换行（'\n'）、回车符（'\r'）、水平制表符（'\t'）或垂直制表符（'-\v'），则返回 true
isUpperCase(thisChar)	分析字符是否为大写（即字母是否为大写）。如果 thisChar 包含大写字母，则返回 true
isWhitespace(thisChar)	分析字符是否为空格字符。如果参数是空格或水平制表符（'\t'），则返回 true

3.6 数字输入/输出操作函数

数字信号使用离散的电压或电流来表示（0 或 1），比如高电平和低电平。数字量在时间和数量上都是离散的物理量，其表示的信号则为数字信号。数字量是由 0 和 1 组成的信号，经过编码形成有规律的信号，量化后的模拟量就是数字量。

数字输入/输出的意思是数字电平输入/输出，一般带序号的引脚（比如引脚 13）就用于数字电平的输入和输出，这样通过众多数字引脚就可以从外界输入数据或向外界输出数据。

控制 Arduino 的方式可大致分为数字输入/输出和模拟输入/输出两种，我们先学习数字输入/输出。首先，字典中对"数字"的一种解释是"采用数字化技术的"，可能会有读者不理解这种说法。没关系，将 Arduino 里的数字控制理解为一种开关即可，开关可以被打开或关闭。控制数字输入/输出信号的引脚可以称为"数字输入/输出引脚"。

在 Arduino UNO 上，在标有 DIGITAL 字样的位置写着 0～13。这些引脚便是数字输入/输出引脚。通过数字输入/输出引脚可以控制数字输入/输出信号。准确地说，查看数字输入/输出引脚上是连接还是断开电源，这就是数字输出；查看是否有电流流入，则是数字输入。0～13 是各数字输入/输出引脚的名称，通过数值可以控制所需位置上的数字引脚。第一次使用的人最好不要连接 0 号和 1 号引脚，因为与它们连接的部分负责和计算机进行通信，若使用不当则容易出现异常结果，应尽可能使用 2～13 号引脚。使用数字输入/输出引脚时，一定要先设置该数字输入/输出引脚是用于输入还是输出，此时需要用到的就是 pinMode 函数。

Arduino 提供了 3 个重要的数字输入/输出操作函数，即 pinMode、digitalRead 和 digitalWrite。

3.6.1　pinMode 设置引脚模式

函数 pinMode 将指定的引脚配置为输入、输出或输入上拉模式。该函数声明如下：

```
void pinMode(uint8_t pin, uint8_t mode);
```

其中参数 pin 表示要设置模式的 Arduino 开发板的引脚号；mode 表示要设置的模式，取值为 INPUT（输入模式）、OUTPUT（输出模式）或 INPUT_PULLUP（输入上拉模式）。该函数通常放置在 setup 函数中调用一次即可。示例如下：

```
pinMode(13, OUTPUT);     //设置引脚 13 为输出模式
```

3.6.2　digitalRead 读取引脚值

函数 digitalRead 从指定的引脚读取值，其声明如下：

```
int digitalRead(uint8_t pin);
```

参数 pin 表示要读取值的引脚。函数返回一个整数，当返回值等于宏 HIGH 时，表示高电平；当返回值等于宏 LOW 时，表示低电平。HIGH 和 LOW 已经由 Arduino 定义好了，如下所示：

```
#define HIGH  0x1
#define LOW   0x0
```

这样就可以直接拿来用了。

3.6.3　digitalWrite 向引脚写值

函数 digitalWrite 将 HIGH（高）或 LOW（低）值写入引脚。如果引脚已配置为带引脚模式的输出，其电压将设置为相应值：5V（或 3.3V，Arduino 开发板上的 3.3V）表示高，0V（接地）表示低。

如果引脚配置为 INPUT，digitalWrite 将启用（HIGH）或禁用（LOW）输入引脚上的内部上拉电阻器。建议将引脚模式设置为 INPUT_PULLUP（输入上拉）以启用内部上拉电阻器。

如果未将引脚的模式设置为 OUTPUT，并将 LED 灯连接到引脚，则在调用 digitalWrite（HIGH）时，LED 灯可能会变暗。在没有明确使用 pinMode 函数设置模式的情况下，digitalWrite 将启用内部上拉电阻器，其作用就像一个大的限流电阻器。该函数声明如下：

```
void digitalWrite(uint8_t pin, uint8_t val);
```

其中参数 pin 表示 Arduino 开发板上的引脚号，val 取值为 HIGH 或 LOW，表示高或低电平。下面实例间隔 1s 熄灭和点亮 Arduino 开发板上内置的 LED 灯。

【例 3.13】间隔 1s 熄灭和点亮内置 LED 灯

（1）打开 Arduino IDE，并打开 test.ino 文件，然后输入如下代码：

```
int ledPin = 13;                    //开发板上的内置 LED 灯连接的是引脚 13
void setup() {
    pinMode(ledPin, OUTPUT);        //将引脚 13 设置为输出模式
}
void loop() {
    digitalWrite(ledPin, HIGH);     //设置引脚 13 为高电平，即点亮 LED 灯
    delay(1000);                    //等待 1s
    digitalWrite(ledPin, LOW);      //设置引脚 13 为低电平，即熄灭 LED 灯
    delay(1000);                    //等待 1s
}
```

引脚 13 连着内置 LED 灯，当我们将引脚 13 设置为输出模式时，如果引脚 13 为高电平，LED 灯被点亮；如果引脚 13 为低电平，则 LED 灯会熄灭。我们在点亮和熄灭之间通过 delay 函数暂停 1s。

（2）确保开发板和计算机已经通过数据线相连。运行程序，就可以看到 Arduino 开发板上的 LED 灯在不停地熄灭和点亮，如图 3-1 所示。图中标记 L 旁的 LED 灯就是引脚 13 控制的 LED 灯。

图 3-1

3.7 模拟输入/输出操作函数

模拟信号是指连续变化的电信号，比如说话时的声音信号。模拟信号可以用连续的电压或电流来表示。举个例子：听音乐时，模拟信号就是声音信号，而声音信号被转换成数字信号并存储在计算机中作为音频文件。如果想要对这个音频文件进行处理，比如剪辑、混音等，就需要先将数字信号转换成模拟信号，再进行处理。

模拟量的概念与数字量相对应，它经过量化之后可以转换为数字量。模拟量是在时间和数量上都是连续的物理量，其表示的信号则为模拟信号。模拟量在连续的变化过程中的任何一个取值都是一个有具体意义的物理量，如温度、电压、电流等。模拟量就是在某个过程中的时间和数量连续变化的物理量。

模拟输入/输出的意思是模拟信号的输入和输出，Arduino 开发板上模拟输入/输出引脚有：引脚序号以"A"开头的，为模拟信号输入引脚，标有"～"符号的引脚，为支持 PWM（脉冲宽度调制）的输出引脚。模拟输入/输出操作函数包括 analogRead、analogReference 和 analogWrite。

3.7.1 analogRead 读取模拟引脚

函数 analogRead 用于读取指定模拟引脚的值。Arduino 开发板包含一个多通道、10 位模数转换器，这意味着它将把 0 和工作电压（5V 或 3.3V）之间的输入电压映射为 0 和 1023 之间的整数值。在基于 ATmega 的开发板（UNO、Nano、Mini、Mega）上，读取模拟输入大约需要 100μs（0.0001s），因此最大读取速率约为每秒 10 000 次。该函数声明如下：

```
int analogRead(uint8_t pin);
```

其中参数 pin 是模拟引脚号。函数返回引脚上的模拟读数。下面的实例读取引脚上的电压并显示出来。

【例 3.14】读取电压并显示

（1）打开 Arduino IDE，并打开 test.ino 文件，然后输入如下代码：

```
int analogPin = A3;                //引脚 A3 是个模拟输入引脚
int val = 0;                       //定义变量用来存储读取的值
void setup() {
    Serial.begin(9600);            //设置串口波特率
}

void loop() {
    val = analogRead(analogPin);   //读取输入引脚的模拟电压值
    Serial.println(val);           //打印读到的值
    delay(2000);                   //暂停 2s
}
```

（2）确保开发板和计算机已经通过数据线相连。编译上传程序，然后在串口监视器中可以看到如下输出结果：

```
303
297
286
…
```

可以看到，模拟值不是固定离散的几个值。如果模拟输入引脚没有连接到任何东西，那么 analogRead 的返回值将根据许多因素（例如其他模拟输入的值、手与开发板的距离等）而波动。

3.7.2　analogReference 改变基准电压

函数 analogReference 用于配置模拟输入的参考（或称基准）电压（即用作输入范围顶部的值）。该函数声明如下：

```
void analogReference(uint8_t mode);
```

参数 mode 表示要使用的基准电压类型。对于 Arduino AVR 开发板（UNO、Mega、Leonardo 等），参数 mode 取值如下：

- DEFAULT：默认情况下，将模拟电压 5V（在 5V Arduino 开发板上）或 3.3V（在 3.3V Arduino 开发板上）用作基准电压。
- INTERNAL：内置参考电压，在 ATmega168 或 ATmega328P 上等于 1.1V，在 ATmega32U4 和 ATmega8 上等于 2.56V（在 Arduino Mega 上不可用）。
- INTERNAL1V1：内置 1.1V（仅限 Arduino Mega）用作基准电压。
- INTERNAL2V56：内置 2.56V（仅限 Arduino Mega）用作基准电压。
- EXTERNAL：以 AREF 引脚上的电压（仅 0V 到 5V）用作基准电压。

更改模拟基准电压后，analogRead 函数的前几个读数可能不准确。AREF 引脚上的外部参考电压不得低于 0V 或高于 5V。如果在 AREF 引脚上使用外部引用，则在调用 analogRead 函数之前，必须将模拟引用设置为 EXTERNAL，否则将使有源参考电压（内部产生）和 AREF 引脚短路，这可能会损坏 Arduino 开发板上的微控制器；或者可以通过 5K 电阻器将外部参考电压连接到 AREF 引脚，从而在外部和内部参考电压之间切换。注意，电阻器将改变用作参考的电压，因为 AREF 引脚上有一个内部 32K 电阻器，两者充当分压器。例如，通过电阻器施加的 2.5V 将在 AREF 引脚处产生 $2.5 \times 32/(32+5)V \approx 2.2V$ 的电压。

3.7.3　analogWrite 输出模拟信号

函数 analogWrite 将模拟值（PWM 波）写入引脚，可用于以不同的亮度点亮 LED 灯，或以不同的速度驱动电机。调用 analogWrite 函数后，引脚将生成指定占空比的稳定矩形波，直到同一引脚的下一次调用 analogWriter（或调用 digitalRead 或 digitalWrite）为止。函数 analogWrite 声明如下：

```
void analogWrite(uint8_t pin, int value);
```

其中参数 pin 表示引脚号；value 表示占空比，它介于 0（始终关闭）和 255（始终打开）之间。

在引脚 5 和 6 上生成的 PWM（输出会有一个高于预期的占空比，这是由于这两个引脚的 PWM 输出与 millis() 和 delay() 函数共享相同的内部计时器，从而导致它们之间交互作用。这将主要在低占空比设置（例如 0～10）时被注意到，并且可能导致占空比为 0 时不能完全关闭引脚 5 和 6 上的输出。

下面示例将 LED 灯的输出设置为与电位计读取的值成比例，代码如下：

```
int ledPin = 9;                      //LED 灯连接到引脚 9
int analogPin = 3;                   //电位计连接到模拟引脚 3
int val = 0;                         //用于存储读取值的变量

void setup() {
    pinMode(ledPin, OUTPUT);         //设置引脚 9 为输出模式
}

void loop() {
    val = analogRead(analogPin);     //读取输入引脚
    //analogRead 返回值介于 0 和 1023 之间，analogWrite 写入的值介于 0 和 255 之间
    analogWrite(ledPin, val / 4);
}
```

3.8 高级输入/输出操作函数

这一节的内容初学者一般用不着，但以后工作中可能会用到。高级输入/输出操作函数包含多个具有特殊需求功能的输入/输出操作实现，通过函数即可使用这些功能，简化了某些特殊功能的实现过程。

3.8.1 tone 生成方波

该函数在引脚上生成指定频率（和 50% 占空比）的方波。tone 函数的作用是让 Arduino 根据指定的频率和持续时间产生一定的方波信号，以便驱动或控制外部的设备或电路，例如蜂鸣器、扬声器、音乐盒等。tone 函数的使用情形如下：

- 当需要向一个数字引脚输出一个固定频率的音调时，例如发出单个音符、警报声、提示音等。
- 当需要向一个数字引脚输出一个变化频率的音调时，例如发出多个音符、旋律、歌曲等。
- 当需要向一个数字引脚输出一个有规律的音调时，例如发出节奏、韵律、节拍等。

使用 tone 函数时，需要注意以下事项：

（1）tone 函数的第一个参数是要输出音调的数字引脚的编号，可以是任意一个数字引脚；第二个参数是要输出音调的频率，单位是赫兹（Hz），范围是 31 到 65535；第三个参数是可选的，表示要输出音调的持续时间，单位是毫秒，范围是 0 到 65535。

（2）tone 函数会占用与输出引脚相关联的定时器，从而影响该定时器上其他功能的正常工作，例如 PWM 输出、analogWrite 函数等。因此，如果需要同时使用 tone 函数和其他功能，那么需要注

意避免冲突或干扰。

（3）tone 函数会一直输出音调，直到被另一个 tone 函数或 noTone 函数停止，或者 Arduino 被复位。如果指定了持续时间参数，那么 tone()函数会在持续时间结束后自动停止输出音调，并释放定时器资源。

（4）tone 函数会根据输出引脚的参考电压来输出方波信号，参考电压默认是 5V，也可以通过 analogReference 函数来设置为其他值。如果要驱动或控制的外部设备，或者电路需要不同的电压或电流，那么可能需要使用额外的元件，例如电阻、二极管、晶体管等。

（5）tone 函数只能在支持 PWM 功能的引脚上使用，如 3、5、6、9、10 和 11 引脚。在其他引脚上调用 tone 函数将不起作用。

（6）由于 tone 函数使用计时器来生成 PWM 信号，因此在调用 tone 函数之前，应确保没有其他使用相同计时器的功能正在执行；否则，可能导致计时器冲突和功能失效。

（7）tone()函数生成的 PWM 信号的频率受 Arduino 的时钟频率和计时器设置的影响。在某些 Arduino 开发板上，由于不同的时钟设置，可能会导致频率略有误差。

（8）tone 函数用于生成特定频率的方波信号，但是这个函数是基于软件的，所以生成的方波可能不够精确。对于需要高精度音频的应用，可以使用专门的音频库，比如 AudioSynthWaveform 库。

tone 函数有两种形式，声明如下：

```
void tone(uint8_t _pin, unsigned int frequency);
void tone(uint8_t _pin, unsigned int frequency, unsigned long duration);
```

参数 pin 表示生成音调的 Arduino 引脚；frequency 表示音调的频率，单位为赫兹（Hz）；duration 表示音调的持续时间（以毫秒为单位）。

如果想在多个引脚上演奏不同的音调，需要在一个引脚上调用 noTone，然后在下一个引脚调用 tone。此函数是非阻塞的。

3.8.2　noTone 停止方波

函数 noTone 停止由 tone 函数触发的方波，其声明如下：

```
void noTone(uint8_t _pin);
```

参数 pin 表示需要停止生成方波的 Arduino 引脚号。

3.8.3　pulseIn 读取脉冲

该函数读取引脚上的脉冲（高或低），用在非中断下。例如，如果值为 HIGH，pulseIn 将等待引脚从 LOW 变为 HIGH 并开始计时，然后等待引脚变为 LOW 并停止计时。该函数声明如下：

```
unsigned long pulseIn(int pin, int value);
unsigned long pulseIn(int pin, int value, unsigned long timeout);
```

其中参数 pin 表示想要读取脉冲的 Arduino 引脚的编号；value 表示要读取的脉冲类型，HIGH 或 LOW；timeout 表示等待脉冲启动的微秒数，默认值为 1000000μs，即 1s。该函数以微秒为单位返回脉冲长度，如果在超时时间内未接收到完整的脉冲，则放弃并返回 0。

下面实例在引脚 7 上打印脉冲的持续时间。

【例 3.15】在引脚 7 上打印脉冲的持续时间

（1）打开 Arduino IDE，并打开 test.ino 文件，然后输入如下代码：

```
int pin = 7;
unsigned long duration;

void setup() {
    Serial.begin(9600);
    pinMode(pin, INPUT);
}

void loop() {
    duration = pulseIn(pin, HIGH);
    Serial.println(duration);
}
```

因为在超时时间内未接收到完整的脉冲，因此返回 0。

（2）确保开发板和计算机已经通过数据线相连。编译上传程序，然后在串口监视器中可以看到如下输出结果：

```
0
```

3.8.4   pulseInLong 读取脉冲

函数 pulseInLong 是 pulseIn 的替代方案，它更擅长处理长脉冲和受中断影响的场景。该函数的作用是读取引脚上的脉冲（高或低），用在中断下。例如，如果值为 HIGH，pulseInLong 将等待引脚从 LOW 变为 HIGH 并开始计时，然后等待引脚变为 LOW 并停止计时。该函数声明如下：

```
unsigned long pulseInLong(int pin, int value);
unsigned long pulseInLong(int pin, int value, unsigned long timeout);
```

其中参数 pin 表示想要读取脉冲的 Arduino 引脚的编号；value 表示要读取的脉冲类型，HIGH 或 LOW；timeout 表示等待脉冲启动的微秒数，默认值为 1000000μs，即 1s。该函数以微秒为单位返回脉冲长度，如果在超时时间内未接收到完整的脉冲，则放弃并返回 0。该函数的定时已经根据经验确定，并且可能在较短的脉冲中显示误差，适用于长度从 10μs 到 3min 的脉冲。需要注意，只有当中断被激活时，才能使用此函数。

下面示例在引脚 7 上打印脉冲的持续时间，代码如下：

【例 3.16】在引脚 7 上打印脉冲的持续时间

```
int pin = 7;
unsigned long duration;

void setup() {
```

```
    Serial.begin(9600);
    pinMode(pin, INPUT);
}

void loop() {
    duration = pulseInLong(pin, HIGH);
    Serial.println(duration);
}
```

对比【例 3.15】可见，pulseInLong 的用法和 pulseIn 几乎一样，但 pulseInLong 函数不能在非中断的上下文环境中使用。

3.8.5　shiftIn 移入数据

该函数在一个数据字节中一次移入一位，即实现同步串行通信数据读功能。从最高（即最左边）或最低（即最右边）有效位开始。对于每个位，时钟引脚被拉高，从数据线读取下一个位，然后时钟引脚被取低。

注意：这是一个软件实现。Arduino 还提供了一个 SPI 库，该库使用硬件实现，速度更快，但仅适用于特定引脚。

shiftIn 函数声明如下：

```
byte shiftIn(int dataPin, int clockPin, int bitOrder);
```

其中参数 dataPin 表示输入每个位的引脚；clockPin 用于切换从 dataPin 发出读取信号的引脚；bitOrder 表示位的移位顺序，取值 MSBFIRST 或 LSBFIRST（最高有效位优先，或最低有效位优先），这两个取值是系统定义的两个宏：

```
#define LSBFIRST 0
#define MSBFIRST 1
```

该函数返回读取到的数据字节值。

3.8.6　shiftOut 移出数据

该函数一次将一个字节的数据移出一位，即实现同步串行通信数据的写功能。从最高（即最左边）或最低（即最右边）有效位开始。每个位依次被写入数据引脚，之后时钟引脚被脉冲化（取高，然后取低）以指示该位可用。

注意：shiftOut 与 shiftIn 一样，也是一个软件实现。Arduino 还提供了一个 SPI 库，该库使用硬件实现，速度更快，但仅适用于特定引脚。

shiftOut 函数声明如下：

```
shiftOut(int dataPin, int clockPin, int bitOrder, byte value);
```

其中参数 dataPin 表示输出每个位的引脚，即数据引脚；clockPin 表示一旦 dataPin 设置为正确的值就要切换的引脚，即时钟引脚；bitOrder 表示位的移位顺序，取值 MSBFIRST 或 LSBFIRST（最高有效位优先，或最低有效位优先）；value 表示要移出的数据。

3.9　中断操作函数

中断是指处理机处理程序运行中出现的紧急事件的整个过程。程序运行过程中，系统外部、系统内部或者现行程序本身若出现紧急事件，则处理机立即中止现行程序的运行，自动转入相应的处理程序（中断服务程序），待处理完成后，再返回原来的程序运行，这整个过程称为程序中断。

中断又可分为屏蔽中断和非屏蔽中断两类：

● 屏蔽中断：可屏蔽中断，可由程序控制其屏蔽的中断。屏蔽时，处理机将不接受中断。
● 非屏蔽中断：不可屏蔽中断，不能由程序控制其屏蔽的、一定要处理机立即处理的中断。

中断有助于使微控制器程序中的事情自动发生，并有助于解决时序问题。使用中断的任务可能包括读取旋转编码器或监控用户输入。如果想确保程序总是捕捉到来自旋转编码器的脉冲（这样它就不会错过脉冲），那么编写程序来做其他事情就会变得非常困难，因为程序需要不断地轮询编码器的传感器线路，以便在脉冲发生时捕捉脉冲。其他传感器也有类似的界面动态，例如试图读取一个声音传感器，它试图捕获一个点击声音，或者试图捕捉硬币掉落的红外插槽传感器（光断路器）。在这些情况下，使用中断可以释放微控制器来完成一些其他工作，同时不会错过输入。

一般来说，ISR（中断服务程序）应尽可能短且快。另外，全局变量可以用于在 ISR 和主程序之间传递数据。为了确保 ISR 和主程序之间共享的变量得到正确更新，应将它们声明为 volatile。

3.9.1　interrupts 重启中断

该函数用于重新启用中断（在中断被 noInterrupts 禁用之后）。中断允许某些重要任务在后台发生，并且在默认情况下处于启用状态。当中断被禁用时，某些功能将不起作用，并且传入的通信可能被忽略。interrupts 函数声明如下：

```
void interrupts();
```

3.9.2　noInterrupts 禁用中断

该函数用于禁用中断（可以使用 interrupts 函数重新启用它们），其声明如下：

```
void noInterrupts();
```

示例代码如下：

```
void setup() {}
void loop() {
    noInterrupts();
    //此处为关键的、时间敏感的代码
    interrupts();
```

```
    //其他代码
}
```

中断可能会稍微打乱代码的时序，并且可能会禁用代码的关键部分，因此关键代码前最好禁用中断。需要注意，禁用具有本地 USB 功能的 Arduino 开发板（例如 Leonardo）上的中断，将使该开发板不会出现在端口菜单中，因为这会禁用其 USB 功能。

3.9.3　attachInterrupt 设置一个中断

该函数用于设置一个中断，其声明如下：

```
attachInterrupt(digitalPinToInterrupt(pin), ISR, mode);
```

其中参数 pin 表示 Arduino 的引脚号；attachInterrupt 的第一个参数是一个中断号，通常应该使用 digitalPinToInterrupt(pin)将实际数字引脚转换为特定的中断编号，例如，如果连接到数字引脚 3，请使用 digitalPinToInterrupt(3)作为附加 Interrupt 的第一个参数；ISR 表示中断发生时要调用的中断服务程序，此函数不能接收任何参数，也不能返回任何内容，有时被称为中断服务例程；mode 定义何时应该触发中断，取值如下：

- LOW：当引脚为低时触发中断。
- CHANG：当引脚值发生变化时触发中断。
- RISING：当引脚从低位变为高位时触发中断。
- HIGH：当引脚为高时触发中断。

下面实例是当引脚值发生变化时触发中断。

【例 3.17】引脚值发生变化触发中断

打开 Arduino IDE，并打开 test.ino 文件，然后输入如下代码：

```
const byte ledPin = 13;
const byte interruptPin = 2;
volatile byte state = LOW;

void setup() {
    pinMode(ledPin, OUTPUT);
    pinMode(interruptPin, INPUT_PULLUP);
    attachInterrupt(digitalPinToInterrupt(interruptPin), blink, CHANGE);
}

void loop() {
    digitalWrite(ledPin, state);
}

void blink() {
    state = !state;
}
```

我们在函数 attachInterrupt 中使用了参数 CHANGE，因此，当引脚值发生变化时触发中断。当发生中断时，将调用函数 blink，在该函数中，全局变量 state 将取反。此时，一直在循环运行的 loop 函数中的 digitalWrite，将由于 state 的值发生变化而导致 LED 灯发生变化，从而让用户知道发生中断了。需要注意，中断启用后，其优先级高于主程序。

3.9.4 detachInterrupt

该函数使某个已启用的中断关闭，其声明如下：

```
detachInterrupt(digitalPinToInterrupt(pin));
```

其中参数 pin 表示要禁用的中断的 Arduino 引脚号，digitalPinToInterrupt(pin)将实际数字引脚转换为特定的中断编号。

3.9.5 digitalPinToInterrupt

该函数将引脚号作为参数，如果该引脚号可以用作中断，则返回相同的引脚。因此，这个函数相当于多了一层检查，即检查某引脚是否可中断，如果可中断，则返回相同的引脚号。例如，Arduino UNO 上的 digitalPinToInterrupt(4)将不起作用，因为中断仅在引脚 2、3 上受支持。该函数声明如下：

```
int digitalPinToInterrupt(int pin);
```

其中参数 pin 表示要用于中断的引脚号。如果 pin 号引脚可中断，则返回 pin 的值，否则返回-1。下面实例用来判断某个引脚能否中断。

【例 3.18】判断引脚是否可以中断

（1）打开 Arduino IDE，并打开 test.ino 文件，然后输入如下代码：

```
int pin = 2;
void setup() {
    Serial.begin(9600); //设置串口波特率
    int checkPin = digitalPinToInterrupt(pin); //判断引脚 2 是否可以中断
    //打印相应的结果
    if (checkPin == -1) {
        Serial.println("Not a valid interrupt pin!");
    } else {
        Serial.println("Valid interrupt pin.");
    }
}
void loop() {}
```

（2）确保开发板和计算机已经通过数据线相连。编译上传程序，然后在串口监视器中可以看到如下输出结果：

```
Valid interrupt pin.
```

有效地中断了引脚 2，说明引脚 2 是个可以中断的引脚。

第4章

电路设计软件 Fritzing 入门

在了解了基本的硬件知识之前，我们先来熟悉一款电路设计软件 Fritzing。Fritzing 是一个强大的画电路图的工具，可以用来在学习 Arduino 的时候做布线设计。

如果你是一个 Arduino 或者其他开源硬件的爱好者，那么一定不能错过 Fritzing 这款软件。在 Fritzing 的世界里，你的灵感和创意会立刻呈现，电路设计也将变得美丽而简单！

Fritzing 是一款完全免费的、跨平台的、绿色开源的电子设计自动化软件。有了 Fritzing，我们甚至不需要真实的硬件就可以看到模拟的结果。这对于资金不充裕的人是一大福音，可以节省大量的硬件成本。

4.1 认识 Fritzing

Fritzing 是一款对用户友好的电子电路设计自动化软件，特别适合初学者、制作者和爱好者使用。它支持 Windows、macOS 和 Linux 三大主流平台，并提供一个逼真的面板版视图，以及很多常用的高级组件库。该软件极大地简化了电路图的交流和共享过程，使得将电路设计转换为印刷电路板（PCB）布局并进行生产变得更加便捷。Fritzing 在 Arduino 和树莓派用户群体中非常流行，也广泛应用于教育和创客项目中。

Fritzing 简化了过去 PCB 布局工程师使用"拖拖拉拉"的方式完成复杂的电路设计的过程。虽然目前这款软件的元件库相对较少（尽管用户可以自行添加新元件），而且缺少 CRC 功能，但未来随着元件库的逐渐丰富，其实用性将会提高。对于艺术家或非电子专业背景的人来说，Fritzing 是一个非常易于上手的工具。用户可以通过简单的拖拉操作来放置元件和连接线路。完成设计后，只需从菜单中选择"File"→"Export"，就可以将设计导出为标准的 Eagle 格式，甚至软件还支持自动布线（AutoRouter）。最令人印象深刻的是，Fritzing 能帮助用户设计出可以直接安装在 Arduino 上的电路板布局，这使得用户可以很方便地在电路板洗版和焊接元件后立即开始使用。这些特点使得 Fritzing 不仅适合初学者学习电路设计，也方便了创客进行快速原型开发。

Fritzing 有 4 种视图，分别是面包板、原理图、PCB 和 Code。用鼠标单击就能轻松切换。对于初学者而言，用得较多的视图是面包板视图，比如我们设计 Arduino 连接的时候就用到面包板视图，如图 4-1 所示。

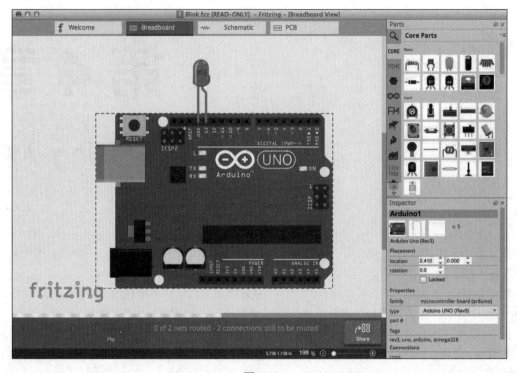

图 4-1

在上面视图中，我们看到了一个 Arduino 的电路板和一个 LED 灯，十分形象，几乎就是所见即所得。虽然 Fritzing 不能模拟 Arduino 运作，也不能替代 Arduino 程序语言开发，但它可以帮我们快速设计电路。除了显示 Arduino 图片之外，Fritzing 甚至还能直接显示面包板布线，如图 4-2 所示。

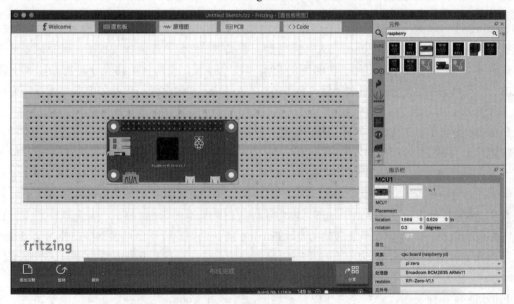

图 4-2

对于前 3 种视图（面包板、原理图和 PCB）而言，无论在哪一种视图中进行电路设计，软件都会自动化同步其他两种视图，还可以生成制版厂生产所需要的 Greber 文件、PDF 图片和 CAD 格式文件。这一切都极大地推广了 Fritzing 的使用。

4.1.1　下载和安装 Fritzing

Fritzing 以前是不收费的，但是现在如果从官网直接下载，就要收费。官网下载地址如下：

```
http://fritzing.org/download/
```

如果不想下载，也可以在随书源码根目录的 somesofts 目录下找到 Fritzing 文件夹，它下面会有一个 64 位的安装包 fritzing-0.9.10-l2134-40d23c29-win64。虽然这个安装包的版本并非最新，但对于初学者而言，完全够用。本书也以这个版本（0.9.10）为例进行讲解。

我们双击安装包开始安装，安装非常"傻瓜化"，直接单击"下一步"按钮即可，安装结束后如图 4-3 所示。

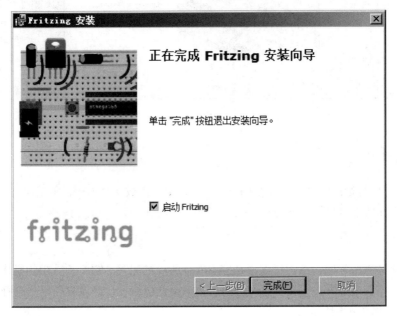

图 4-3

单击"完成"按钮，开始启动 Fritzing，主界面窗口如图 4-4 所示。

Fritzing 提供了非常多的电子元件模型（见图 4-4 右上方的元件库），而且提供了面包板、原理图、PCB、Code 四个主要功能区。在这四个功能区中，我们可以使用逼真的电子元件模型快速搭建属于自己的创意电路。

图 4-4

4.1.2　Fritzing 主界面

Fritzing 主界面是标准的设计软件布局。它由 6 个部分组成：菜单栏、主工作区、元件库、指示栏、快捷操作栏和状态信息栏。下面将分别介绍这 6 个部分。

1. 菜单栏

菜单栏位于 Fritzing 的顶部，可以说是应用软件的标准配置，它将软件中的操作按照一定的规则分为几个大类，在这些大类下又有更详细的子菜单。这样的设计可以方便用户选择需要的操作。Fritzing 的菜单栏如图 4-5 所示。

文件(F)	编辑(E)	元件(P)	视图(V)	窗口(W)	布线(R)

图 4-5

2. 主工作区

主工作区是面积最大、用户活动时间最长的一个区域，如图 4-6 所示。

这一部分将用于设计者设计和布线电路，包含面包板、原理图、PCB 和 Code 这 4 种视图。在主工作区顶部有"面包板""原理图""PCB"和"Code"4 个标签页，单击它们就可以切换到相应的视图。

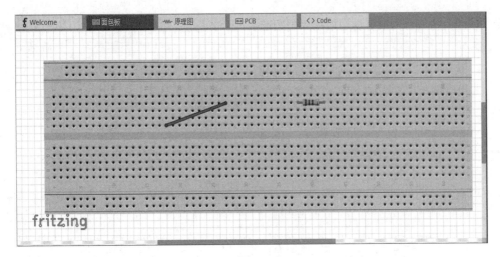

图 4-6

面包板视图是在后续章节中最常使用的视图。在这个视图下，所有电子元件都以我们在现实生活中所看到的形式展现出来。从图 4-7 中可以看出，面包板上的元件与实际的器件非常相似，而且 Arduino 端口排列顺序也与实际硬件一致。这就使得新手用户在即使不太明确电路原理的情况下，也可以参照面包板视图正确连接电路。此外，我们还可以从元件库中选中一些元件，将其拖到面包板上，如图 4-7 所示。

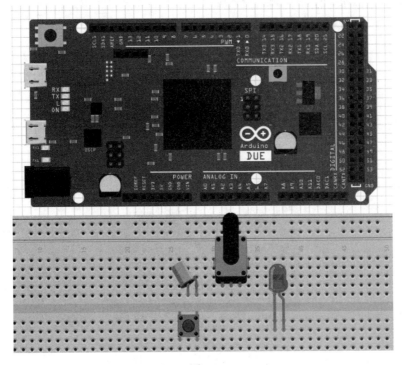

图 4-7

原理图视图如图 4-8 所示。对于无电路基础的用户来说，原理图视图就不那么直观了，他们很难将图中长满引脚的大方块与实际电路相对应。但对于那些有电路基础的用户来说，他们可能觉得异常亲切，因为他们可以很容易地根据原理图连接实际电路。

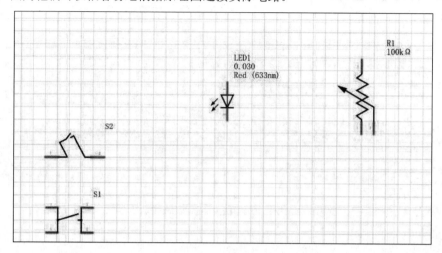

图 4-8

3. 元件库

元件库中包含了许多的电子元件，这些电子元件是按容器分类盛放的，主要包括核心库（Core）、设计者自定义库等。元件放置方式跟 VB、Delphi 等拖放控件的方式类似，也是使用了直观的拖放方式，用户只需要选择期望的元件并将它拖放到主工作区即可，几乎就是所见即所得。元件库如图 4-9 所示。

图 4-9

4. 指示栏

当我们拖放一个元件到面包板上后，通常需要对这个元件进行属性设置，指示栏就是提供对元件属性进行设置的地方。比如，如果我们拖动一个电阻到面包板上，那么指示栏中就会显示该电阻的属性，并提供编辑框以供设置，如图 4-10 所示。

图 4-10

其中，Placement 的中文含义是（对物件的）放置。在指示栏中通常会显示元件的名称、视图、位置、属性、关键词和连接数。其中常用的是属性部分，在这里可以修改元件的属性，如电阻的大小、精度和封装形式等。

5. 快捷操作栏

快捷操作栏中显示一些对应视图下常用的操作，如旋转、翻转、自动布线和导出 PCB 等功能。不同视图下显示的快捷按钮有所不同，面包板视图下的快捷操作栏如图 4-11 所示。

图 4-11

6. 状态信息栏

状态信息栏的左侧显示子菜单中各个菜单项的简短介绍，比如菜单"视图"→"实际大小"显示的信息如图 4-12 所示。

图 4-12

同时，状态信息栏右侧还提示光标的坐标和当前草图的缩放值。草图可以通过拉动滑动条上的滑块进行跳转，也可以通过单击滑动条两侧的-、+号进行微调。

4.1.3　元件库

Fritzing 的核心就是元件库。 Fritzing 官方和社区提供了大量的元件，因此元件的组织和分类势在必行。本小节将介绍 Fritzing 元件的组织形式。此外，Fritzing 官方以及社区的元件时刻都在更新，这就导致了 Fritzing 不可能包含全部的元件，因此本节也会介绍如何导入新的元件以及将库导出。

1. 元件库的分类

Fritzing 并不是将所有的元件都无规律地放在一起，而是以各种规则组织为不同的库。Fritzing 中最主要的是 CORE 元件库、MINE 元件库和 Arduino 元件库。对于初学者而言，其他一些不常用的子库不需要去研究。元件库的窗口左边提供了标签，单击不同的标签可以打开不同的子库，如图 4-13 所示。

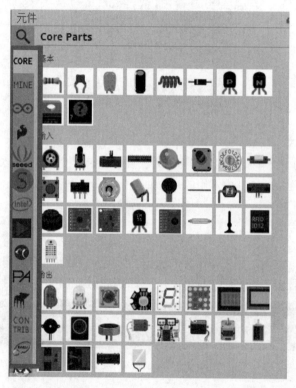

图 4-13

图 4-13 中线框框起来的地方就是标签，图中当前打开的子库是"CORE"子库，可以明显地看出，CORE 中的这些元件都是一些基本的和通用的元件。其他的库通常是按照系列或者制造商来分类的。

MINE 元件库是设计者自定义元件放置的容器，设计者可以在这里添加自己常用元件，或者添加软件缺少的元件。

第三个带有两个圈的标签是 Arduino 元件库，该库以系列来分类，它们都是 Arduino 系列的。Arduino 元件库主要放置与 Arduino 相关的开发板，这也是 Arduino 设计者需要关心的一个容器。这个容器中包含了 Arduino 的近 20 块开发板，比如 Arduino UNO（Rev3）、Arduino Mega、Arduino Mini、Arduino Nano 等，如图 4-14 所示。

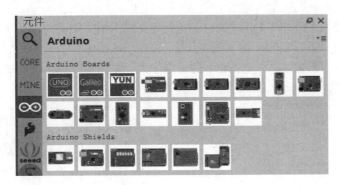

图 4-14

2. 下载并导入元件

得益于开源和开放的优势，Fritzing 的元件的增加和更新速度还是比迅速的，而且 Fritzing 每个版本也不可能包含所有的元件，并且包含太多元件会导致软件运行缓慢。因此，在后期势必需要有方法来更新或者添加元件，对此 Fritzing 提供了导入功能。

我们可以选择从下面两个地方来获取元件：

```
https://github.com/fritzing/fritzing-parts/
https://forum.fritzing.org/c/parts-submit/23/l/latest
```

Fritzing 的文件后缀为 fzpz、fzb 或者 fzbz。其中，.fzpz 是单个元（器）件文件的后缀名；.fzb 是元件库文件的后缀名；.fzbz 是分享库文件的后缀名，也就是从中导出库文件的文件后缀名，导出后的库文件（.fzbz）比用另存为复制出来的元件库文件（.fzb）大得多。

官方论坛上大家分享出来的元件如图 4-15 所示。

现在，我们以导入 SCD40 CO2 sensor 元件为例进行介绍。首先单击 "SCD40 CO2 sensor"，然后在弹出的页面中单击 "SCD40 - 4 pins.fzpz"，如图 4-16 所示。

图 4-15

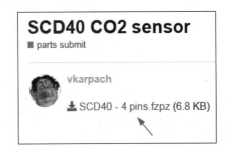

图 4-16

下载下来的文件是 SCD40 - 4 pins.fzpz，这是一个元件文件。如果不想下载，笔者也把这个文件放在了随书源码根目录下的 somesofts 文件夹下。在 Fritzing 的菜单栏中并没有提供导入元件库的选项，如果要导入元件库，需要单击元件栏中的下拉按钮，如图 4-17 所示。此时就会弹出一个菜单，然后选择"导入…"，如图 4-18 所示。

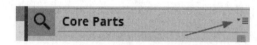

图 4-17   图 4-18

此时会打开一个浏览窗口。在浏览窗口中，选择我们刚才下载的元件库文件即可。此外，在 Windows 操作系统下还有一种导入方法，就是直接双击打开元件文件，系统就会自动使用 Fritzing 打开这个库文件，但是这要求已经将文件后缀与程序做了关联。

一个一个地加入元件，对于少量元件还是可以的，如果要加入很多元件，那就哭笑不得了。但 Fritzing 根本没有提供同时加入多个元件的功能，怎么办呢？经过笔者反复测试，发现可以使用拖拉的方式，也就是用鼠标选中多个元件文件，然后一起拖拉到 Fritzing 的主工作区。

3. 导出元件

如果要导出元件，可以右击要导出的元件，然后在弹出的快捷菜单上选择"导出元件…"，如图 4-19 所示。

图 4-19

导出后的文件后缀名是 fzpz，比如 SCD40 - 4 pins.fzpz。

4. 另存和导出元件库

如果要把当前的元件库，比如 MINE 元件库，另存为一个文件，则可以在 Fritzing 中的元件库窗口的空白处右击，然后在弹出的快捷菜单上选择"另存库为…"，如图 4-20 所示。

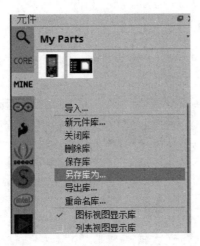

图 4-20

此时将保存库文件为一个.fzb 文件。

如果想分享元件库，可以右击该元件库，然后在弹出的快捷菜单中选择"导出库..."。此时将保存库为一个.fzbz 文件，这个文件包含的信息比较完整，因此文件大小比.fzb 大。

4.2　使用 Fritzing 模拟电路

Fritzing 提供了一个可以模拟电路的模拟器。该模拟器仅适用于 Fritzing 0.9.10 或更高版本。默认情况下，该选项处于禁用状态。要启用它，先在菜单栏依次单击"编辑"→"参数设置"，然后选择"Beta Features"选项卡，再勾选"Enable simulator"复选框，如图 4-21 所示。

图 4-21

单击"确定"按钮，Fritzing 将保存此选项，最后重新激活模拟器。当然，如果以后想禁用模拟器，只需取消勾选"Enable simulator"复选框即可。启用模拟器后，将在面包板视图的底部快捷操作栏的右边出现一个模拟按钮，如图 4-22 所示。

图 4-22

4.2.1 点亮和烧毁 LED 灯

让我们从点亮 LED 灯开始。在菜单栏依次单击"文件"→"打开例子"→"Simulator"→"Basic Circuits"→"LED",如图 4-23 所示。

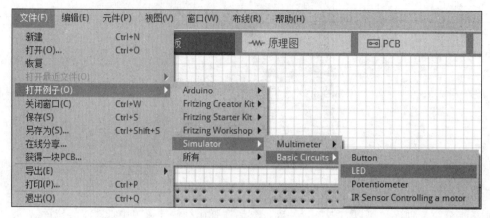

图 4-23

此时,会新打开 Fritzing 软件,并在主工作区中出现一个电路图。这是一个非常简单的电路,包含一个 LED 灯、一个电阻和一个电池,如图 4-24 所示。

一旦加载了示例,就可以单击"Simulate"按钮进行电路模拟。现在,我们单击"Simulate"按钮启动模拟器。当我们更改回路时,它将模拟我们的回路;要停止模拟器,请单击"Stop"按钮。但此时 LED 灯并没有亮,如图 4-25 所示。这是由于当前的电阻太高(默认是 220Ω),只有很少的电流流过 LED 灯,因此 LED 灯不亮。我们可以尝试减小电阻的值。先单击"Stop"按钮停止电路的模拟,然后选中图中的电阻,再在指示栏中找到属性,并在电阻旁的编辑框中输入 30 后按回车键,这样就可以设置这个电阻的电阻值为 30Ω,如图 4-26 所示。

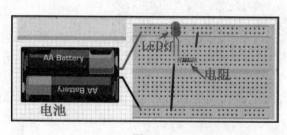

图 4-24

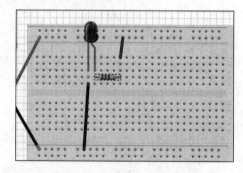

图 4-25

现在,我们再次单击"Simulate"按钮启动模拟器,就可以发现 LED 灯亮了,如图 4-27 所示。

图 4-26

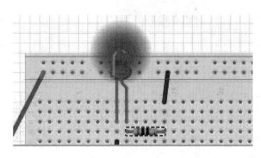

图 4-27

这是因为电阻变小了，流过 LED 灯的电流就变大了，所以 LED 灯变亮了。通过这个电路，改变电池的电压或电阻器的电阻，可以观察 LED 灯是如何改变其亮度的。

注意，标准 LED 灯只能处理 30mA 的电流，如果有更多的电流流过 LED 灯，那么 LED 灯将损坏。现在试着把 3V 电池换成 9V 电池。我们先单击"Stop"按钮停止电路模拟，然后选中电池，再在指示栏窗口找到属性，并在电压旁边选择 9V，如图 4-28 所示。

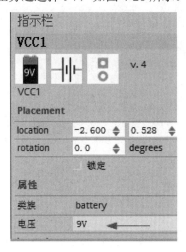

图 4-28

这时主工作区中的电池变成 9V 了。我们单击"Simulate"按钮启动模拟器，可以发现 LED 灯冒烟了，即 LED 灯因为电流太大而被烧毁了，如图 4-29 所示。

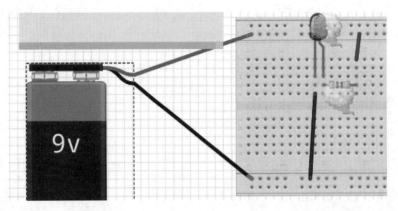

图 4-29

启动模拟器后，模拟器重新计算流过的电流，现在该电流太高，因此会损坏 LED 灯和电阻器。LED 灯和电阻器顶部的烟雾符号表示这种情况，但不要紧张，这只是模拟，不会真正地损坏实物。这也是模拟的好处，可以预先发现问题，避免实际损失。这个时候，我们可以通过设置更高的电阻或更改电阻器的功率和 LED 灯的最大电流来修复这种情况。

4.2.2　测量电压和电流

现在我们来看第二个实验，即使用万用表来测量电压、电流和电阻。体验这一点的最佳方式是打开 Fritzing，然后在菜单栏依次单击"文件"→"打开例子"→"Simulator"→"Multimeter"→"How to Measure DC Voltages"，打开测量直流电压的示例，如图 4-30 所示。

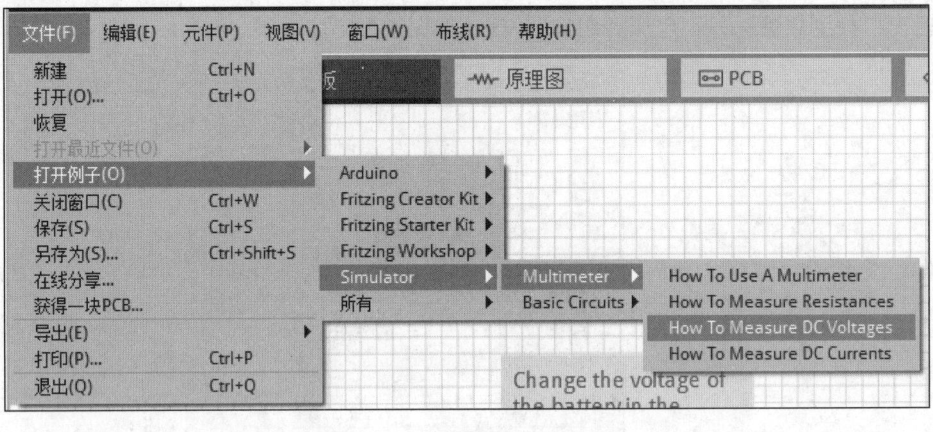

图 4-30

Measure DC Voltages 的意思是测量直流电压。这个时候，主工作区出现电池、面包板和万用表，如图 4-31 所示。

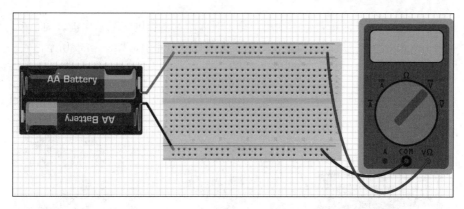

图 4-31

在该示例中，连接万用表以测量电池的电压。图 4-31 中的电池的默认电压是 3V，当我们单击"Simulate"按钮启动模拟器时，万用表将显示电池电压为 3V，如图 4-32 所示。

如果改变电池电压，我们将观察到万用表显示屏显示新的电压值。首先选中电池，然后在指示栏窗口中找到电压这个属性，并选择新电压为 4.8V，这时万用表上立即显示 4.800 了，如图 4-33 所示。是不是感觉我们的万用表很灵敏呀。

图 4-32 　　　　　　　　　　　图 4-33

万用表除了可以测量电压外，还可以测量电流。下面来看"如何测量直流电流"这个示例，在菜单栏依次单击"文件"→"打开例子"→"Simulator"→"Multimeter"→"How To Measure DC Currents"，如图 4-34 所示。

图 4-34

Measure DC Currents 是测量直流的意思。这个时候，主工作区将显示电池、面包板、电阻和万用表，单击"Simulate"按钮启动模拟器，万用表上将显示电流值，如图 4-35 所示。

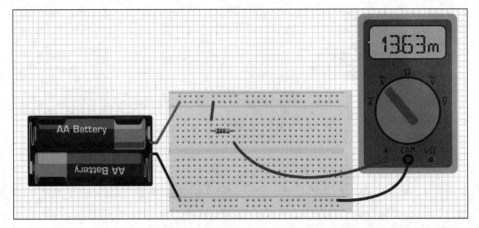

图 4-35

根据欧姆定律，电池是 3V，电阻默认是 220Ω，而电流等于电压除以电阻，那么电流为 0.01363A，即 13.63mA。我们通过改变电阻器值来改变流过万用表的电流，有兴趣的读者可以试一试。

第5章

硬件入门

上一章介绍了电路设计软件 Fritzing，通常我们在画出电路图后，就要准备好硬件元件，再根据电路图搭建实物电路了。因此，认识和筛选合适的硬件元件是一项不必可少的基本功。就像一位武士，只有熟悉每样武器的功能和性能，才能在战斗中找到最适合的武器。

5.1 单片机和开发板

5.1.1 什么是单片机

单片机的全称是单片微型计算机（Single Chip Microcomputer），或称微控制器（Microcontrollers）、微控制单元（Microcontroller Unit，MCU）。它将中央处理器（Central Process Unit，CPU）的频率与规格做适当缩减，并将内存（Memory）、计数器（Timer）、USB、A/D 转换、UART、PLC、DMA等周边接口，甚至 LCD 驱动电路都整合在单一芯片上，形成芯片级的计算机，为不同的应用场合做不同组合控制。单片机的应用非常广泛，从日常生活中的手机、PC 外围设备和遥控器，到汽车电子和工业应用，如步进电机和机器手臂的控制，处处都可以看到单片机的应用。

单片机是一个集成在单个硅片上的完整微型计算机系统，它在工业控制领域得到了广泛应用。自从 20 世纪 80 年代以来，单片机技术已从最初的 4 位和 8 位单片机发展至今日的高速单片机，处理速度可达到 300MHz。这种进展不仅提高了单片机的处理能力，还扩大了其在各种复杂应用中的使用范围。

单片机不是完成某一个逻辑功能的芯片，而是把一个计算机系统集成到一个芯片上，图 5-1 所示就是型号为 ATmega328P 的单片机。

单片机相当于一个缺少了 I/O 设备的微型计算机。概括地讲，一块芯片就成了一台计算机。单片机的体积小、质量轻、价格便宜，为学习、应用和开发计算机提供了便利条件。同时，学习使用单片机是了解计算机原理与结构的最佳选择。

图 5-1

5.1.2 主流单片机

单片机的使用领域已十分广泛，如智能仪表、实时工控、通信设备、导航系统、家用电器等。下面介绍几种常用的单片机。

1）51 系列单片机

51 系列单片机的历史可以追溯到英特尔（Intel）推出的 MCS-51 系列。MCS-51 系列是 8 位单片机，具有寄存器少的特点。由于很多功能需要外部扩展，如模数转换（ADC）、脉冲宽度调制（PWM）输出等，加上输入/输出引脚输出能力较弱、运行速度慢、抗干扰能力较差以及功耗相对较高，并且没有自编程能力，51 单片机在某些应用场景中显示出局限性。尽管存在上述限制，但 51 单片机的外围电路相对简单，使用方便，特别适合初学者学习单片机基础。因此，许多高校的单片机课程主要以 51 单片机为教学对象。此外，它也被广泛应用于工业测控系统中。目前生产 51 单片机的国外厂家有英特尔、艾德梅尔（Atmel）、西门子（Siemens）、华邦（Winbond），国内厂商有宏晶科技等。

2）NY 系列单片机

NY 系列单片机是台湾九齐科技股份有限公司旗下的 8 位主控单片机。在 2020 年之前，九齐单片机还只是小众品牌，知道它的人不多。然而它在 2020 年的缺芯浪潮之中脱颖而出，成功在国内市场占有一定的份额。同时，NY 系列单片机本身的优点也很突出，产品的性能非常稳定，在项目的方案开发没有问题的情况下，能够快速地投入正常的流水线生产，很少出现故障。九齐单片机能够应用的领域涵盖了小家电、安防警报以及智能家居等中低端领域，是很多中小型企业热衷选择的单片机类型。

3）AVR 系列单片机

AVR 单片机是由 Atmel 公司（现为 Microchip Technology Inc.的一部分）开发的，它也是一种 8 位单片机，尽管之后也推出了一些 16 位版本。与 51 单片机相比，AVR 单片机的内部指令集被大幅简化，内部结构也更为精简，因此它在运行速度、功能强大性、驱动能力以及功耗和抗干扰能力等方面都有显著的提升。AVR 系列单片机内置有强大的 Flash 程序存储器，支持快速且方便的程序烧录。此外，AVR 单片机还集成了多种频率的 RC 振荡器、PWM 输出、AD 转换、看门狗、上电自动复位等功能。

AVR 单片机有 3 种主要系列，各自针对不同的应用需求：

- Tiny AVR：这种系列的 AVR 单片机主要用于对性能要求不高、电源效率要求较低的应用，在小型封装中特别有优势。它们适用于空间受限或成本敏感的简单应用。
- Mega AVR：这种系列的 AVR 单片机是为需要额外外围电路的设计而优化的，提供了良好的自编程能力。它们常被用于中等复杂度的应用，如家用电器和工业控制系统，因为它们提供了丰富的输入/输出端口和较大的内存。
- Xmega AVR：这种系列专门为要求高集成度和低功耗的应用设计，提供了高性能和低功耗的解决方案。它们通常用于需要快速处理和高级通信接口的复杂应用。

AVR 单片机因其强大的功能和灵活的配置，被广泛应用于各种电子设备的控制电路板中，例如打印机、空调和电表等。

4）STM32 系列单片机

STM32 系列单片机是由 STMicroelectronics 推出的、基于 ARM Cortex-M 微控制器的产品族。这些芯片因其强大的功能和高性能而广受欢迎，学习和掌握它们需要阅读大量的文档，还需进行实际操作练习。从事软件开发的专业人士，尤其那些涉及大型系统设计的工程师，一定对 STM32 系列单片机特别熟悉。它们以高性价比和高性能著称，具备多种高度集成的功能，如双 12 位 ADC、最高 4Mbps 的 UART、最高 18Mbps 的 SPI 和 18MHz 的输入/输出翻转速率。此外，这些芯片的待机功耗极低，低至 2μA，还集成了复位电路、低压检测和 RC 振荡器等特性。

STM32 系列至今已推出多种型号，包括基础型、增强型和互补型等，以满足不同的应用需求。这些单片机广泛应用于工业自动化、消费电子、医疗设备和车载系统等领域，提供了灵活且可靠的解决方案。

5）MSP430 系列单片机

MSP430 系列单片机是由德州仪器（Texas Instruments, TI）推出的，有时也被称为混合信号处理器。这是一系列 16 位的超低功耗微控制器，其内部指令集设计得非常简洁。MSP430 集成了丰富的内外设，包括各种通信协议的定时器、液晶显示驱动器、高精度模数转换器、USB 控制器等。

这些单片机以其快速的计算速度、强大的处理能力和低功耗而闻名，非常适合用于各种实际应用需求。主要应用领域包括智能电子锁、键盘式门禁系统、读卡器、电梯轿厢呼叫按钮、无线扬声器以及视觉门铃等。

6）PIC 系列单片机

美国 Microchip Technology 公司的 PIC 系列单片机在全球市场的出货量处于行业领先地位。PIC 芯片以其相对简洁的指令集著称。这些单片机分为 8 位、16 位和 32 位系列，具有强大的架构、灵活的存储选项和多样的通信接口，包括 SPI、I2C、UART、CAN、USB、以太网等。它们还内部集成了图像处理、触摸传感器和其他电路，以及模数转换器等功能。

PIC 系列单片机主要用于开发和控制外围设备。它们能够在复杂系统中实现高度集成的控制，减少对外围电路的需求。这些特性使得 PIC 单片机在多个行业中得到广泛应用，包括电机控制、医疗设备、家用电器、有线通信、汽车电子、电池管理系统、智能能源解决方案等。

以上 6 种单片机就是当前市场上的主流单片机，每种都有其特定的优势和适用场景。实际选择哪一种单片机，应根据具体需求、现有条件以及性能要求来决定。对于不需要复杂控制系统和大量输入/输出端口的应用，可以选择采用精简指令集的单片机，如 PIC 系列单片机。这类单片机通常采用 Harvard 架构，将数据和指令存储分开处理，但这可能限制了其处理速度。而对于需要处理更复杂逻辑、更高速数据处理的系统，可以考虑采用处理能力更强、运行速度更快的单片机，如 STM32 系列。这类单片机具有高性能的 ARM Cortex 核心，支持广泛的通信协议和丰富的外设集成。

5.1.3　开发板

开发板是用于嵌入式系统开发的电路板，包括一系列硬件组件，例如内存、输入设备、输出设备、数据路径/总线和外部资源接口。开发板通常由嵌入式系统开发人员根据开发需要定制，也可以由用户进行研究和设计。开发板供初学者了解和学习系统的硬件和软件。同时，一些开发板还提供了基本的集成开发环境，以及软件源代码和硬件原理图。常见的开发板包括 51 开发板、ARM 开发板、FPGA 开发板和 DSP 开发板等。

　　单片机只是一个芯片，开发板是包含单片机芯片在内的、拥有很多外围设备和功能的电路板，如图 5-2 所示。单片机自己是没办法单独工作的，只能配合其他外围器件（包括电源等）组成开发板才能工作。

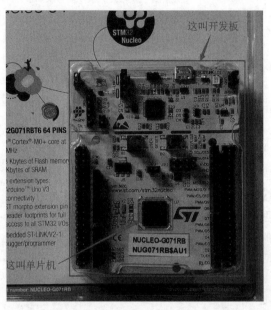

图 5-2

　　简单说，开发板=单片机+外围电路+通信接口+电源+其他，因而单片机只是开发板的一部分。另外，开发板不仅有包含单片机的开发板，也有不带单片机的开发板，比如 FPGA 开发板。

5.1.4　Arduino 属于单片机开发板

　　包含有单片机的开发板通常称为单片机开发板或微控制器开发板。Arduino 也是微控制器开发板的一种，被称为"Arduino 开发板"。然而 Arduino 这个名称不仅包括 Arduino 开发板，还包括用来编程的被称为"集成开发环境（IDE）"的软件。但平时讲 Arduino，一般就指单片机开发板。

　　Arduino 是集成了 ATmega328P 这个单片机的开发板。它有 14 个数字输入/输出引脚（其中 6 个可用作 PWM 输出引脚）、6 个模拟输入引脚、16 MHz 晶振、USB 连接、电源插孔、ICSP 接头和复位按钮。只需使用 USB 线将其连接到计算机，或者使用 AC-to-DC 适配器或电池为其供电，即可开始使用。

5.1.5　Atmel 公司的单片机

　　Atmel 公司是世界著名的生产高性能、低功耗、非易失性存储器和各种数字模拟 IC 芯片的半导体制造公司。在单片机方面，Atmel 公司有基于 8051 内核、基于 AVR 内核和基于 ARM 内核的三大系列单片机产品（确切地讲，最后一款应被称为嵌入式微处理器）。其中，AVR 单片机采用低功率、非挥发的 CMOS 工艺制造，内部分别集成 Flash、EEPROM 和 SRAM 三种不同性能和用途的存储器。而 Arduino 开发板就是采用了 AVR 内核的单片机。

5.1.6　AVR 单片机的优缺点

Atmel AVR 系列单片机是目前市场上流行的单片机之一，其主要优点有：

（1）低功耗：Atmel AVR 系列单片机在运行时能够将功耗降到最低，使其在电池供电系统中使用时更加节能。

（2）高性价比：Atmel AVR 系列单片机价格较为实惠，适用于需要大量使用的嵌入式系统。

（3）简单易用：Atmel AVR 系列单片机的编程语言易于学习，同时支持基于 C 语言的编程方式。

Atmel AVR 系列单片机主要缺点如下：

（1）低性能：Atmel AVR 系列单片机的性能较低，不适用于高性能要求的应用场景。

（2）存储空间有限：Atmel AVR 系列单片机的存储空间有限，无法支持大规模的嵌入式应用。

适用低功耗场景：Atmel AVR 系列单片机只适用于电池供电的低功耗嵌入式系统。

正是由于这些优缺点，使得 Atmel AVR 单片机被作为 Arduino 开发板的单片机。因而 Arduino 是一种基于 Atmel AVR 系列单片机的开源硬件平台，其主要优点有：

（1）开源：Arduino 平台的硬件设计和软件代码都是开源的，用户可以自由修改和使用。

（2）简单易用：Arduino 平台的编程语言易于学习，同时支持基于 C 语言的编程方式。

（3）多种扩展板：Arduino 平台有大量的扩展板可供选择，可扩展不同的功能和应用场景。

Arduino 的主要缺点如下：

（1）低性能：Arduino 平台的性能较低，无法支持高性能要求的应用场景。

（2）存储空间有限：Arduino 平台的存储空间有限，无法支持大规模的嵌入式应用。

Arduino 的适用场景：Arduino 平台适用于功能简单、开源要求较高的嵌入式系统。可见单片机对于一款开发板的功能和性能起着举足轻重的作用。

5.2　电压、电流和电阻

5.2.1　电压

电压（Voltage），也被称作电势差或电位差，是衡量单位电荷在静电场中由于电势不同所产生的能量差的物理量。电压在某点至另一点的大小，等于单位正电荷因受电场力作用从某点移动到另一点所做的功。电压的方向规定为从高电位指向低电位。电压的国际单位为伏特（V，简称伏），常用的单位还有毫伏（mV）、微伏（μV）、千伏（kV）等。电压通常用 "U" 或 "V" 来表示。此概念与水位高低所造成的水压相似。需要指出，"电压" 一词一般只用于电路当中，"电势差" 和 "电位差" 则普遍应用于一切电现象当中。

电压可分为高电压、低电压和安全电压。高低压的区别以电气设备的对地的电压值为依据，对地电压高于或等于 1000V 的为高压，对地电压小于 1000V 的为低压。安全电压指人体较长时间接触而不致发生触电危险的电压。按照国家标准《特低电压(ELV)限值》（GB/T 3805—2008）规定了为防止触电事故而采用的、由特定电源供电的电压系列。我国对工频安全电压规定了 5 个等级，即 42V、36V、24V、12V 和 6V。

电压的作用是提供电子流动的动力，它是电路中的一个基本参数。在电路中，电压通常表示为电势差，是电荷在电场中移动时所受的作用力。电压在电路中起着至关重要的作用。它可以控制电流的大小和方向，从而实现电路的各种功能。例如，当我们连接一个电池到电路中时，电池会提供一个电压，使得电子在电路中流动。如果我们改变电池的电压，电流的大小也会随之改变。此外，电压还可以使电子流动的方向改变，例如在直流电机中，电压的方向可以控制电机的旋转方向。

电压还可以用来控制电子元件的工作状态。例如，在晶体管中，通过调整电压的大小，可以控制晶体管的导通和截止状态，从而实现信号放大和开关等功能。同样地，在电子管中，通过调整电压的大小也可以控制电子的流动，实现信号放大和调制等功能。此外，电压还可以用来传输能量。例如，在变压器中，根据电磁感应原理，可以通过改变电压的大小来调整电路中的电压和电流，从而实现电能的传输和变换。

总之，电压在电路中起着至关重要的作用，它可以控制电流的大小和方向，控制电子元件的工作状态，以及传输能量。因此，我们需要深入了解电压的原理和应用，才能更好地理解和设计电路。

5.2.2 电流

导体中的自由电荷在电场力的作用下做有规则的定向运动，就形成了电流。电荷指的是自由电荷，在金属导体中的自由电荷是自由电子，在酸、碱、盐的水溶液中的自由电荷是正离子和负离子。

电磁学上把单位时间里通过导体任一横截面的电量叫作电流强度，简称电流（Electric Current），电流符号为 I，单位是安培（A，简称"安"）。

提示：安德烈·玛丽·安培，1775—1836 年，法国物理学家、化学家，他在电磁作用方面取得了显著成就，对数学和物理也有贡献。电流的国际单位"安培"即以其姓氏命名。

电学上规定：正电荷定向流动的方向为电流方向。此外，工程中也以正电荷的定向流动方向为电流方向。电流的大小则以单位时间内流经导体截面的电荷 Q 来表示，称为电流强度。

电流的主要作用有以下几点：

（1）产生热量：电流通过电阻时，会产生热量。这就是我们使用电炉和电暖器等电器的原因。

（2）化学反应：电流可以在电解质中引发化学反应。这使得电池成为可能，因为电流会促使电池中的化学物质发生反应，从而产生电能。

（3）磁力：电流可以产生磁力，这使得电动机、发电机以及许多其他机械设备成为可能。

（4）电子设备操作：电子设备，如计算机和手机，都是通过电流工作的。电流在微小的芯片中流动，执行各种操作。

5.2.3 电阻

金属导体中的电流是自由电子定向移动形成的。自由电子在运动中要与金属正离子频繁碰撞，每秒的碰撞次数高达 10^{15}，这种碰撞阻碍了自由电子的定向移动。表示这种阻碍作用的物理量叫作电阻（Resistance）。这个物理量由电阻器所具有。不但金属导体有电阻，其他物体也有电阻。金属导体的电阻是由它的材料性质、长短、粗细（横截面积）以及使用温度决定的。在电路中，电阻会消耗电能并产生热量。

电阻是电路中抵抗电流流动的物理量，在物理学中表示导体对电流阻碍作用的大小。导体的电阻越大，导体对电流的阻碍作用越大。电阻是导体本身的一种性质，不同的导体，其电阻一般不同。导体的电阻通常用字母 R 表示，电阻的单位是欧姆，简称欧，符号为 Ω。

电阻由导体两端的电压 U 与通过导体的电流 I 的比值来定义，即 R=U/I。当导体两端的电压一定时，电阻愈大，通过的电流就愈小；反之，电阻愈小，通过的电流就愈大。因此，电阻的大小可以用来衡量导体对电流阻碍作用的强弱，即导电性能的好坏。电阻的量值与导体的材料、形状、体积以及周围环境等因素有关。

5.3 电子元件

电子元件（Electronic Component）是电子电路中的基本元素，通常封装在单独的外壳中，并具有两个或以上的引脚或金属接点。电子元件必须相互连接，以构成一个具有特定功能的电子电路，例如放大器、无线电接收机、振荡器等。连接电子元件常见的方式之一是将其焊接到印刷电路板上。电子元件可以是单独的封装（电阻器、电容器、电感器、晶体管、二极管等），也可以是各种不同复杂度的群组，例如集成电路（运算放大器、排阻、逻辑门等）。

电子元件包括电阻、电容、电感、电位器、电子管、散热器、机电元件、连接器、半导体分立器件、电声器件、激光器件、电子显示器件、光电器件、传感器、电源、开关、微特电机、电子变压器、继电器、印制电路板、集成电路、各类电路、压电、晶体、石英、陶瓷磁性材料、印刷电路用基材基板、电子功能工艺专用材料、电子胶（带）制品、电子化学材料及部品等。

5.3.1 电容

电容器是一种能够储藏电荷的元件，也是最常用的电子元件之一。电容是表征电容器容纳电荷的本领的物理量。有时候就把电容器简称为电容，就像电阻器简称为电阻一样。其实，电容和电阻都是物理量，但工程师们就是喜欢简单化。

我们把电容器的两极板间的电势差增加 1V 所需的电量，叫作电容器的电容。电容的符号是 C。很多电子产品中，电容器都是必不可少的电子元件，它在电子设备中充当整流器的平滑滤波、电源和退耦、交流信号的旁路、交直流电路的交流耦合等。电容器如图 5-3 所示。

图 5-3

在国际单位制里，电容的单位是法拉，简称法，符号是 F。常用的电容单位有毫法（mF）、微法（μF）、纳法（nF）和皮法（pF，皮法又称微微法）等，换算关系是：

1 法拉(F)= 1000 毫法(mF) =1000000 微法(μF)
1 微法(μF)= 1000 纳法(nF)= 1000000 皮法(pF)

5.3.2　发光二极管

发光二极管（Light-Emitting Diode，LED）是一种半导体器件，能够将电能直接转换为光能的固态光源。它由不同材料的半导体层堆叠而成，其中至少有一个半导体材料具有发光特性。

LED 的工作原理基于半导体的电子能级结构。当正向电流通过 LED 时，电子从较高能级跃迁到较低能级，释放出能量并以光的形式辐射出来。不同的材料和掺杂方式决定了发射的光波长。

LED 具有诸多优势。首先，LED 具有高效能的特点。相比传统的光源，如白炽灯和荧光灯，LED 能够将更多的电能转换为可见光，减少了能量浪费。其次，LED 寿命长，通常可达数万小时，远远超过传统光源。此外，LED 功耗低，响应速度快，启动时间短，并且具有较好的抗震性。

LED 广泛应用于各个领域。在照明领域，LED 被用于家庭照明、商业照明和公共照明，具有节能、环保和可调光等特点。在显示领域，LED 被用于液晶显示器背光源、室内和户外大屏幕显示等。此外，LED 还用于通信、仪器仪表、汽车照明、植物生长灯等领域。随着技术的进步和创新，LED 不断发展。目前，LED 已经实现了更高的亮度、更多样化的颜色和更低的成本。未来，LED 有望在照明效果、尺寸、功率效率和可靠性方面继续改进，并拓展到更广泛的应用领域。发光二极管如图 5-4 所示。

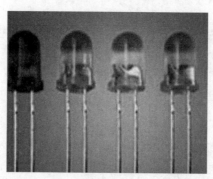

图 5-4

5.3.3　开关

开关的词语解释为开启和关闭。它还指一个可以使电路开路、使电流中断或使其流到其他电路的电子元件。

开关按照用途分类：波动开关/波段开关、录放开关、电源开关、预选开关、限位开关、控制开关、转换开关、隔离开关、行程开关、墙壁开关、智能防火开关等。

开关按照结构分类：微动开关、船型开关、钮子开关、拨动开关、按钮开关、按键开关，还有时尚潮流的薄膜开关、点开关等。如图 5-5 所示是一个拨动开关。

图 5-5

5.3.4　晶体振荡器

晶体振荡器是一种电子元件，用于产生稳定、精确的电信号。晶体振荡器通常由晶体谐振器和反馈电路组成，其中晶体谐振器是产生固定频率的核心部件，反馈电路则用于将一部分输出信号反馈回晶体谐振器，以保持其振荡频率的稳定性。

晶体振荡器的工作原理是利用晶体谐振器的机械振动特性，将其振动频率转换为电信号频率。晶体振荡器一般采用石英晶体作为振荡器的谐振元件，因为石英晶体可以在一定的尺寸范围内呈现稳定的机械振动频率。晶体振荡器如图 5-6 所示。

图 5-6

5.3.5　七段数码管

七段数码管是一种常见的数字显示组件，通常由 7 个 LED 数码管排列在一起，能够显示 0～9 的阿拉伯数字以及部分字母。每个 LED 数码管内部被分为 7 个区域，用来显示不同的图案，形成数字和字母。

七段数码管具有简单、易用、可靠等优点。其缺点是能耗较高、只能显示数字和一些字符等。七段数码管广泛应用于计算机、电子秤、数字时钟、温度计等各种场合的数字显示装置中。此外，在教学实验中，七段数码管也被广泛用于演示数字逻辑的相关知识。七段数码管还可以组成多位数码管，用于显示四位及以上的数字，从而扩展了其应用范围。七段数码管如图 5-7 所示。

图 5-7

5.3.6 米字数码管

米字数码管是七段数码管的加强版，包含 16 个发光二极管，可以显示 0～9 的数字以及一些英文字母。米字数码管如图 5-8 所示。

图 5-8

5.3.7 蜂鸣器

蜂鸣器是一种一体化结构的电子讯响器，采用直流电压供电，广泛应用于计算机、打印机、复印机、报警器、电子玩具、汽车电子设备、电话机、定时器等电子产品中作为发声器件。蜂鸣器的发声装置由振动装置和谐振装置组成，而蜂鸣器又分为无源它激型与有源自激型。

蜂鸣器的声音很多人都没办法接受，感觉很刺耳。多谐振荡器由晶体管或集成电路构成。当接通电源后（1.5～15V 直流工作电压），多谐振荡器起振，输出 1.5kHZ～2.5kHZ 的音频信号，阻抗匹配器推动压电蜂鸣片发声。蜂鸣器如图 5-9 所示。

图 5-9

5.3.8 二极管

二极管是用半导体材料（硅、硒、锗等）制成的一种电子元件。二极管有两个电极：正极（又叫阳极）和负极（又叫阴极）。给二极管两极间加上正向电压时，二极管导通， 加上反向电压时，二极管截止。二极管的导通和截止，则相当于开关的接通与断开。

二极管具有单向导电性能，导通时电流方向是由阳极通过管子流向阴极。二极管是最早诞生的半导体器件之一，其应用非常广泛。特别是在各种电子电路中，利用二极管和电阻、电容、电感等元器件进行合理的连接，构成不同功能的电路，可以实现对交流电整流、对调制信号检波、限幅和钳位以及对电源电压稳压等多种功能。二极管如图 5-10 所示。

图 5-10

5.3.9 三极管

三极管全称应为半导体三极管，也称双极型晶体管、晶体三极管，是一种控制电流的半导体器件。其作用是把微弱信号放大成幅度值较大的电信号，也用作无触点开关。三极管是半导体基本元器件之一，具有电流放大作用，是电子电路的核心元件。

三极管的三个引脚分别是发射极 E、集电极 C 和基极 B，如图 5-11 所示。

图 5-11

5.3.10 三态缓冲器 74125

缓冲器是数字元件中的一种，它不对输入值执行任何运算，其输出值和输入值一样，但它在计算机的设计中有着重要作用。缓冲器分为两种，常规缓冲器（常用缓冲器）和三态缓冲器（Three-State Buffer）。常规缓冲器总是将值直接输出，用于将电流输出到高一级电路系统。三态缓冲器除了具有常规缓冲器的功能之外，还有一个输入端，用 E 表示。当 E=0 和 E=1 时有不同的输出值。

三态缓冲器又称为三态门、三态驱动器，其三态输出受到使能输出端的控制，当使能输出有效时，器件实现正常逻辑状态输出（逻辑 0、逻辑 1）；当使能输入无效时，输出处于高阻状态，即等效于与所连的电路断开。74125 是一种高速三态缓冲器，驱动能力强、低功耗，其芯片内部有 4 个独立的缓冲器。

5.3.11 光电耦合器

光电耦合器（Optical Coupler，OC）亦称光电隔离器，简称光耦。光电耦合器以光为媒介传输电信号。它对输入、输出电信号有良好的隔离作用，因此在各种电路中得到广泛的应用。目前它已成为种类最多、用途最广的光电器件之一。光耦合器一般由 3 部分组成：光的发射、光的接收及信号放大。输入的电信号驱动发光二极管，使之发出一定波长的光，发出的光被光探测器接收从而产生光电流，光电流经过进一步放大后输出。这就完成了电→光→电的转换，从而起到输入、输出、隔离的作用。由于光耦合器输入和输出间互相隔离，电信号传输具有单向性等特点，因而具有良好的电绝缘能力和抗干扰能力。

光电耦合器是一种把发光器件和光敏器件封装在同一壳体内，中间通过电→光→电的转换来传输电信号的半导体光电子元件。其中，发光器件一般是发光二极管；而光敏器件的种类较多，除光电二极管外，还有光敏三极管、光敏电阻、光电晶闸管等。光电耦合器可根据不同要求，由不同种类的发光器件和光敏器件组合成许多系列。光电耦合器如图 5-12 所示。

图 5-12

5.3.12　电位器

电位器（Potentiometer）是可变电阻器的一种，通常由电阻体与转动或滑动系统组成，即靠一个动触点在电阻体上移动，获得部分电压输出。电位器的作用是调节电压（含直流电压与信号电压）和电流的大小。电位器如图 5-13 所示。

图 5-13

5.3.13　继电器

继电器（Relay）是一种电控制器件，当输入量（激励量）的变化达到规定要求时，它能在电气输出电路中使被控量发生预定的阶跃变化。它具有控制系统（又称输入回路）和被控制系统（又称输出回路）之间的互动关系，通常应用于自动化的控制电路中。它实际上是用小电流去控制大电流运作的一种"自动开关"，故在电路中起着自动调节、安全保护、转换电路等作用。继电器如图 5-14 所示。

图 5-14

至此，我们介绍了不少电子元件，但说得都比较概括，或许会让读者觉得电子元件比较简单，其实每个电子元件如果要展开详述，都会有一大堆故事。为了避免读者误认为电子元件简单，在下一节笔者特意挑了电阻这个元件来详述一下。其实每个电子元件虽小，但都不简单，而且以后设计电路时，电子元件的挑选是最重要的基本功，这些都是建立在对电子元件的熟悉程度之上的。

5.4　详解电阻器

5.4.1　电阻器的定义

电阻器（Resistor）是指阻碍电荷流动的实实在在物体。注意，通常在日常交流或文章叙述中，如果根据上下文语境不会混淆，那么电阻器和电阻不会特别区分。但在英文里，Resistor 和 Resistance 的区别是显而易见的。电阻器（Resistor）是一个限流元件，而电阻（Resistance）是具有阻碍电荷流动作用的物理量。

电阻器是一种用于控制电流流动的电阻元件，它的原理是利用物质的电阻性质来控制电路中的电流。电阻的材料有许多种，如金属、碳、铁氧体等。不同的材料对电阻的影响也不同，例如，金属的电阻率比碳低，因此金属的电阻更小。电阻广泛应用于各种电子设备和电路中。例如，电子计算机中的电阻用于控制电流和电压，以及保护电路免受过电压和过电流的损害。

在后面叙述中，如果不特别说明，那么我们简称电阻器为电阻。中国语言博大精深，经常会出现一个词在不同语境中具有不同含义的情况，比如工程师日常交流中会说："张工，这个器件的电阻多少？"这里我们知道其实说的是电阻值。如果说："张工，帮我焊接下贴片电阻。"那么我们知道这里说的是电阻器这个元件。

电阻和电感、电容是电子学三大基本无源器件。从能量的角度来看，电阻器是一个耗能元件，将电能转换为热能。

5.4.2　电阻器的作用

电阻器是电子电路中最基本的元件之一，在电子电路中广泛应用于电流控制、电压分压、信号衰减等方面。在电路中接入电阻器后，电阻器会消耗一定的电能，并将电能转换为热能散发出去，从而使得电流流过的大小受到限制。具体来讲，电阻器有 6 个作用：

（1）限流：为使通过用电器的电流不超过额定值或实际工作需要的规定值，以保证用电器的正常工作，通常可以在电路中串联一个可变电阻器。当改变这个电阻器的大小时，电流的大小也随之改变。我们把这种可以限制电流大小的电阻器叫作限流电阻器。比如，台灯的电路中就需要通过限流电阻器控制电流来调节灯泡的亮度。

（2）分流：当需要在电路的干路上同时接入几个额定电流不同的用电器时，可以在额定电流较小的用电器两端并联接入一个电阻器，这个电阻器的作用是分流。比如，电风扇的电路需要分流电阻器控制电流，从而控制风扇的挡位。

（3）分压：一般用电器上都标有额定电压值，若电源比用电器的额定电压高，则不可以把用电器直接接在电源上。在这种情况下，可以给用电器串联一个阻值合适的电阻器，让它分担一部分电压，用电器便能在额定电压下工作。我们称这样的电阻器为分压电阻器。

（4）将电能转换为内能：电流通过电阻器时，会把电能全部（或部分）转换为内能。用来把电能转换为内能的用电器叫电热器，比如电烙铁、电炉、电饭煲、取暖器等。

（5）电阻偏置作用：偏置电路往往包含若干元件，其中有一重要电阻器，往往要调整其阻值，以使集电极电流在设计规范内。需要调整的电阻器就是偏置电阻器。

（6）电阻的滤波作用：电阻的滤波作用一般是和电容组成 RC 滤波电路，可分为低通和高通电路。

5.4.3 电阻器的分类

从不同的角度，比如根据制作电阻器的材料和结构的不同，以及电阻器在电路中用途的不同，电阻器有不同的分类方法。我们用一幅图表示，如图 5-15 所示。

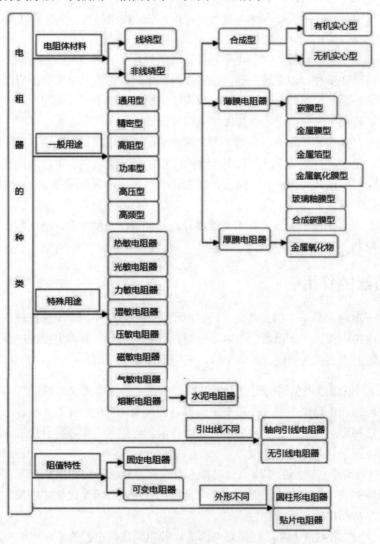

图 5-15

可见，从不同的角度来看，有多种分类方式。下面我们对主要类型的电阻器进行阐述，尤其是从材料的角度，其他分类的含义基本从字面上就可以体会到。

1. 薄膜电阻器

根据制作材料的不同，电阻器可分为线绕电阻器、薄膜电阻器、厚膜电阻器和合成型电阻器等。

其中薄膜电阻器是用类蒸发的方法将一定电阻率材料蒸镀于绝缘材料表面制成的，通常可以分为以下 6 类：

1）碳膜电阻器

碳膜电阻器是膜式电阻器（Film Resistors）的一种。它采用高温真空镀膜技术将碳紧密附在瓷棒表面形成碳膜，然后加适当接头切割，并在其表面涂上环氧树脂密封而成。碳膜电阻器亦称"热分解碳膜电阻器"。碳膜的厚度和长度决定了阻值的大小。碳膜电阻器价格低廉、性能稳定，阻值与功率范围宽。

碳膜电阻器外观颜色基本上是土黄色，如图 5-16 所示，当然也有其他的颜色，例如粉红色。表面有 4 个色环，阻值范围为 1Ω～10MΩ，额定功率有 0.125W、0.25W、0.5W、1W 等，精度范围有 ±10%、±5%、±2%。这种电阻器体积普遍较大，在廉价产品中经常用到，例如电源产品、充电器。

图 5-16

这种电阻器不建议用于启动电阻器，因为其耐冲击性相对存在缺陷。

2）金属膜电阻器

金属膜电阻器是应用较为广泛的电阻器，其精度高、性能稳定、结构简单轻巧，在电子行业和具有高精度要求的军事航天等领域发挥着不可忽视的作用。金属膜电阻器在真空中加热合金，合金蒸发，使瓷棒表面形成一层导电金属膜。改变金属膜的厚度可以控制阻值。

金属膜电阻器和碳膜电阻器相比，其体积小、噪声低、稳定性好，但成本较高，常常作为精密和高稳定性的电阻器而广泛应用，同时也通用于各种无线电电子设备中。金属膜电阻器外观颜色多为蓝色，如图 5-17 所示。

图 5-17

3）金属箔电阻器

金属箔电阻器则是先通过真空熔炼形成镍铬合金，然后将镍铬合金通过滚碾的方式制作成金属箔，再将金属箔黏合在氧化铝陶瓷基底上，最后通过光刻工艺来控制金属箔的形状而形成。改变金属箔的形状可以控制阻值。金属箔电阻器是目前性能可以控制到最好的电阻器。

4）金属氧化膜电阻器

金属氧化膜电阻器是通过将金属盐溶液分解并沉积到加热的陶瓷骨架上而形成的，其形状类似于金属薄膜。它比金属薄膜具有更好的抗氧化性，具有优良的脉冲过载特性和机械性能，但其阻值范围小，温度系数大。

金属氧化膜电阻器的阻值范围为 1Ω～200kΩ。这种电阻器由可水解的金属盐溶液（如四氯化锡和三氯化锑）在热玻璃或陶瓷表面分解和沉积而形成。电阻器的性能随制造条件的不同而有很大的差异。

金属氧化膜电阻器的主要特点是：耐高温，工作温度范围为 140℃～235℃，可在短时间内过载；电阻温度系数（TCR）为 $\pm 3 \times 10^{-4}$ppm/℃；化学稳定性好。这类电阻器的电阻率较低，小功率电阻器的阻值不超过 100kΩ，应用范围有限，但可作为辅助金属膜电阻器的低阻部分。

这里解释一下电阻温度系数：电阻器通常在不同温度下具有不同的电阻值，而电阻温度系数则用于表示电阻值随温度变化的程度，或称电阻值随温度变化的百分比或 ppm 的变化率。它是用来描述电阻值随温度变化的特性的物理量，可以衡量电阻器的温度敏感性，并能表达电阻器的温度依赖程度。电阻温度系数通常以 ppm/℃（百万分之一/摄氏度）或%/℃（百分比/摄氏度）来表示。电阻温度系数描述了电阻值在单位温度变化下的相对变化。例如，如果一个电阻器的电阻温度系数为 100ppm/℃，这意味着在每 1℃的温度变化下，其电阻值会相应地增加或减小 100ppm。

5）玻璃釉膜电阻器

玻璃釉膜电阻器又称玻璃釉电阻器、金属陶瓷电阻器。它由贵金属银、钯、铑、钌等的氧化物（如氧化钯、氧化钌等）粉末与玻璃釉粉末混合，再经有机黏合剂按一定的比例调制成一定黏度的浆料，然后用丝网印刷法涂覆在陶硅基体上，经高温烧结而成。该类电阻器的特点是良好的温度稳定性、良好的额定电压和低噪声。

6）合成碳膜电阻器

合成碳膜电阻器是通过将碳、填料及有机黏合剂调配成悬浮液，并将其喷涂在绝缘骨架上加热聚合制成的。

2. 厚膜电阻器

厚膜和薄膜电阻器是市场上常见的类型。它们的特征在于陶瓷基地上的电阻层。虽然它们的外观可能非常相似，但它们的性能和制造工艺却大相径庭。相对于薄膜电阻器，厚膜电阻器的名称来源于其较大的电阻层厚度。厚膜电阻器的制造过程与薄膜电阻器不同，其制造流程涉及以下步骤：先在基板上涂覆电阻材料，再通过热处理等工艺使其与基板牢固结合并形成电阻层。

厚膜电阻器的稳定性和可靠性更好，在高功率时不易受到影响，但它们的精度和电阻值温度系数都要稍逊于薄膜电阻器。此外，厚膜电阻器的体积较大，适用于需要承受大功率或大电流负载的应用。最常见的厚膜电阻器有金属氧化物电阻器，它是通过在基板上氧化氯化锡的厚膜（如加热的玻璃棒）制成的。这些电阻器属于固定形式的轴向电阻器系列，类似于碳膜或金属膜电阻器，但这些电阻器使用金属氧化物而不是金属膜电阻材料。该类电阻器可以通过高温强度获得广泛的电阻范围，此外，其工作噪声水平极低，可在最大电压下使用。该类电阻器的应用领域包括医疗设备和电信。

3. 合成型电阻器

合成型电阻器由多个电阻单元和连接部分组成。每个电阻单元都是一个独立的固定电阻器件，通常采用薄膜工艺制造。

薄膜型电阻器和合成型电阻器的用途如图 5-18 所示。

不同用途分类	按电阻体材料分类								
	绕线型	薄膜型						合成型	
		碳膜型	金属膜型	金属氧化膜型	玻璃釉膜型	合成碳膜型	金属箔型	有机实心型	无机实心型
通用电阻器	√	√	√	√	√			√	√
精密电阻器	√	√	√				√		
高阻电阻器				√		√			
功率型电阻器	√	√		√					
高压电阻器					√	√			
高频电阻器			√				√		

图 5-18

4. 线绕电阻器

线绕电阻器是用康铜或者镍铬合金电阻丝绕制在陶瓷骨架上而成的电阻器。这种电阻器分固定和可变两种。它的特点是工作稳定，耐热性能好，误差范围小，可以承受很大的瞬间峰值功率。线绕电阻器额定功率一般在 1W 以上，耐高温性能较强，在环境温度 170℃下仍能正常工作，但它体积大、阻值较低，大多在 100kΩ 以下。由于结构上的原因，线绕电阻器分布电容和电感系数都比较大，不能应用于高频电路。这类电阻器通常在大功率电路中用作降压或负载等目的。

线绕电阻器可以分为通用线绕电阻器、精密线绕电阻器、大功率线绕电阻器、高频线绕电阻器。线绕电阻器如图 5-19 所示。

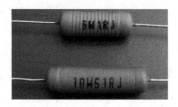

图 5-19

5. 具有特殊用途的电阻器

下面我们再讲一下具有特殊（功能）用途的电阻器，主要是一些对环境敏感的电阻器和熔断电阻器（保险电阻器）等。敏感电阻器是一类敏感元件，这类电阻器对某种物理条件特别敏感，该物理条件一变化，电阻值就会随之变化，通常可以用作传感器，例如光敏电阻器、湿敏电阻器、磁敏电阻器等，这些电阻器从字面上就可以知道其含义了。在数字电路设计中应用比较多的是热敏电阻器和压敏电阻器，常用作保护器件。

1）热敏电阻器

热敏电阻器是敏感元件的一类，按照温度系数的不同可以分为正温度系数热敏电阻器（PTC）和负温度系数热敏电阻器。热敏电阻器的典型特点是对温度敏感，不同的温度下表现出不同的电阻值。正温度系数热敏电阻器（PTC）在温度越高时电阻值越大，负温度系数热敏电阻器在温度越高时电阻值越低，它们同属于半导体器件。热敏电阻器如图 5-20 所示。

图 5-20

2）光敏电阻器

光敏电阻器（Photoresistor），也称为光电导管或光电阻，是一种使用半导体材料（如硫化镉、硒、硫化铝、硫化铅和硫化铋等）制造的电阻器。之所以选用这些材料，是因为它们具有在特定波长的光的照射下，电阻值迅速减小的特性。当光线照射到光敏电阻器上时，材料内部产生额外的电荷载流子（电子和空穴），这些载流子在外加电场的作用下会进行漂移运动——电子向电源的正极移动，而空穴向电源的负极移动，从而导致电阻值的显著下降。

光敏电阻器基于半导体的光电导效应来工作，即它们的电阻值会随着入射光强度的增减而变化。通常有两种情况：一种是当入射光增强时，电阻值减小，当入射光减弱时，电阻值增大；另外一种情况则是当入射光减弱时，电阻值减小，当入射光增加时，电阻值增大。

光敏电阻器通常用于光的测量、控制和转换（将光的变化转换成电的变化）。其中，硫化镉光敏电阻器是一种常见的光敏电阻器，它由特定的半导体材料制成，具有良好的光电响应性能。硫化镉光敏电阻器的光敏感性（即光谱特性）与人眼对可见光（0.4～0.76μm）的响应非常接近。这意味着，只要是人眼可以感受到的光，都能引起这种光敏电阻器的阻值发生变化。例如，在设计光控电路时，通常使用白炽灯泡（小电珠）或自然光线作为控制光源，这简化了电路的设计。光敏电阻器如图 5-21 所示。

图 5-21

3）力敏电阻器

力敏电阻器是一种能将机械力转换为电信号的特殊元件，它利用半导体材料的压力电阻效应制作而成，即电阻值随外加力大小而改变。力敏电阻器主要用于各种张力计、转矩计、加速度计、半导体传声器及各种压力传感器中。力敏电阻器如图 5-22 所示。

图 5-22

4）湿敏电阻器

湿敏电阻器利用湿敏材料吸收空气中的水分而导致本身电阻值发生变化这一原理制作而成。工业上流行的湿敏电阻器主要有氯化锂湿敏电阻器、有机高分子膜湿敏电阻器。

湿敏电阻器的特点是在基片上覆盖了一层用感湿材料制成的膜，当空气中的水蒸气吸附在感湿膜上时，元件的电阻率和电阻值都发生变化，利用这一特性即可测量湿度。湿敏电阻器如图 5-23 所示。

图 5-23

5）压敏电阻器

压敏电阻器是一种具有非线性伏安特性的电阻器件，主要用于在电路承受过压时进行电压钳位，吸收多余的电流以保护敏感器件。压敏电阻器的电阻体材料是半导体，所以它是半导体电阻器的一个品种。现在大量使用的氧化锌（ZnO）压敏电阻器，它的主体材料由二价元素锌（Zn）和六价元素氧（O）构成。压敏电阻器如图 5-24 所示。

图 5-24

6）气敏电阻器

气敏电阻器是一种将检测到的气体的成分和浓度转换为电信号的传感器，它是利用某些半导体吸收某种气体后发生氧化还原反应这一原理制成的，其主要成分是金属氧化物。它的主要品种有金属氧化物气敏电阻器、复合氧化物气敏电阻器、陶瓷气敏电阻器等。气敏电阻器如图 5-25 所示。

图 5-25

7）熔断电阻器

还有一种特殊（功能）用途的电阻器——熔断电阻器。熔断电阻器又名保险电阻器，保险电阻器兼备电阻与保险丝两者的功能，平时仅当作电阻器使用；一旦电流过大，就发挥其保险丝的作用来保护机器设备。贴片保险电阻器的颜色通常为绿色，表面标有白色的数字“000”或额定电流值。当电路负载发生短路故障、出现过流时，保险电阻器的温度在很短的时间内就会升高到 500℃～600℃，这时电阻层便受热剥落而熔断，起到保险的作用，达到提高整机安全性的目的。熔断电阻器只是电阻器众多种类中的一种，它是一种双功能元件，在正常情况下具有电阻的特性，但是当电路出现故障超过了额定功率时，会在一定时间内熔断开路，所以说熔断电阻器具有电阻和熔断的特性。

熔断电阻器按照熔断后能否修复，可分为可修复型和不可修复型两种；按电阻器使用的电阻材料可分为膜式熔断电阻器和绕线式熔断电阻器。膜式熔断电阻器上的膜通常有碳膜、金属膜、金属氧化膜和化学沉积膜等。

常见的熔断电阻器是水泥电阻器。水泥电阻器就是用水泥（其实不是水泥而是耐火泥，水泥是俗称）灌封的电阻器，它将电阻线绕在无碱性耐热瓷件上，然后将其放入矩形的瓷框中，外面则用特殊不燃性耐热水泥进行填充和密封。水泥电阻器的外壳主要由陶瓷材料制成，常见的陶瓷类型包括高铝瓷和长石瓷，这些材料都具有良好的耐热、耐湿和耐腐蚀性能。水泥电阻器如图 5-26 所示。

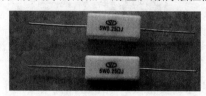

图 5-26

如图 5-15 所示，按阻值特性分类，电阻器可分为固定电阻器、可调电阻器两大类。固定电阻器是电阻值不变或忽略不变的电阻器，是电子生产中使用得最多的元件。固定电阻器一旦制成，其电阻值就会固定。在很多偏硬件类的电子公司面试的时候，经常有这么一道题，就是写出都应用过哪些电阻器。实际上我们常用的都是固定电阻器，比如碳膜电阻器、金属膜电阻器等。可调电阻器又称可变电阻器，其英文为 Rheostat。可调电阻器的电阻值的大小可以人工调节，以满足电路的需要。可调电阻器按照电阻值的大小、调节的范围、调节形式、制作工艺、制作材料、体积大小等可分为许多不同的型号和类型。

电阻器分类比较烦琐，但实际工作中不会全部用到，有些种类的电阻器我们了解即可。

5.4.4　区分薄膜式与厚膜式

薄膜电阻器和厚膜电阻器是使用较多的电阻器，但是如何区分这两种电阻器呢？

1）根据膜厚

厚膜电阻器的膜厚一般大于 10μm。而薄膜电阻器的膜厚小于 10μm，大部分甚至小于 1μm。

2）根据制造工艺

厚膜电阻器一般采用丝网印刷工艺。而薄膜电阻器采用的是真空蒸发、磁控溅射等工艺。

3）根据精度

厚膜电阻器的精密程度一般不高，多数是 1%、5%、10%等。而薄膜电阻的精度可到 0.01%、0.1%等。

4）根据温度系数

厚膜电阻器的温度系数很难控制，一般较大。而薄膜电阻器可以做到非常低的温度系数，如 5ppm/℃、10ppm/℃。薄膜电阻器的电阻值随温度变化非常小，阻值稳定可靠，因而价格相对厚膜电阻器来说会贵一些。因此，如果当温度系数和精度要求较高，就使用薄膜工艺的电阻器；如果是一般要求，就使用厚膜工艺的电阻器。

从我们讲述的电阻器可以看出，任何一个小的电子元件，如果展开来讲，将会有很多内容值得学习，这也是以后作为一名资深硬件工程师必须了解的。笔者故意详解了电阻器，就是为了让读者在学习时要抱有敬畏之心——任何一个小器件，其实都不简单。当然作为初学者，本节不会对每个电子元件都进行大篇幅的介绍，后面的电子元件将采用概述的方式来介绍。

5.5 线　　路

5.5.1 导线

导线指的是用作电线、电缆的材料，工业上也指电线。它一般由铜或铝制成，也有用银线制作的（导电、热性好），用来疏导电流或者是导热。

导线的规格使用一系列的线规号来表示。线规号与常规的标号不同，直径越大的导线，其线规号越小。电子产品中常用的导线有 4 种，即单股导线、多股导线、排线和屏蔽线。

- 单股导线：绝缘皮内只有一根导线，也称"硬线"，多用于不经常移动的元件的连接（如配电柜中接触器、继电器的连接用线）。
- 多股导线：绝缘皮内有多根导线，由于弯折自如，移动性好，因此又称为"软线"，多用于可移动的元件及印制板的连接。
- 排线：属于多股线，是将几根多股线做成一排（故称为排线），多用于数据传送。
- 屏蔽线：在绝缘的"芯线"之外有一层网状的导线，因具有屏蔽信号的作用而被称为屏蔽线，多用于信号传送。

在我们的学习过程中通常只会使用到单股实心线，如图 5-27 所示。

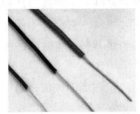

图 5-27

5.5.2 引脚

它们是从集成电路（IC）或芯片的内部电路引出的，用于与外围电路连接。所有的引脚共同构成了该芯片的接口。不同的引脚起不同的作用。引脚的末端通过软钎焊与印刷电路板（PCB）上的焊盘相连，形成焊点，以确保电气连接的稳定性和可靠性。

引脚可划分为脚跟（bottom）、脚趾（toe）、脚侧（side）等部分。一块芯片通常有很多个引脚，如图 5-28 所示。

引脚

图 5-28

芯片有引脚，电源也有引脚，比如 Arduino UNO R3 有 3 个电源引脚，包括 5V、3.3V 和 GND。

5.5.3　GND

电路图和电路板上，GND（Ground）是电线接地端的简写，代表地线或 0 线。GND 就是公共端的意思，也可以说是地，这个"地"并不是真正意义上的地，是出于应用而假设的一个地，对于电源来说，它就是一个负极。GND 分为数字地（DGND）和模拟地（AGND）。

地线是在电系统或电子设备中，用于连接大地、外壳或参考电位为 0 的点的导线。一般电器上，地线接在外壳上，以防电器因内部绝缘被破坏而外壳带电从而引起触电事故。接地装置也可简称为地线。地线又分为工作接地和安全性接地。在使用家电及办公等电子设备时，为防止人们发生触电事故而采取的保护接地，就是一种安全性接地。

5.6　电　路　图

电路图是通过使用标准化的电学符号，来表示电路组件及其连接方式的图形表示。这种图形用于帮助人们研究电路功能、进行工程规划，并展示各个元件如何组合及其相互关系的原理布局。电路图使得我们可以清晰地理解组件间的工作原理，对分析性能、安装电子和电器产品提供了规划基础。在电路设计过程中，工程师可以在纸上或使用计算机软件来进行设计工作，并不断地对电路图进行调试改进、修复错误，确保设计的完整性和正确性后，再转向实际的装配和安装。随着技术的发展，电路仿真软件成为电路设计的重要工具，它允许工程师在虚拟环境中进行电路实验和测试。这不仅可以提高工程师的工作效率，节约培训和学习时间，而且还可以使最终的实物电路图更加直观和易于理解。

电路图主要由元件符号、连线、结点、注释四大部分组成。

- 元件符号：表示实际电路中的元件，它的形状与实际的元件不一定相似，甚至可能完全不一样，但是它一般都表示出了元件的特点，而且引脚的数目和实际元件保持一致。
- 连线：表示的是实际电路中的导线，在原理图中虽然是一根线，但在常用的印刷电路板中往往不是线，而是各种形状的铜箔块，就像收音机原理图中的许多连线在印刷电路板图中并不一定都是线形的，也可以是一定形状的铜膜。
- 结点：表示几个元件引脚或几条导线之间相互的连接关系。所有和结点相连的元件引脚、导线，不论数目多少，都是导通的。
- 注释：在电路图中十分重要，电路图中所有的文字都可以归入注释一类，它们用来说明元件的型号、名称等。

电路图可分为原理图、方框图、装配图和印板图等。图 5-29 所示就是一个简单的电路图。

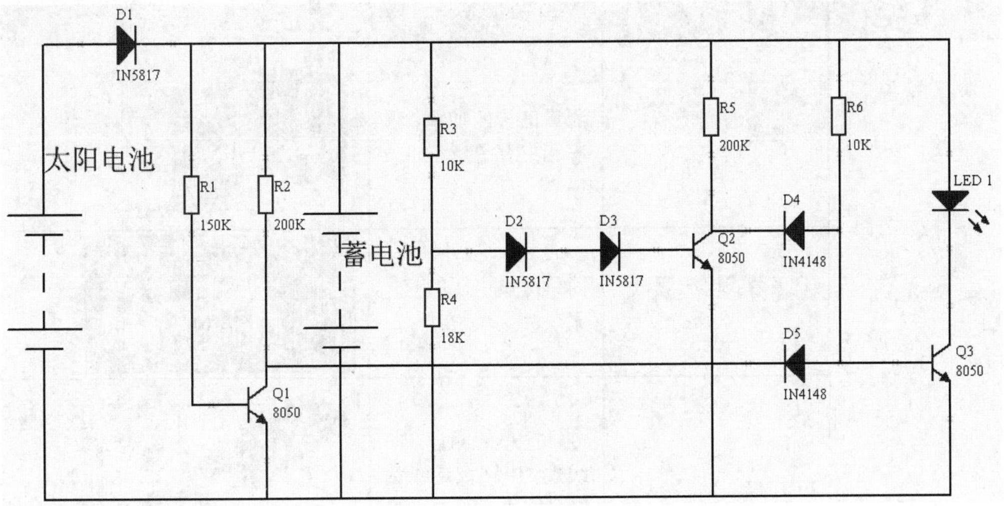

图 5-29

5.7　常用软硬件工具

电子工程师不仅要熟悉电路方面的知识，知道常用电子元件的作用和原理，还需要会使用电子测量工具，会使用电子生产工具，会装配、测试、生产工艺、维修等。而测量、装配、测试和维修等工作，都需要使用硬件工具来完成。常用硬件工具如表 5-1 所示。

表 5-1　常用硬件工具

分　类	工　具	用　途	图　片
测量工具	万用表	测量电压、电流、电阻、电容、电感和频率等	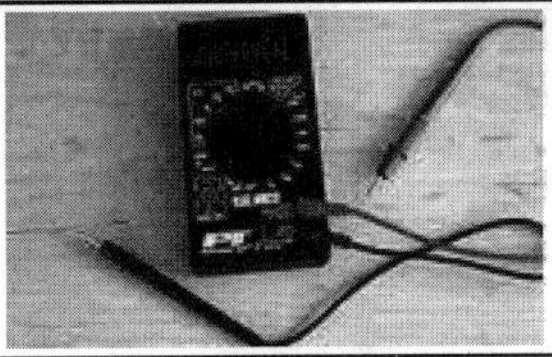
	示波器	把电信号转换成可视图像，观察电信号的变化	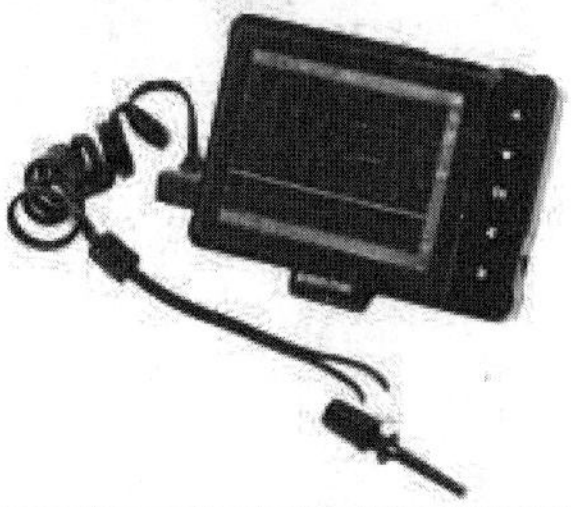

（续表）

分 类	工 具	用 途	图 片
测量工具	频谱仪	测量信号的功率、频率和失真等	
	非接触式电压测试仪	简单测量电压的有无	
	PCB 尺	进行简单的测量，如线规、电路板走线宽度、晶体管和二极管图以及引脚排列等	
原型开发工具	面包板	无焊料板，可重复使用，大多使用跳线	
	跳线	在面包板上进行连接的工具	
焊接工具	电烙铁	焊接元件	
	焊锡	焊接用的连接剂	

（续表）

分　类	工　具	用　途	图　片
焊接工具	吸锡器	拆卸零件时，清除焊盘上的焊锡	
	松香	一种助焊剂，使得焊点牢固、光滑、光亮	
切割工具	剥线钳	剥去电线的绝缘层，具有多种形状和尺寸	
	剪线钳	剪断零件多余的引脚等	
夹持拧动工具	螺丝刀	螺丝刀用于拧松或拧紧螺丝	
	镊子	夹持元件或其他物体	
	芯片拔起器	拔起插座里的芯片，主要用于 PLCC 封装	

（续表）

分　类	工　具	用　途	图　片
粘连清洗工具	胶水、胶布	固定、粘连物体或绝缘用	
	热缩套管	绝缘和包扎电缆	
	热风枪	利用发热电阻丝的枪芯吹出的热风来对元件进行焊接或摘取元件	
	酒精	很好的有机溶剂，用于清洗元件和电路板等	
	药棉	用于粘起溶液，进行涂抹、清洗等	
	毛刷、洗耳球	吹气、清除灰尘等	
其他	静电手环	释放人体所存留的静电，起到保护电子芯片的作用的小型设备	
	可变电源	可提供不同的电压和电流	

介绍完常用的硬件，我们顺便再列一下电子工程常用的软件工具，如表 5-2 所示。

表 5-2 常用的软件工具

功 能	软 件	说 明
电路设计与仿真	MATLAB	（1）拥有众多的面向具体应用的工具箱和仿真块 （2）具有数据采集、报告生成等功能
	SPICE	（1）功能最为强大的模拟和数字电路混合仿真 EDA 软件，能在同一窗口内同时显示模拟与数字的仿真结果 （2）仿真结果精确，能自行建立元件及元件库
	EWB	（1）小巧，只有 16MB （2）模数电路的混合仿真功能十分强大，几乎 100%仿真 （3）桌面提供万用表、示波器、信号发生器、扫频仪等仪器仪表
	Multisim	（1）丰富的仿真分析能力 （2）支持多人交互式搭建电路原理图，并对电路进行仿真
PCB 设计	Cadence Allegro	（1）高端 PCB 软件，市场占有率高，高速板设计中的实际工业标准 （2）功能强大，是当前高速、高密度、多层的复杂 PCB 设计布线工具的首选
	Cadence OrCAD	（1）相比于 Allegro 其功能较弱，但价格低 （2）操作界面直观，世界上使用最广泛的 EDA 软件
	Mentor EN 系列； Mentor WG 系列	（1）均是高端 PCB 软件，专业性强 （2）Mentor Expedition（WMG 系列）是拉线最顺畅的软件，被誉为拉线之王
	Mentor PADS	（1）最优秀的低端 PCB 软件 （2）界面友好、容易上手、功能强大 （3）在中小企业用户中占有很大的市场份额
	Protel/AD	（1）完整的全方位电位设计系统：电原理图绘制、可编程逻辑器件等 （2）具有 Client/ Server（客户/服务器）体系结构 （3）兼容一些其他设计软件的文件格式，如 ORCADPSPIC、Excel 等

（续表）

功　　能		软　　件	说　　明
IC 设计工具	输入工具	VHDL、Verilog HDL	（1）VHDL 是 ASC 设计和 PD 设计的一种主要输入工具 （2）Verilog HDL 的用户广，业界公司一般都使用它，在 ASC 设计方面，它与 HDL 语言平分秋色
	仿真工具（数字）	VCS、VSS、Model Sim 等	几乎每个公司的 EDA 产品都有仿真工具，现在的趋势是各大 EDA 公司都逐渐用 HDL 仿真器作为电路验证的工具
	综合工具	Design Compile	Design Compile 是综合的工业标准
	FPGA 综合工具	FPGA Express、Synplify Pro、Leonardo	这三个 FPGA 综合软件占了市场的绝大部分份额
	布局和布线	Cadence spectra	标准单元、门阵列已可实现交互布线
	物理严重工具	Cadence	Cadence 的 Dracula、Virtuso、Vampire 等物理工具很强大，有众多的使用者
	模拟电路仿真	HSPICE	模型最多，仿真的精度也最高
PLD 设计工具		MAX+PLUS II	（1）亚太地区的用户多 （2）提供较多形式的设计输入手段，绑定第三方 VHDL 综合工具，如 FPGA Express、Modelsim 等
		Vertex—II Pro	（1）欧洲用户多 （2）器件已达到 800 万门

这些软件工具我们只需了解即可。

5.8　面包板和跳线

5.8.1　面包板

本书的很多实验基于面包板，因此有必要把它单独拎出进行介绍。在以前没有面包板的时代，要建立一个电路，需要使用一种叫作"绕线"（wire_wrap）的技术，非常麻烦且容易出错，如图 5-30 所示。

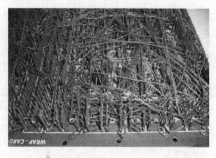

图 5-30

　　后来为了实验电路，有人开始用这种切面包的木板，并且将这些电子元件用钉或焊的方式固定在这个面包板上，如图 5-31 所示。这种方法虽然比之前的绕线要容易一些，但还是很复杂。

图 5-31

　　后来人们发明了一个小工具，这个小工具上面有很多的小孔，这些小孔可以让人们把电子元件插进去，然后这些电子件就可以相互连接，达到建立电路的要求。这个工具就叫作面包板，如图 5-32 所示。

图 5-32

　　很明显，我们是不能够拿这个工具来切面包使用了，但是为了纪念，人们仍把面包板这个名字延续下来了。有了这个面包板，我们再想做电子实验，就省事多了。

　　面包板上有很多小插孔，这些小插孔专为电子电路的无焊接实验而设计制造。在面包板上，各种电子元件可根据需要随意插入或拔出，免去了焊接，节省了电路的组装时间，而且元件可以重复使用，因此它非常适合电子电路的组装、调试和训练。

　　面包板上的孔如图 5-33 所示，通常分为电源线区和信号区两个区域。

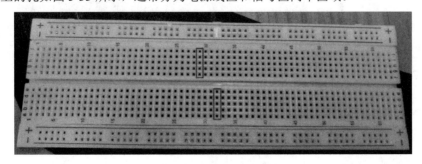

图 5-33

　　（1）电源线区：位于面包板的最外侧两排（即最上面两排和最下面两排），这些排可以横向导电。每一排通常包含一整行的连接孔，允许用户方便地为电路板上的各个元件提供电源和地线。

（2）信号区：位于面包板的中间部分，通常被一条中央凹槽分为两半。这个凹槽像是一条河，阻止两侧的信号区直接相连。每侧的信号区通常分为若干组，每组包括 5 个孔，这些孔是竖向导电相通的。也就是说，图 5-33 中框起来的 5 个孔就是一组纵向孔，它们内部是联通的，即 5 个孔之间有导体相连，可以导电。而每组之间又是相互隔离的，这样设计是为了方便集成电路和芯片的测试和使用，防止相邻组件之间的不必要的电气连接。

面包板的材料一般是热固性酚醛树脂，底部配有金属条。当元件的引脚插入孔中时，引脚就能与下方的金属条接触，从而实现导电连接。这种设计允许电子元件在不用焊接的情况下被重复使用和重新排列。

很多初学电子电路的读者不知道这个孔到底怎么使用。其实很简单，这里笔者把面包板翻转到背面，然后把背面的黄色绝缘纸撕开，可以很清楚地看到，里面有金属条，如图 5-34 所示。

图 5-34

通过面包板背面的金属条设计可以看到，最上面和最下面分别有两条长的横向金属条，因此面包板正面的最上和最下的两个横排圆孔都是导电相通的。而中间信号区中每一列都有一根短的金属条，所以面包板正面的每组纵向孔是导电相通的。

比如，我们在面包板正面上方两排分别插入 2 个元件，如图 5-35 所示。

图 5-35

红色元件两个引脚插入孔中后，与面包板底部长金属条接触，如果接通电源，那么红色元件的两根引脚是导通的，也就是电流会流过引脚。同理，蓝色元件两个引脚插入孔中后，也与面包板底部长金属条接触，如果接通电源，那么蓝色元件的两根引脚也是导通的。

以上就是面包板小孔的连接规律。另外，背面的黄色贴纸起到的作用是绝缘。如果没有黄色贴纸，当桌面上放置了一些元件，而我们的面包板刚好压在了元件的金属引脚上时，就有可能会把元件与面包板里边的金属片连接起来，导致我们正面的电路发生短路。因此，背面一定要有一层贴纸进行绝缘。

5.8.2　跳线

接下来，介绍一下面包板的跳线。跳线通常是指用于电路板或面包板上进行临时电路连接的导线。跳线便于快速插拔，方便在原型设计中搭建和调整电路。它有好几种规格，有长有短。

第一种是两头都有插针的跳线，它也叫作公对公跳线，如图 5-36 所示。通过把插针插入小孔内，将一排的孔连接到另外一排，如图 5-37 所示。同样地，它也可以起到连接元件的作用。

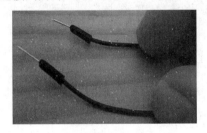

图 5-36

图 5-37

第二种是公对母跳线，它的一头是插针，另外一头是凹进去的，通过把插针插进小孔内进行连接，如图 5-38 所示。

第三种是母对母跳线，它的两头都是凹进去的，如图 5-39 所示。

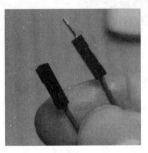

图 5-38

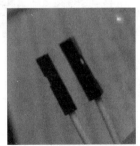

图 5-39

第四种跳线是按照面包板的孔距进行设计的，它没有那么长，而且还是平放在电路板上的，如图 5-40 所示。它可以直接插在面包板的孔上面，起到电器连接的作用，如图 5-41 所示。

图 5-40

图 5-41

跳线在电子实验和产品开发中发挥着重要的作用，其主要优势包括：

- 实验便利性：跳线主要用于电路实验，它可以轻松地与面包板上的插针连接。由于跳线的连接牢固可靠，免去了焊接过程，使实验者可以迅速进入电路搭建和测试阶段。
- 通用性和经济性：跳线的使用具有很强的通用性。在电路实验中，使用者可以根据需要购买多种规格的跳线插头，这些跳线不仅价格便宜，而且易于操作。它们能够与面包板上的插孔实现牢固的连接，从而保证电路连接的稳定性和可靠性。

以上就是跳线的使用的基本知识，相信读者现在对跳线有一个大致的认识，可以拿出实物来看一看，认识一下。

5.9 ATmega328P 单片机

Arduino 开发板常用的芯片是 Atmel 公司生产的 AVR 微控制器系列，其中最常见的是 ATmega328P，它被广泛用于 Arduino UNO 开发板。其他常用的 AVR 芯片包括 ATmega2560 和 ATmega32U4。使用 Arduino 平台开发 AVR 的单片机非常方便。Arduino IDE 提供了一个非常简洁、易于使用的开发环境，使编写和上传代码变得简单。它提供了一套简化的函数库和 API，使开发者可以轻松地与 ATmega328P 的硬件进行交互，而无须深入了解底层的寄存器操作。这里我们简单介绍一下 ATmega328P 这款单片机芯片（也称微控制器），它的样子如图 5-42 所示。

图 5-42

ATmega328P 是一款常用的 8 位单片机芯片，其引脚间距为 0.1 英寸（2.54 毫米），共有 28 个引脚。其中，1 号引脚和 14 号引脚之间的距离为 0.3 英寸（7.62 毫米），用于区分芯片的正反面。在实际应用中，可以使用 DIP 封装或 SMD 封装的 ATmega328P 芯片，方便进行焊接和布局。

ATmega328P-AU 是一款低功耗、高速度、电路设计灵活的微控制器芯片，属于 Atmel 公司的 AVR 系列。它集成了大量的外设，包括高性能的计时器、串口通信接口、模拟数字转换器等，并且具有强大的中断处理能力、低功耗模式、多种闪存和 EEPROM 存储器等特性。ATmega328P-AU 的主要性能参数如下：

（1）处理器核心：8 位 AVR。

（2）工作电压范围：1.8～5.5V。

（3）最大时钟频率：20MHz。

（4）程序存储器容量：32KB。

（5）SRAM 容量：2KB。

（6）EEPROM 容量：1KB。

（7）外设包括：16 位定时器/计数器、8 位定时器/计数器、串口通信接口、模拟数字转换器等。

（8）输入/输出端口数量：23 个。

（9）闪存可编程次数：10000 次。

（10）封装形式：TQFP 32、MLF 32 和 PDIP 28。

ATmega328P-AU 电路设计需要注意以下几点：

（1）时钟源：在使用 ATmega328P-AU 芯片的时候，需要使用外部时钟源或者内部时钟源。在设计电路时，需要将时钟源与 ATmega328P-AU 的时钟输入引脚（XTAL1 和 XTAL2）进行连接。

（2）电源电压：ATmega328P-AU 的工作电压范围为 1.8～5.5V，需要保证电路供电电压在这个范围内。

（3）引脚连接：需要根据设计要求将 ATmega328P-AU 芯片的各个引脚与其他电路元件进行连接。

（4）外设配置：根据需要在 ATmega328P-AU 芯片中启用或禁用不同的外设，比如定时器、串口通信接口等。

ATmega328P-AU 芯片具有以下优点：

（1）强大的性能：ATmega328P-AU 芯片性能强大，适用于高速运算和多任务处理。

（2）低功耗：该芯片具有多种低功耗模式，可以有效降低功耗，延长系统运行时间。

（3）外设丰富：ATmega328P-AU 芯片集成了多种外设，包括计数器、串口通信接口、模拟数字转换器等，方便用户进行各种控制和数据转换等处理。

（4）强大的中断处理能力：ATmega328P-AU 芯片具有很好的中断处理能力，可以在系统发生异常情况时及时调用中断处理函数，提高系统的稳定性和可靠性。

（5）易于编程：ATmega328P-AU 芯片支持多种编程工具和编程语言，比如 AVR Studio 和 Arduino 等，使得编程变得更加方便、简单和快捷。

ATmega328P-AU 芯片广泛应用于计算机外围设备、家电、智能家居、机器人、工业控制等场景。以下是该芯片的一些典型应用：

（1）计算机外围设备：ATmega328P-AU 芯片可以用于控制计算机外围设备的运行，比如打印机、扫描仪等，或者用于读取或写入存储设备。

（2）家电：ATmega328P-AU 芯片可以用于各种家电控制器，例如咖啡机、空调、电视机等，可实现各种控制功能，如时序控制、温度控制等。

（3）智能家居：ATmega328P-AU 芯片可以用于智能家居控制器，例如灯光和窗帘控制器，可以通过智能设备进行远程控制。

（4）机器人：ATmega328P-AU 芯片可以用于控制机器人的电动机和传感器，使机器人可以根据传感器获取的数据进行自主运动和操作。

（5）工业控制：ATmega328P-AU 芯片可以用于工业控制器，例如温度传感器、水位传感器等，以便实时监测并控制各种工业设备。

综上所述，ATmega328P-AU 是一款强大、低功耗、多功能的微控制器芯片，它可以应用于计算机外围设备、家电、智能家居、机器人、工业控制等场景，具有多种优点，如丰富的外设、强大的处理能力、低功耗等。因此，该芯片是设计和制造各种智能控制和自动化设备的理想选择。

5.10　Arduino 开发板的常见型号

Arduino 是一个开源的平台，这意味着其电路、程序、库都是公用的，可以被复制再开发。实际上，现在延伸出来的不同型号的开发板已经多如牛毛。我们用得比较多的是 UNO、Leonardo、Mega2560、Yun、101 及其微型化版本、Micro、Pro Mini 等。搭载的单片机、集成的功能和接口越来越丰富。下面我们来简单了解一下这些开发板，这样以后针对不同的项目应用，挑选不同功能的开发板时，可以心里有数。Arduino 是一个开源平台，这意味着其硬件设计、编程环境和库都是公开可用的，允许任何人复制和进一步开发。

随着时间的推移，基于 Arduino 平台的开发板种类越来越多，涵盖了各种需求和应用。目前，市面上常用的 Arduino 开发板型号包括 UNO、Leonardo、Mega2560、Yun 和 101，以及它们的微型版本如 Micro 和 Pro Mini。这些开发板配备的微控制器各不相同，集成的功能和接口也日益丰富。例如，Arduino Yun 就支持运行 Linux 操作系统，适用于更复杂的应用。本节将简要介绍常用的开发板，以便在面对不同的项目需求时，能够根据具体功能选择合适的开发板。

5.10.1　Arduino UNO 开发板

简单即美的 Arduino UNO 目前已经发展到第三版（R3）。笔者认为这款开发板不仅适合初学者，而且几乎成为体现 Arduino 哲学的标志性产品：简单、兼容性强，拥有成熟的库支持，能够轻松实现功能扩展，满足大多数开发需求。Arduino UNO 的外观如图 5-43 所示。

图 5-43

"UNO"在意大利语中意味着"一"，这不仅指其在 Arduino 系列中的基础地位，也象征着 Arduino 软件（IDE）1.0 版本的发布。UNO 是与 Arduino IDE 1.0 同时推出的，它是 USB Arduino 系列中的首款产品，也是 Arduino 平台的标准参考模型。如今，我们的学习和开发都基于这款经济实惠的开发板。它的普及和低成本确保了任何人都可以轻松入门和进行项目开发，从而推广了编程和电子制作的普及化。

Arduino UNO（R3 版本）采用的微处理器（即单片机），是 Atmel 公司的 AVR 兼容单片机 ATmega328，该单片机包括 14 个数字输入/输出引脚、6 个模拟输入引脚、16MHz 的晶振、USB 接口、电源接口、烧录头、复位按钮等。只需使用 USB 线将其连接到计算机，或者使用 AC-to-DC 适配器或电池为其供电，即可开始使用。我们可以修改 UNO 而不用担心做错任何事情，最糟糕的情况也只是更换芯片，重新开始。

需要注意，使用 USB 直接为 Arduino UNO 开发板供电时，可能存在由于短路、过载等引起的电流过大情况，这些情况有潜在风险可能导致计算机主板损坏。虽然大多数计算机主板都具备 USB 电流过载保护功能，但为了进一步确保安全，Arduino UNO 开发板上设计了一个可重置保险丝。当通过 USB 供电的电流超过 500mA 时，这个保险丝会自动断开，暂时切断开发板与 USB 电源之间的连接，从而保护计算机主板不受损害。

Arduino UNO 的优点在于它的设计经典且极适合初学者入门使用。然而，它的性能相对平庸，与其他更高性能或具有特定功能的开发板相比，可能在某些方面显得不足。换言之，其他开发板的优势可能正是 UNO 的局限所在。尽管如此，UNO 的普及度和易用性，仍然使它成为许多开发者和教育者的首选平台。其技术规格如图 5-44 所示。

技术规格	
微控制器	ATmega328P
工作电压	5V
输入电压（推荐）	7-12V
输入电压（极限）	6-20V
数字I/O引脚	14（其中6路提供PWM输出）
PWM数字I/O引脚	6
模拟输入引脚	6
每个I/O引脚的直流电流	20 mA
3.3V引脚的直流电流	50 mA
闪存	32 KB（ATmega328P），由bootloader使用的0.5 KB
SRAM	2 KB（ATmega328P）
EEPROM	1 KB（ATmega328P）
时钟速度	16MHz
LED_BUILTIN	13
长度	68.6mm
宽度	53.4mm
重量	25g

图 5-44

其中，时钟速度就是晶振。

UNO 的姐妹版本是 Pro Mini，它同样基于 ATMega328 系列控制芯片，其功能、端口映射与 UNO 完全一样，但尺寸只有 UNO 的 1/4。

5.10.2　Arduino Leonardo 开发板

Arduino Leonardo 是基于 ATmega32u4 的开发板。它有 20 个数字输入/输出引脚（其中 7 个作为

PWM 输出引脚，12 个作为模拟输入引脚）、16 MHz 晶振、微型 USB 连接、ICSP 接头和复位按钮。只需使用 USB 线将其连接到计算机，或使用 AC-to-DC 适配器或电池为其供电，即可开始使用。

Leonardo 与先前所有的开发板的不同之处在于 ATmega32u4 具有内置的 USB 通信，无须使用辅助处理器。这允许 Leonardo 作为鼠标和键盘出现在连接的计算机上，以及虚拟（CDC）串口或 COM 端口上。

第6章

发光二极管

发光二极管简称为 LED，是一种常用的发光器件，它通过电子与空穴复合释放能量发光，在照明领域应用广泛。发光二极管可高效地将电能转换为光能，在现代社会具有广泛的用途，如照明、平板显示、医疗器件等。

对于 Arduino 的学习来说，Arduino 本身是一个控制器，其核心功能是通过编写和上传代码来控制各种外围设备和电子元件。这些元件可以包括 LED、传感器、马达、显示屏等。本章是针对零基础的读者来编写的，因此会讲述一些 LED 背景知识，以帮读者建立一个理性的认识，为实际操作打下坚实基础。

6.1　LED 概述

6.1.1　LED 的概念

LED 由含镓（Ga）、砷（As）、磷（P）、氮（N）等化合物制成。它们通过电子和空穴在半导体材料中复合时释放光子来发光。这个过程使 LED 成为一种高效的光源，广泛用于指示灯、显示屏、显示器和照明设备等。

不同的化合物决定了 LED 发出的光的颜色：

- 砷化镓（GaAs）：用于制造发红光的 LED。
- 磷化镓（GaP）：用于制造发绿光的 LED。
- 碳化硅（SiC）：用于制造发黄光的 LED。
- 氮化镓（GaN）：用于制造发蓝光的 LED。

LED 根据其使用的有机材料与无机材料又可以分为两大类：

- 有机发光二极管（Organic Light Emitting Diode，OLED）：使用含有碳的有机材料层

来发光。这种类型的 LED 具有可以制作成灵活屏幕和更薄屏幕的优点，广泛应用于高端显示技术，如智能手机和电视屏幕。

● 无机发光二极管（传统 LED）：使用无机材料，这些 LED 通常更为耐用，效率较高，成本较低，适用于一般照明和各种指示灯应用。

LED 最初用于仪器仪表的指示性照明，随后扩展到交通信号灯，再到景观照明、车用照明、手机键盘及背光源。后来发展出微型发光二极管（micro-LED）的新技术，它将原本发光二极管的尺寸大幅缩小，并可把独立发光的红、蓝、绿微型发光二极管按阵列排列，用于显示技术领域。微型发光二极管具有自发光显示特性，相比有机发光二极管，其效率高，寿命更长，材料不易受到环境影响而相对稳定。

实体 LED 如图 6-1 所示。LED 发光时候的样子如图 6-2 所示。

图 6-1

图 6-2

LED 电子元件早在 1962 年就出现了，但早期只能发出低光度的红光，之后发展出其他单色光的版本，现在能发出的光已遍及可见光、红外线及紫外线，光度也提高到相当的光度。2023 年 5 月，新加坡—麻省理工学院研究与技术联盟的科学家研究出了世界上最小的 LED。

6.1.2 PN 结

采用不同的掺杂工艺，通过扩散作用，将 P 型半导体与 N 型半导体制作在同一块半导体（通常是硅或锗）基片上，在它们的交界面形成的空间电荷区称为 PN 结（PN junction）。PN 结具有单向导电性，这一特性是电子技术中许多元件的基础，例如半导体二极管、双极性晶体管的物质基础。

1）N 型半导体

N 型半导体（N 为 Negative 的首字母，由于电子带负电荷而得此名）掺入少量杂质磷元素（或锑元素）的硅晶体（或锗晶体）中，由于半导体原子（如硅原子）被杂质原子取代，磷原子外层的 5 个电子中的 4 个与周围的半导体原子形成共价键，多出的 1 个电子几乎不受束缚，较为容易地成为自由电子。于是，N 型半导体就成为含电子浓度较高的半导体，其导电性主要是因为自由电子导电。

2）P 型半导体

P 型半导体（P 为 Positive 的首字母，由于空穴带正电而得此名）：掺入少量杂质硼元素（或铟元素）的硅晶体（或锗晶体）中，由于半导体原子（如硅原子）被杂质原子取代，硼原子外层的 3 个层电子与周围的半导体原子形成共价键的时候，会产生一个"空穴"，这个空穴可能吸引束缚电子来"填充"，使得硼原子成为带负电的离子。这样，这类半导体由于含有较高浓度的"空穴"（"相当于"正电荷），成为能够导电的物质。

3）PN 结

PN 结是由一个 N 型掺杂区和一个 P 型掺杂区紧密接触所构成的，其接触界面称为冶金结界面。在 P 型半导体和 N 型半导体结合后，由于 N 型区内自由电子为多子，空穴几乎为零为少子，而 P 型区内空穴为多子，自由电子为少子，因此在它们的交界处就出现了电子和空穴的浓度差。于是一些电子从 N 型区向 P 型区扩散，也有一些空穴从 P 型区向 N 型区扩散。它们扩散的结果就是 P 区失去空穴，留下了带负电的杂质离子，N 区失去电子，留下了带正电的杂质离子。开路中半导体中的离子不能任意移动，因此不参与导电。这些不能移动的带电粒子，在 P 和 N 区交界面附近形成了一个空间电荷区，空间电荷区的薄厚和掺杂物浓度有关。

在空间电荷区形成后，由于正负电荷之间的相互作用，在空间电荷区形成了内电场，其方向是从带正电的 N 区指向带负电的 P 区。显然，这个电场的方向与载流子扩散运动的方向相反，阻止了载流子的扩散。

另一方面，这个电场将使 N 区的少数载流子空穴向 P 区漂移，使 P 区的少数载流子电子向 N 区漂移，漂移运动的方向正好与扩散运动的方向相反。从 N 区漂移到 P 区的空穴补充了原来交界面上 P 区所失去的空穴，从 P 区漂移到 N 区的电子补充了原来交界面上 N 区所失去的电子，这就使空间电荷减少，内电场减弱。因此，漂移运动的结果是使空间电荷区变窄，扩散运动加强。

PN 结的内部原理如图 6-3 所示。

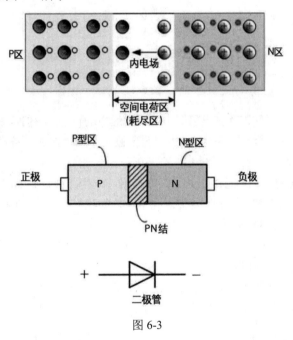

图 6-3

从 PN 结的工作原理来看，要使 PN 结导通并形成电流，必须克服其空间电荷区内建电场的阻碍。为此，可以通过向 PN 结施加外部电压来实现。当 P 区连接到电源的正极，而 N 区连接到负极时，外加电压与内建电场相对抗，从而抵消了内建电场，允许载流子（电子和空穴）继续移动，形成所谓的正向电流。相反，如果施加反向电压（P 区接负极，N 区接正极），则相当于增强了 PN 结内的电场，使得 PN 结难以导通。在这种情况下，只有极少数的少数载流子（即在 P 区的自由电子和 N 区的空穴）通过热能激发而跨越 PN 结，形成非常微弱的反向电流。这些少数载流子数量有限，因此形成的电流是饱和的，也就是说，即使增加反向电压，电流也不会增加很多。当反向电压增至一定程度时，少数载流子的能量增大到足以破坏半导体内部的共价键，这将释放更多的电子和空穴。这个过程称为雪崩击穿，会导致电流急剧增加，最终可能导致 PN 结因过热而永久性损坏，从而变为一个近似的导体状态。这种状态下，PN 结的反向电流会突然增大，如果没有适当的保护措施，可能导致电路的其他部分也受到损害。

这就是 PN 结的特性（单向导通、反向饱和漏电或击穿导体），也是晶体管和集成电路最基础、最重要的物理原理，所有以晶体管为基础的复杂电路的分析都离不开它。比如二极管就是基于 PN 结的单向导通原理工作的；而一个 PNP 结构则可以形成一个三极管，里面包含了两个 PN 结。二极管和三极管都是电子电路里面最基本的元件。

6.1.3 LED 的工作原理

LED 是一个发光二极管，它是一种电子元件。既然是二极管，那它应该有两个极，一个是正极，一个是负极，如图 6-4 所示。

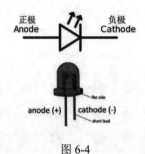

图 6-4

图 6-4 所示的上半部分是 LED 在电路图中的国际通用的符号。我们在画电路图的时候，不用去画 LED 的实体图（如图 6-4 所示的下半部分），只需画一个简单的通用符号，当工程师或者其他技术人员看到这个符号时就知道它是一个 LED 了。

这个 LED 很像是马路上的单行道，只允许汽车沿着一个方向行驶。LED 也只允许电流从正极流向负极。当这个电流足够大时，LED 就被点亮了。假如我们要在 LED 反方向施加一个电流，此时，可以看到一条小竖线，这条小竖线的意思就是它会挡住反向电流。

我们从电路的角度来分析，当有电流想要从 LED 的正极流向负极时，它的电阻就约等于 0，如图 6-5 所示。在这种状态下，LED 几乎就是一根会亮的导线。

反过来，假如我们要给这个 LED 反向施加一个电流，这时 LED 就会产生很大的电阻，也就是阻挡电流流过 LED，电流到小竖线那儿就停下来了，不再流动了，如图 6-6 所示。

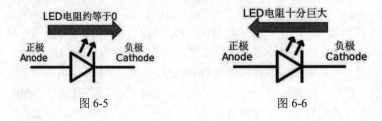

图 6-5   图 6-6

　　自然而然，这个时候 LED 不会被点亮（因为没有电流流过了）。因此，这个时候几乎可以把这个 LED 看作一个断路，就是相当于断开了一样的状态。对于电路图来说，我们很容易判断哪儿是正极，哪儿是负极，因为 LED 符号图中有个大三角图形，其箭头方向就是负极。

　　对于 LED 实物，我们怎么判断哪儿正哪儿负呢？此时要看它的两根引脚，长的这一根就是正极，短的这根就是负极，如图 6-7 所示。如果有电流从长的引脚这边流过去，那么这时候 LED 就会被点亮了。

图 6-7

　　注意，刚才所说的这些情况都是在 LED 的正常工作状态下。如果我们给它的反向施加一个特别大的电流，这时候 LED 会被击穿。另外，如果我们给 LED 的正向一个特别小的电流，那这电流太弱了，它还不足以点亮 LED。

　　我们目前学习所接触到的这种 LED 灯珠，工作的时候，它的工作电流是 20mA 左右，也就是说当 LED 被点亮时，它流过的电流强度是 20mA 左右。请注意，笔者一直在强调左右这个词，为什么呢？因为在实际工作中我们接触到的 LED 灯珠的种类非常多，根据它们不同的颜色，还有它们的一些不同的特质，这个工作电流强度可能会有些出入。

　　在了解了 LED 的电流特性以后，我们来看一看 LED 的电压特性。什么是 LED 电压特性呢？就是 LED 在工作时会产生 2V 左右的电压降。这是什么意思呢？我们来看 LED 的示意图，如图 6-8 所示。

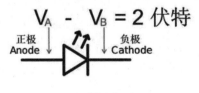

图 6-8

　　在 LED 两端，也就是图 6-8 中标注的 A 点和 B 点，当 LED 在工作的时候，也就是它在被点亮的过程中，两端的电压会产生 2V 的电压差，即 $V_A-V_B=2V$。注意，这里所说的 2V 也并不是一个非常精确的数值，具体要根据不同的 LED 的特点来决定。我们现在学习所使用的这个 LED 灯珠，通常产生的电压降是 2V 左右。读者现在记住 2V 左右就可以了。以上就是 LED 所展现出来的外部状态。下面我们再讲述 LED 的内部结构和机理。

　　发光二极管与普通二极管一样，都是由一个 PN 结组成的，也具有单向导电性。当给发光二极管加上正向电压后，从 P 区注入 N 区的空穴和由 N 区注入 P 区的电子，在 PN 结附近数微米内分别与 N 区的电子和 P 区的空穴复合，产生自发辐射的荧光。在不同的半导体材料中，电子和空穴所处的能量状态不同，当电子和空穴复合时释放出的能量多少也不同，释放出的能量越多，发出的光的波长越短。常用的是发红光、绿光或黄光的二极管。发光二极管的反向击穿电压大于 5V。它的正向伏安特性曲线很陡，使用时必须串联限流电阻以控制通过二极管的电流。

发光二极管的核心部分是由 P 型半导体和 N 型半导体组成的晶片，在 P 型半导体和 N 型半导体之间有一个过渡层，称为 PN 结。在某些半导体材料的 PN 结中，注入的少数载流子与多数载流子复合时，会把多余的能量以光的形式释放出来，从而把电能直接转换为光能。PN 结加反向电压，少数载流子难以注入，故不发光。当它处于正向工作状态时（即两端加上正向电压），电流从 LED 正极流向负极，半导体晶体就发出从紫外到红外不同颜色的光线，光的强弱与电流有关。

6.1.4 LED 的特点

LED 灯就是发光二极管，采用固体半导体芯片为发光材料。与传统灯具相比，LED 灯具有节能、环保、显色性与响应速度好的优点。其特点说明如下。

1）节能是 LED 灯最突出的特点

在能耗方面，LED 灯的能耗是白炽灯的十分之一，是节能灯的四分之一。这是 LED 灯最大的特点。现在的人们都崇尚节能环保，也正是因为节能的这个特点，使得 LED 灯的应用范围十分广泛。

2）可以在高速开关状态工作

我们平时走在马路上，会发现每一个由 LED 组成的屏幕其画面都是变化莫测的。这说明 LED 灯是可以进行高速开关工作的。但是，对于我们平时使用的白炽灯，则达不到这样的工作状态。在平时生活中，如果开关的次数过多，将直接导致白炽灯灯丝断裂。这个也是 LED 灯受欢迎的重要原因。

3）环保

LED 灯内部不含有汞等重金属材料，但是荧光灯中含有，这就体现了 LED 灯环保的特点。现在的人都十分重视环保，因此有更多的人愿意选择环保的 LED 灯。

4）响应速度快

LED 灯还有一个突出的特点，就是响应的速度比较快，只要一接通电源，LED 灯马上就会亮起来。对比我们平时使用的节能灯，其反应速度更快。在打开传统灯泡时，往往需要等待一段时间，待灯泡彻底的发热之后才能亮起来。

5）相较于其他的光源，LED 灯更"干净"

所谓的"干净"不是指的灯表面以及内部的干净，而是这个灯属于冷光源，不会产生太多的热量，不会吸引那些喜光喜热的昆虫。特别是在夏天，虫子会特别的多。有的虫子天性喜热，白炽灯和节能灯在使用一段时间之后都会产生热量，这个热量正好是虫子喜欢的，就容易吸引虫子过来。这无疑会给灯表面带来很多的污染物，而且虫子的排泄物还会使得室内变得很脏。但是，LED 灯是冷光源，不会吸引虫子过来的，这样就不会产生虫子的排泄物，所以说 LED 灯更加"干净"。

6.1.5　LED 的参数

LED 的光学参数中重要的几个方面就是发光效率、光通量、发光强度、光强分布和波长。

1）发光效率和光通量

发光效率就是光通量与电功率之比，单位一般为 lm/W。发光效率代表了光源的节能特性，这是衡量现代光源性能的一个重要指标。

2）发光强度和光强分布

LED 发光强度表征它在某个方向上的发光强弱。由于 LED 在不同的空间角度光强相差很多，因此我们需要研究 LED 的光强分布特性。这个参数实际意义很大，直接影响到 LED 显示装置的最小观察角度。比如体育场馆的 LED 大型彩色显示屏，如果选用的 LED 单管分布范围很窄，那么面对显示屏处于较大角度的观众将看到失真的图像。另外，交通标志灯也要求较大范围的人能识别。

3）波长

对于 LED 的光谱特性，我们主要看它的单色性是否优良，而且要注意红、黄、蓝、绿、白等主要颜色是否纯正。因为在许多场合下（比如交通信号灯），对颜色要求比较严格。例如，我国的一些 LED 信号灯中绿色发蓝，红色的为深红，从这个现象来看，我们对 LED 的光谱特性进行专门研究是非常必要而且很有意义的。

6.1.6　LED 的分类

发光二极管可以分为普通单色发光二极管、高亮度发光二极管、超高亮度发光二极管、变色发光二极管、闪烁发光二极管、电压控制型发光二极管、红外发光二极管、紫外发光二极管和有机发光二极管等。

LED 的控制模式有恒流和恒压两种；有多种调光方式，比如模拟调光和 PWM 调光。大多数的 LED 采用的是恒流控制，这样可以保持 LED 电流的稳定，不易受正向电压的变化，可以延长 LED 灯具的使用寿命。

1. 单色发光二极管

1）普通单色发光二极管

普通单色发光二极管具有体积小、工作电压低、工作电流小、发光均匀稳定、响应速度快、寿命长等优点，可用各种直流、交流、脉冲等电源驱动点亮。它属于电流控制型半导体器件，使用时需要串接合适的限流电阻。

普通单色发光二极管的发光颜色与发光的波长有关，而发光的波长又取决于制造发光二极管所用的半导体材料。红色发光二极管的波长一般为 650～700nm，琥珀色发光二极管的波长一般为 630～650nm，橙色发光二极管的波长一般为 610～630nm，黄色发光二极管的波长一般为 585nm 左右，绿色发光二极管的波长一般为 555～570nm。

2）高亮度单色发光二极管和超高亮度单色发光二极管

高亮度单色发光二极管和超高亮度单色发光二极管使用的半导体材料与普通单色发光二极管

不同，所以发光的强度也不同。通常，高亮度单色发光二极管使用砷铝化镓（GaAlAs）等材料，超高亮度单色发光二极管使用磷铟砷化镓（GaAsInP）等材料，而普通单色发光二极管使用磷化镓（GaP）或磷砷化镓（GaAsP）等材料。

2. 变色发光二极管

变色发光二极管是能变换发光颜色的发光二极管。变色发光二极管按照发光颜色种类可分为双色发光二极管、三色发光二极管和多色（有红、蓝、绿、白四种颜色）发光二极管。

变色发光二极管按引脚数量可分为二端变色发光二极管、三端变色发光二极管、四端变色发光二极管和六端变色发光二极管。

3. 闪烁发光二极管

闪烁发光二极管（BTS）是一种由 CMOS 集成电路和发光二极管组成的特殊发光器件，可用于报警指示及欠压、超压指示。

闪烁发光二极管在使用时，无须外接其他元件，只要在其引脚两端加上适当的直流工作电压（5V），即可闪烁发光。

4. 红外发光二极管

红外发光二极管也称红外线发射二极管，它是可以将电能直接转换成红外光（不可见光）并能辐射出去的发光器件，主要应用于各种光控及遥控发射电路中。

红外发光二极管的结构、原理与普通发光二极管相近，只是使用的半导体材料不同。红外发光二极管通常使用砷化镓（GaAs）、砷铝化镓（GaAlAs）等材料，采用全透明或浅蓝色、黑色的树脂封装。

常用的红外发光二极管有 SIR 系列、SIM 系列、PLT 系列、GL 系列、HIR 系列和 HG 系列等。

5. 紫外发光二极管

基于半导体材料的紫外发光二极管具有节能、环保和寿命长等优点，在杀菌消毒、医疗和生化检测等领域有重大的应用价值。近年来，半导体紫外光电材料和器件在全球引起越来越多的关注，成为研发热点。2018 年 12 月 9 日至 12 日，由中国科学院半导体研究所主办的第三届"国际紫外材料与器件研讨会"（IWUMD—2018）在云南昆明召开，来自 12 个国家的 270 余位代表出席了会议。本次会议汇聚了国内外紫外发光二极管材料和器件相关领域的多位顶尖专家的最新研发成果报告。

紫外发光二极管是氮化物技术发展和第三代半导体材料技术发展的主要趋势，拥有广阔的应用前景。中国科技部为了加快第三代半导体固态紫外光源的发展，实施了"第三代半导体固态紫外光源材料及器件关键技术"重点研发计划专项（2016YFB0400800）。国家重点研发计划的支持和国际紫外材料与器件研讨会的举办，将为加快实现我国第三代半导体紫外光源的市场化应用，带动我国紫外半导体发光二极管材料和器件技术创新及产业化发展发挥积极的作用。

6. 有机发光二极管

1987 年，柯达公司的邓青云等人成功制备了低电压、高亮度的有机发光二极管，第一次向世界展示了 OLED 在商业上的应用前景。1995 年，Kido 在 *science* 杂志上发表了白光有机发光二极管（WOLED）的文章，虽然其效率不高，但揭开了 OLED 照明研究的序幕。经过几十年的发展，OLED

的效率和稳定性早已满足了小尺寸显示器的要求，受到众多高端仪器仪表、手机和移动终端公司的青睐，大尺寸技术也日渐完善。

OLED 材料的发展是 OLED 产业蓬勃发展的基础。最早的 OLED 发光材料是荧光材料，但荧光材料由于自旋阻禁，其理论内量子效率上限仅能达到 25%。1998 年，Ma 以及 Forrest 和 Thompson 等先后报道了磷光材料在 OLED 材料中的应用，从而为突破自旋统计规律、100%利用所有激子的能量开辟了道路。但是磷光材料也存在一定的问题，它含有贵金属，价格很高，而且蓝光材料不稳定性，使得 OLED 的发展长期停滞不前。

2009 年，日本九州大学的 Adachi 教授首次将热活化延迟荧光（TADF）材料引入 OLED。此类材料具有极低的单三线态能隙，可通过三线态激子的反向系间窜越（RISC）实现 100%的理论内量子效率。材料体系和器件结构的日渐完善，使得 OLED 在显示领域崭露头角。另一方面，WOLED 具有发光效率高、光谱可调、蓝光成分少和面光源等一系列优势，作为低色温、无蓝害的高效光源，有望成为未来健康照明的新趋势。

6.2 LED 实战

6.2.1 电路图

俗话说，不打无准备之仗。在打仗之前，通常需要准备一幅作战地图，上面不但标记了地形地貌，还有排兵布阵的情况。我们在做电子实验（包括工作后的预研实验）时，也需要先做好理论准备。对于电子电路实验，这个理论准备通常就是电路图。我们的实验所对应的电路图如图 6-9 所示。

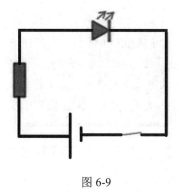

图 6-9

大家在初中都学习过物理电学，相信对这幅电路图不陌生，最上面的符号代表发光二极管，该符号中的两个向右上的箭头表示发光的意思，如果没有这两个右上箭头，那就是普通的二极管符号；左边的矩形符号代表电阻；下面两根竖线表示电源，长线表示正极，短线表示负极；右下方稍稍抬起的直线表示开关。这里再复习一下电阻，电路图中的电阻符号通常是一个矩形，而实物电阻通常如图 6-10 所示。

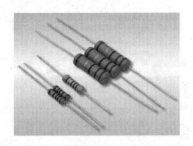

图 6-10

可以看到每个电阻都有两个引脚（两端金属丝就是两个引脚），中间凸起的部分就是一个小电阻，它会对流过这两根引脚的电流产生一个阻碍的作用，这个作用的大小也就是这个电阻的电阻值。

需要注意，该电路图中的电阻是非常有必要的，为何这么说呢？为了证明这个电阻的重要性，我们把它移掉后再来看现在这个电路会产生什么结果。当我们闭合开关的时候，电路里面就会有电流了，这个时候 LED 就会被点亮了，当 LED 被点亮的时候，它的阻值是极低的，也就是说，LED 的电阻值约等于 0，我们可以把这个 LED 看作一根会亮的导线，这样电路图可以简化为如图 6-11 所示。

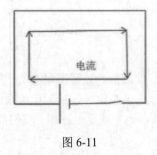

图 6-11

这种情况几乎等同于用一根导线将电源的正极和负极连在一起了，那么这个电源就短路了，在这个时候，从理论上来说，流过这根导线的电流是很大的，此时将会有两种结果：一是电源被烧毁，二是那个会亮的小 LED 灯在这么大的电流下被烧坏。如果此时我们用 Arduino 去控制这个 LED，那么 Arduino 也会被烧毁。因此，我们要把原先的小电阻"请"回来，如图 6-12 所示。

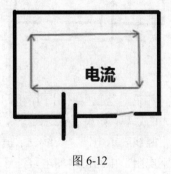

图 6-12

当有电阻保护的时候，即使 LED 的电阻很低，电源的正极和负极也不再是一个短路的状态了，此时这个小 LED 就可以很开心地工作了。

6.2.2　模拟电路

电路图设计完毕后，就可以用 Fritzing 这款软件来模拟一下。首先打开 Fritzing，然后切换到面包板，并拖放一个 Arduino UNO 开发板、电阻和 LED 到主工作区，如图 6-13 所示。

Arduino UNO 开发板上面这一排黑色小孔是数字输入/输出引脚。最上面的元件是 LED。通常而言，实物形式的 LED 的引脚一个长一个短，长的是正极，短的是负极，而 Fritzing 所提供的 LED 的两个引脚几乎一样长。那我们如何区分正极或负极呢？经过笔者摸索，最终确定左边笔直的那个引脚是负极，有弯曲的那个引脚是正极。我们可以将鼠标停留在右边那个引脚上，这个时候会出现提示"anode: anode pin"，如图 6-14 所示。anode 是阳极的意思。

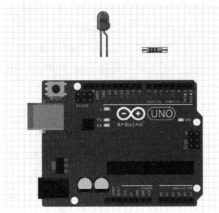

图 6-13　　　　　　　　　　　　　　　　　　　图 6-14

下面我们准备连线，也就是搭建电路。搭建电路肯定需要导线，但导线不需要去元件库里找，直接在元件的输入或输出端单击，然后移动鼠标就可以出现导线了。当我们连接到另外一端的时候，再释放鼠标，这两个元件就被导线连接起来了。我们在开发板的引脚 5 上按下鼠标左键，然后移动鼠标到电阻一端，再释放鼠标，这样开发板和电阻就连接起来了，如图 6-15 所示。注意，后面通过导线连接元件的时候，就不这样细致介绍了。

接下来，我们把电阻的另外一个引脚通过导线连接到 LED 的正极，如图 6-16 所示。

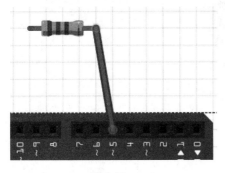

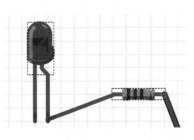

图 6-15　　　　　　　　　　　　　　　　　　　图 6-16

然后把 LED 的负极和开发板的 GND 引脚用导线连接起来，如图 6-17 所示。

图 6-17

注意，GND 引脚是什么呢？它是接地。那什么是接地？"地"在电子技术中的定义是：作为电路或系统基准的等电位点或平面。电路图和电路板上的 GND 代表地线或零线。开关电源中比较常见的"地"主要有交流地、直流地、模拟地、数字地、信号地等。接地是指将电路与大地连接在一起，以形成电路的参考点和电流的回路。接地的主要作用是保证电路的安全和稳定。在电路中，接地可以发挥以下作用：

（1）保护电路中的人员和设备：通过接地，电路中的电流可以回流到地面，从而保护人员和设备免受电击等危险。

（2）抑制电磁干扰：在电路板中，许多信号和电源线都需要接地。这些接地点可以消除信号和电源线之间的电磁干扰，提高电路的可靠性和稳定性。

（3）稳定电压和电流：在电路板中，接地还可以稳定电压和电流，使其在一定的范围内保持稳定。

关于接地，可以举一个生活里的例子。我们每个人都测量过身高，当我们测量身高的时候，我们要站在地面上，然后有人会用一把尺子来测量一下我们头顶到地面的高度。同样地，对于一个电路来说，我们也需要一个零参考点，这个零参考点就是接地点。

至此，我们的电路连接完毕。另外再提一个小技巧，元件之间如果用导线连接成功，此时移动元件，导线也会跟着引脚移动。例如，我们在 LED 的椭圆头上单击，然后移动鼠标，就会发现其两个引脚上的导线也会跟着 LED 移动的，如图 6-18 所示。

图 6-18

6.2.3 点亮和熄灭 LED

我们的实物电路没用到电池，而是连接了开发板，所以电路图可以画为如图 6-19 所示。

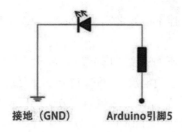

接地（GND）　　　　Arduino引脚5

图 6-19

其中，左下角的 3 条横线就是接地符号，最上面的最宽，最下面的最窄，3 条线平行。以后当我们看到电路图上有这个符号的时候，就知道这里是电压的零参考点。最上方是发光二极管符号，右边的矩形是限流电阻符号。

这个电路和上一节画的带电池的电路相比，总感觉有点奇怪。怪在哪里呢？不知道谁来供电，我们来看 Arduino 板的引脚 5，它的作用是什么？其实这个引脚就是用来输出电平，而且这个输出电平可以通过 Arduino 提供的函数 digitalWrite 来控制。

函数 digitalWrite 的作用是设置引脚的输出电压为高电平（HIG）或低电平（LOW），该函数声明如下：

```
digitalWrite(pin, value);
```

该函数无返回值，有两个参数 pin 和 value。pin 参数表示所要设置的引脚；value 参数表示输出的电压，HIGH 为 5V 高电平，LOW 为 0V 或 GND 低电平。当然，不同的开发板可能对于高电平的定义有所不同，Arduino UNO 开发板的高电平就是 5V。

在使用 digitalWrite(pin, value)函数之前要通过函数 pinMode 将引脚设置为 OUTPUT 模式。比如：

```
pinMode(x, OUTPUT);
```

其中 x 为引脚号。这两个函数联合起来的用法示例如下：

```
void setup() {
    pinMode(5, OUTPUT);          //将引脚 5 设置为输出
}

void loop() {
    digitalWrite(5, HIGH);       //将引脚 5 设置为高电平
    delay(1000);                 //等待 1s
    digitalWrite(5, LOW);        //将引脚 5 关闭
    delay(1000);                 //等待 1s
}
```

再回到刚才的电路图，现在要点亮 LED，就需要用如下函数语句：

```
digitalWrite(5,HIGH);
```

其中 5 表示引脚 5，HIGH 这里表示 5V。由于接地是 0V，现在两端有了电压差，那么导线中就有电流了，即我们的电路图中就会产生电流了。但仅仅有电流还不能让 LED 正常工作，必须使电路中的电流值处于 LED 的工作电流范围之内。所谓工作电流就是能让元件正常工作（比如 LED 发光）的电流值。LED 的工作电流大约是 10mA 到 20mA 之间，如果大于 20mA，则发光二极管容易烧掉

或者它特别亮，用不了多久就会坏掉了；如果低于 10mA，比如 6mA，也可以点亮，但亮度比较小了，昏昏暗暗的。

知道了电路所需要的电流后，下面就要考虑电路中的限流电阻用多大。我们由欧姆定律可以知道，电阻两端的电压差除以流过电阻的电流，就可以得到电阻值。我们看电阻下方接的是开发板的引脚 5，而此时引脚 5 输出的电压是 5V，那么电阻上方的电压是多少呢？这个可以通过 LED 的工作电压来知道。当 LED 的工作电流为 20mA 时，其对应的工作电压就是 2V 左右，而 LED 的负极接的是 GND，即 0V，因此 LED 正极处应该接 2V，这样电阻上方的电压也应该是 2V，也就是说，通过电阻，要让 5V 电压降到 2V，也就是说让要电阻降掉 3V 电压，这样根据欧姆定律，电阻值就是 3V 除以 0.02A 得 150Ω。但 150Ω 的电阻在市面上不容易买到，一般我们在市场上能买到的是 200Ω 和 100Ω 的电阻。如果我们将 200Ω 的电阻用到这个电路里，这时候流过 LED 的电流是多少呢？电阻两端的电压 5V 和 2V，结果是：

(5-2)V÷200Ω=15mA

这个值在 10mA 到 20mA 之间，对 LED 而言是没问题的。那么我们可否使用 100Ω 的电阻？我们算一下：

(5-2)V÷100Ω=30mA

这时候的电流是 30mA，这个值就稍微有点大了。对于 30mA 的电流，有些 LED 可能能够承受，但有些 LED 就不一定能承受了。其实，具体给 LED 多少电流，最好的方法是根据 LED 厂家给出的技术参数来决定。从学习角度，我们最好要知道发光二极管的一些特性，知道这个工作电流和工作电压是怎么来的，这背后的原理其实就是发光二极管的伏安特性（Voltage-Current Characteristic）。

6.2.4 伏安特性

伏安特性是 1998 年公布的电气工程名词，用来描述电路元件两端的电压和通过元件的电流之间的关系的曲线。这种特性描述了元件（如电阻、电导）对电压和电流的响应关系。伏安特性包含了电流、电压、电阻和电导等电学特性概念。具体地讲，对于一个特定的元件，如电阻，如果其两端的电压与通过的电流呈正比关系，则该电阻的伏安特性是一条直线。

在实际应用中，伏安特性曲线可以帮助研究人员和研究者更好地理解和分析电路中元件的工作原理，从而确定元件是否满足预期的电学特性关系。

伏安特性曲线图常用纵坐标表示电流 I，横坐标表示电压 U，以此画出的 I-U 图叫作导体的伏安特性曲线图。伏安特性曲线针对的是导体，也就是耗电元件，图像常被用来研究导体电阻的变化规律，是物理学常用的图像法之一。

三种发光二极管的伏安特性曲线如图 6-20 所示。

图 6-20 中分别画出了蓝色、红色和绿色发光二极管的伏安特性曲线。我们以红色 LED 为例，大约从 0V 到 1.7V，其对应的电流都是 0mA，这一段电压通常称为死区电压；红色 LED 的正常工作电流为 10mA，对应的电流是 1.8V 左右。蓝、绿两种 LED 的死区电压基本在 2.75V 左右。现在我们知道发光二极管的"脾气"了吧，它要超过一个电压值，才会产生电流。

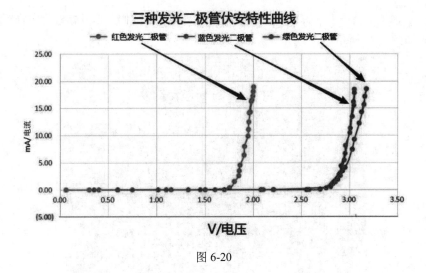

图 6-20

6.2.5 搭建实物电路

在 4.2.1 节我们使用 Fritzing 软件模拟连接了一个用 Arduino 来点亮 LED 的电路。但在实际的操作中，想要将这个电路搭建起来，不是简单地单击鼠标就可以实现的，可能需要我们用电烙铁融化焊锡，然后用这种焊接的方法把电子元件连接在一起。但这种做法对于我们的学习来说是很麻烦的。好在我们有一个非常好用的小帮手——面包板，现在就把它请出场。

打开 Fritzing，在面包板视图中，拖放 Arduino UNO 开发板、LED 和电阻。然后从 Arduino UNO 开发板的引脚 5 引出导线到面包板的某个孔中，再把电阻的一端拖放到面包板上，且让右边金属引脚处于导线同一五孔排的某个孔中，因为面包板的同一个五孔排的 5 个孔背后都是由导线相连的，所以电阻的这一端引脚其实就和开发板的引脚 5 是相连的。接着，拖放 LED 到面包板上，让 LED 正极和电阻左边金属引脚处在同一五孔排中，这样 LED 正极和电阻也相连了，而 LED 的负极插在相邻的五孔排的某个孔中。最后，从开发板的 GND 引脚引出导线到面包板，并且和 LED 的负极处于同一五孔排中。这样整个电路就完整了，并且元件都固定在面包板中了，如图 6-21 所示。

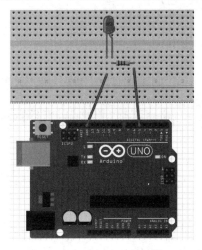

图 6-21

从 Fritzing 模拟的情况看，并没有提示出错，因此接下来我们可以开始进行实物电路的搭建。最终搭建结果如图 6-22 所示。

图 6-22

其中，左侧黄色导线一端插入开发板的 GND（接地）引脚，另一端和 LED 负极引脚处在面包板的同一五孔排插孔中。右侧绿色导线的一端插入开发板的引脚 5，另一端和电阻的一个引脚处在同一五孔排插孔中，而电阻的另外一个引脚则和 LED 的正极引脚处于同一五孔排插孔中。这样，我们的实物电路就搭建起来了。最后，让 Arduino 开发板通过数据线和计算机的 USB 接口相连。下面就可以编写程序让它工作了。

6.2.6　编写程序

前面我们完成了硬件电路的搭建，现在该轮到软件上场了。我们先在 Arduino IDE 中编写程序，然后下载程序使其运行，最后点亮 LED 灯。

【例 6.1】编程点亮 LED 灯

（1）打开 Arduino IDE，并打开 test.ino 文件，然后输入如下代码：

```
int gPin=5;                    //表示引脚 5，以后如果要改为其他引脚，只需修改这一处即可
void setup() {
    pinMode(gPin,OUTPUT);      //这是我们添加的代码，作用是设置引脚 5 为输出模式
}
void loop() {
    digitalWrite(gPin,HIGH);   //向引脚 5 输出高电平，此时 LED 灯被点亮
    delay(1000);               //等待 1000ms，也就是等待 1s
    digitalWrite(gPin,LOW);    //向引脚 5 输出低电平，此时灯熄灭
    delay(1000);               //再等待 1s
}
```

首先定义全局变量 gPin，存储我们要使用的引脚号，这里是 5，表示用到开发板的引脚 5。然

后在 setup 函数中设置引脚 5 为输出模式，这个 setup 函数相当于初始化函数，每次运行程序，只会被系统调用一次。而函数 loop 则会被循环调用，只要程序在运行，就会不停调用该函数，这是 Arduino 单片机编程的特点。在 loop 函数中，首先向引脚 5 输出高电平，此时 LED 灯被点亮，然后等待 1s（即 1000ms），再向引脚 5 输出低电平，此时 LED 灯熄灭，随后再等待 1s。

（2）确保开发板和计算机已经通过数据线相连，然后在 Arduino IDE 中选择要连接的串口，不同计算机的串口号可能不同，这里是 COM3，如图 6-23 所示。

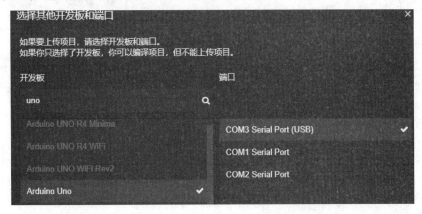

图 6-23

接着就可以编译并上传程序了。在工具栏上单击验证和上传按钮，然后就可以发现 LED 灯在不停地闪烁，如图 6-24 所示，说明程序运行正常。

图 6-24

我们可以看到 LED 灯亮了，至此，我们的发光 LED 项目完成了。最后，给读者留个小作业吧，如果我们要通过引脚 5 来驱动电路，那么要修改哪些内容呢？答案是修改程序中的 gPin 值为 6，然后将右侧绿色导线插到引脚 6 中，再重新编译并上传程序即可。请读者测试一下吧。

第7章

按键数字信号

在上一章节中，我们用 Arduino 来点亮了一个 LED 灯，并让它闪烁，当时用到了 pinMode 这个函数，但只使用输出模式，即传递给该函数的参数是 OUTPUT，其实还可以传递 INPUT，即将相应的 Arduino 引脚设为输入模式。本章将针对输入模式来做一个讲解，并搭建输入模式下的电路。

7.1　输入模式和按键开关

当引脚设置为输入（INPUT）模式时，引脚为高阻抗状态（100MΩ）。此时该引脚可用于读取传感器信号或开关信号。注意，当 Arduino 引脚设置为输入（INPUT）模式或者输入上拉（INPUT_PULLUP）模式时，请勿将该引脚与负压或者高于 5V 的电压相连，否则可能会损坏 Arduino 开发板。

这个定义中的 100MΩ 可以先不管，需要注意，此时这个引脚可以用于读取传感器信号或开关信号。下面引出本章的主角——按键开关，如图 7-1 所示。

图 7-1

按键开关是一种功能性的电子开关元件，在我们的日常生活中也有它的身影，例如鼠标里面就有这么一个按键开关。当然，鼠标里的按键开关的样子可能和图 7-1 所示的不完全一样，但是它们的功能是一样的。当我们用手指点按开关凸起的圆柱形按键的时候，这个开关就导通了；当我们松手的时候，这个开关就断开了。那么它是怎么做到的呢？下面简单介绍一下它里面的内部结构。

我们可以把这个按键开关想象成一只小虫子，它有 4 只脚，每侧长两只脚，我们给这个 4 只脚起个名字，分别是 A、B、C、D，而且 A 和 B 是同一侧引脚，C 和 D 是同一侧引脚，如图 7-2 所示。

同一侧的两个引脚上端是嵌入在黑色塑料中的，我们将它简化一下，如图 7-3 所示。

这个按键开关中 A 脚和 D 角是连接在一起的，B 脚和 C 角也是连接在一起的。因此，这个按键开关有这样一个特点，即它相连的两个角是不同侧的，而同侧的两个脚是不相连的。当我们按下黑色按钮的时候，AD 和 BC 就导通了，如图 7-4 所示。

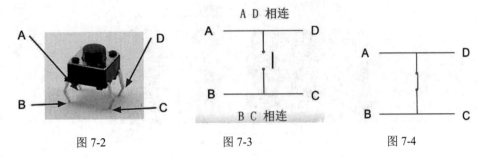

图 7-2　　　　　　　　图 7-3　　　　　　　　图 7-4

当然，当我们把手抬起来以后，这个按键开关也就断开了。我们可以通过这个开关来表达意愿，比如，按下去表达一种意愿，不按表达另外一种意愿。在这种情况下，我们实际上是在给 Arduino 一个按或不按的信号，这个信号通俗地讲就叫作开关信号。所谓的开关信号，还有一个更官方的名称，叫作数字信号。注意，数字信号其实是一个很广义的概念，它不是简单地开和关这么一个动作，要探究起来就比较深了。对于初学者，目前先了解这样一个通俗的概念即可，就是看到数字信号这样一个概念，能够联想起来一个开关。相信读者在未来学到更多的知识以后，会对数字信号有一个全新的了解。

7.2　模拟电路

正如建房子之前需要绘制建筑蓝图一样，在搭建实体电路之前，我们通常需要在纸上或使用软件来绘制和模拟电路图。在上一章中，Arduino 的引脚主要作为输出来操作。而在本章中，我们将探讨如何使用一个按键开关来向 Arduino 开发板发送一个数字信号，即开关信号。对于 Arduino 而言，它实际是在接收这个数字信号，因此其引脚的工作模式必须设为输入模式。当引脚被设置为数字输入时，它能够识别两种状态：HIGH（高电平）和 LOW（低电平）。这两个术语听起来可能有些熟悉，那是因为在上一章点亮 LED 的程序中，我们使用的 digitalWrite 函数也涉及这两个状态，例如：

```
digitalWrite(5,HIGH);        //向引脚 5 输出高电平
delay(1000);                 //等待 1000ms，也就是等待 1s
digitalWrite(5,LOW);         //向引脚 5 输出低电平
```

表面上看，Arduino 在点亮 LED 的时候，它的输出是一个电压，也就是 5V（高电平）是点亮，0V（低电平）是熄灭，事实上它在做这个工作的时候，是在输出一个数字信号。那么对于 LED 来说，它在接收到了这个数字信号后，就会产生相应的变化（点亮或熄灭），比如它接收到 5V 这样

一个数字信号后就亮，接收到 0 这样一个数字信号后就会熄灭。这是对 LED 点亮和熄灭的一个全新理解，请读者仔细体会。关于数字信号的概念，我们先了解这么多，后面还会提及，到时再对它进行更详细的介绍。

现在再回过头来看本章的主题——将 Arduino 设置为输入模式。在这种模式下，我们可以通过一个按键开关来告诉 Arduino 我们的意图。那么光有这个按键开关够不够呢？答案肯定是不够的，还需要载体，比如我们可以将它插在面包板上。也就是说，要让 Arduino 能够接收到我们用这个按键开关所传递的指令，还要配上一个电路，如图 7-5 所示。

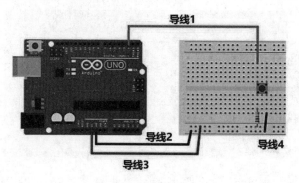

图 7-5

在图 7-5 中，导线 1 左端和 Arduino 开发板引脚 2 相连，导线右端插入面包板，并且和按键开关的一个引脚处于同一五孔排中，而按键开关默认纵向的两个引脚是相连的。然后，我们在按键开关左边两个引脚的下方再放置一个电阻，这个电阻上方引脚和按键开关左边引脚在同一五孔排中，因此它们是相连的；这个电阻的下边引脚插在面包板的下面边缘两排中第一排的某个插孔，由于面包板边缘两排是横向相连的，因此导线 3 和电阻是相连的。我们再把导线 3 连接到开发板的 5V 引脚中，这样导线 1、按键开关、电阻、导线 3 和开发板都相连了。按键开关右边两个引脚也是相连的，而且其中一个引脚和导线 4 在同一五孔排上，导线 4 又和面包板边缘两排的最外面一排相连，而导线 2 也在面包板最外面一排上，因此导线 2 和导线 4 是相连的。我们再把导线 2 左边插在开发板的 GND（接地）引脚。当按键开关按下去的时候，导线 1 和导线 4 将会连通。

图 7-5 所示是一个实物图像模拟图，虽然比较形象，但我们在学习和工作的时候，不会把这个图画得这么复杂，会用一种简化的方法来表达这个电路，如图 7-6 所示。

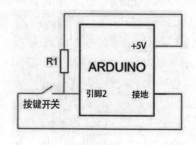

图 7-6

这个线条电路图等效于刚才的实物图像电路图。首先从引脚 2 出来的电路，其左边是按键开关，然后沿着导线一直到接地。再对比图 7-5 中从开发板的引脚 2 出来走导线 1，是不是也是从开发板的引脚 2 出来，然后到开关，再走导线 4 和导线 2，最终接到开发板的接地（GND）引脚。这条路由于开关没合上，因此没有连通。

我们再来看另外一路，也是从引脚 2 出来，然后往上走，遇到的一个电阻 R1，再到+5V，这条路一直是连通的。再对比图 7-5 中从开发板的引脚 2 出来走导线 1，然后经过开关相连的两个引脚，接到电阻，再经过导线 3，连接到开发板的 5V 引脚。这样，线条电路图和实物图像电路图完全对应起来了。

对这个电路图有了一个基本的认识以后，我们接下来就结合按键开关来分析两种情况。第一种情况是不按开关的按键，第二种情况是按一下开关的按键。我们将查看在这两种情况下，Arduino连接的电路产生了什么样的变化。

先来看第一种情况，也就是这个开关没有被按下。当开关没有被按下时，导线 1→导线 4→导线 2 这一条线路是不会产生任何作用的，因为开关是断开的，所以可以把这一条线路给去掉，此时的线条电路图如图 7-7 所示。

图 7-7

现在再看这个电路是不是就清晰多了。当开关没有被按下的时候，引脚 2 通过一个电阻连接到了开发板的 5V 引脚。注意，在这种情况下，Arduino 的引脚 2 所读取到的是高电平。

讲到这里，读者可能已经猜到了，当我们把开关按下的时候，引脚 2 读到的就是低电平。为什么呢？让我们把这个电路的完整图"请"回来，并且此时的开关是按下的，如图 7-8 所示。

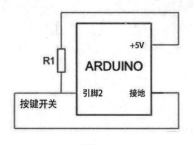

图 7-8

当开关按下去以后，这个开关所处的地方就可以视作一条通路了，就像一根导线一样，那么我们就可以把开关的电阻值假想为 0。我们现在的目的是要让引脚 2 有一个确定的选择，也就是它在面对两条路的时候（一条路是走到接地（低电平）上去，另外一条路是走到高电平（+5V）上去），知道应该走哪一条。具体取决于电阻 R1。有了这个电阻 R1，当按键开关按下的时候，将不再走 R1这条路，而是从引脚 2 出来，走按键开关和接地这条路。此时的电路可以简化为如图 7-9 所示。

图 7-9

我们也可以在对应的实物图像电路图上画一条虚线来表示电流走向，如图 7-10 所示。

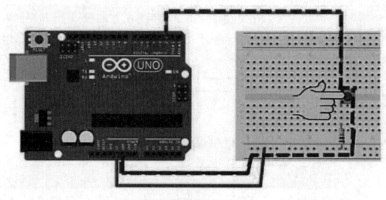

图 7-10

在这种情况下，引脚 2 自然而然地读取到的就是低电平了，因为它接在地上了。讲到这里，笔者做一个小结：我们通过改变 Arduino 引脚 2 所连接的按键开关的状态，来读取不同的电平，当开关处于打开状态时，引脚 2 读取到的是一个高电平，当开关处于关闭状态时，引脚 2 读取的就是一个低电平，如图 7-11 所示。

开关状态	引脚2
打开	HIGH 高电平
关闭	LOW 低电平

图 7-11

看来电阻的功劳不小。下面正式介绍一下这个电阻，它有一个非常接地气的名字，叫作上拉电阻（Pull-up Resistor），我们的引脚 2 全靠它被拉升到这个高电平的状态。既然有上拉电阻，那有没有下拉电阻呢？当然是有的。下拉电阻的原理和上拉电阻非常类似。但是在平时的应用中，上拉电阻的应用情况要多很多。给它一个正式的定义：上拉电阻是一种电路元件，常用于数字电路中，它的作用是将信号线拉高至逻辑高电平，以确保信号的正确传输和识别。在数字电路中，一个输入端必须有一个电平，以便输出器件正确地识别输入信号。如果没有连接上拉电阻，输入端就有可能处于浮空状态，即没有电平或者电平不稳定，这样会导致输出器件无法正确识别输入信号。上拉电阻的阻值通常在几千欧姆到几万欧姆之间，具体取决于电路的需求和特性。注意，这里的电路图中的上拉电阻，我们选择的 10kΩ，即 10000Ω。这是一个很大的电阻，为什么要选择 10000Ω？我们可以分析一下，当开关关闭时，要让引脚 2 能够感觉到往上走是很有阻力的，就要给它配一个相对大的电阻。可能有的读者会好奇，这个上拉电阻是如何计算出来的？关于上拉电阻的计算，它是有一定的规律的，具体应该怎么来选，这个已经超过了本书的范围了，对于初学者而言，暂时不需要去了解。现在只需记住一点就够了，就是当我们使用 Arduino 开发板，要选择上拉电阻的时候，直接选一个 10kΩ 或者 10kΩ 左右的就可以了。

可能也有读者会好奇，如果我们不用这个上拉电阻会发生什么现象呢？我们不妨来看一下，先把上拉电阻从这个电路中移除，并且闭合按键开关，如图 7-12 所示。

图 7-12

现在，引脚 2 直接连通到 5V 引脚了，而且闭合开关后，Arduino 的 5V 引脚直接连通到了接地引脚上，这样的情况会导致 Arduino 开发板被损毁。因此，笔者在这里详细讲解上拉电阻，就是为了强调它是一个非常重要的一个电子元件，读者以后搭建电路时一定要注意。

最后介绍一下引脚悬空（Floating）的概念。假如我们把引脚 2 设置为输入模式，并且在引脚 2 外面没有接任何电路，也没有上拉电阻，如图 7-13 所示。

图 7-13

此时如果在 Arduino 程序里面读取引脚 2 的状态，会读取到什么呢？我们读取到的将是不确定的状态，这种现象就叫作引脚悬空。也就是当引脚 2 在悬空的时候，它所获得的是一个随机的状态，可能是高电平，也可能是低电平，还可能上一秒是高电平，下一秒就变成低电平了，反正是一个非常随机的情况。

7.3　搭建实物电路

前面我们在软件上描绘了电路图，现在可以根据电路图来搭建实物电路了。首先准备好 Arduino

开发板、面包板、4 根导线、一个按键开关和一个电阻，然后按照电路图将其搭建起来，如图 7-14 所示。

其中，左边绿色导线的一端插入 Arduino 开发板的引脚 2，右边红色导线的一端插入 Arduino 开发板的 5V 引脚，右边长的黑色导线的一端插入 Arduino 开发板的接地引脚，按键开关横跨了两列五孔排，且是异侧引脚横跨。在按下按键开关之前，绿色导线、按键开关异侧两个引脚、小电阻和红色导线是相通的。当按下按键开关时，绿色导线和两根黑色导线相通。这个电路和图 7-5 所示的电路图一样，读者可以根据图 7-5 来搭建。

图 7-14

7.4 编程让电路工作

搭建完电路后，我们就可以编写程序来驱动电路工作了。由于本章讲述的是一种输入元件——开关，它只接收用户的按键，并没有像 LED 灯那样有类似灯亮等输出可供查看，因此程序运行后，我们并不能通过电路看到运行结果。那怎么看运行结果呢？可以在 Arduino IDE 的串口窗口中查看 Arduino 开发板引脚 2 的输入值，当没有按下小开关时，引脚 2 得到的是高电平，我们用 1 来表示高电平，那么在 IDE 串口窗口中显示的是 1；当按下小开关后，引脚 2 得到的是低电平，我们用 0 来表示低电平，那么在 IDE 串口窗口中显示的是 0。

【例 7.1】编程实现开关电路

（1）打开 Arduino IDE，并打开的 test.ino 文件，然后输入如下代码：

```
int gPin=2;          //表示引脚 2
void setup() {       //初始函数，程序刚运行时执行的第一个函数，一般用于对硬件设置参数
    Serial.begin(9600);     //为串口设置波特率（每秒 9600 位）
    pinMode(gPin,INPUT);    //设置引脚 2 的工作模式为输入模式，这样可以获得数字信号
}
```

```
void loop()                  //无限循环函数
{
    int buttonState=digitalRead(gPin);  //读取引脚 2 的值，并存于变量 buttonState 中
    Serial.println(buttonState);        //向串口打印输出引脚 2 的值
    delay(1);                //延时 1ms
}
```

代码的总体作用是读取引脚 2 的数字信号，并将其显示在串口监视器中。在 setup 函数中，第一条语句是通过串口对象 Serial 调用其成员函数 begin 来为硬件串口设置一个通信参数波特率，波特率就是传输速度，这里设置的是每秒 9600 位，也就是每秒传输 9600 位数据，也可以设置为其他参数，比如 115200 等，这个要根据具体的串口而定，这里设置 9600 即可。Arduino 开发板上的这个串口是一个硬件设备，它通过串口线与计算机的 USB 接口相连。当 Arduino 开发板上的程序运行并向串口硬件发送数据时，这些数据通过串口线传输到连接的计算机，并可以在 Arduino IDE 的串口监视器窗口中显示。打开串口监视器后，我们可以直接在计算机屏幕上看到从 Arduino 开发板发送的数据，这些数据通常用来表示程序的运行状态或其他重要信息。例如，程序可能会读取某个引脚的电平状态，并将这些高（表示为 1）或低（表示为 0）电平状态通过串口发送到计算机，使得用户可以知道该引脚的当前电平状态。值得一提的是，Serial 在 Arduino 代码中是一个预先定义好的对象，代表着串口通信。这个对象封装了多种常用的串口操作函数，我们可以直接使用，如本例中使用的 begin 函数。注意，Serial 的第一个字母"S"必须大写，否则会导致编译错误。

下面再看 setup 中函数中的第二条语句，该语句通过函数 pinMode 将引脚 2 设置为输入模式，这样引脚 2 可以读取数字信号了。pinMode 函数是我们的老朋友，其第一个参数是要设置的引脚号，第二个参数是工作模式，这里是设置为 INPUT。

下面再看 loop 函数，这个函数会反复循环调用，一般把功能代码放在这个函数中。在该函数中，第一条语句是通过库函数 digitalRead 来读取引脚 2 的电平状态。注意，这个函数是库函数，可以直接使用，其参数就是一个引脚号，这里是 2，表示引脚 2。读取引脚 2 的电平状态后，如果是高电平，则函数 digitalRead 返回 1；如果是低电平，则函数 digitalRead 返回 0，并把返回值存储在变量 buttonState 中。通过函数返回值就可以获知按键开关是否被按下了，因为只有按键开关被按下后才会让引脚 2 得到低电平。

下一条语句将调用 Serial 对象的成员函数 println，把变量 buttonState 中的值输出到串口，这样我们在计算机的串口监视器上就可以看到数据 1 或 0 了。

（2）确保开发板和计算机已经通过数据线相连。然后在 IDE 中选择要连接的串口，不同计算机的串口号可能不同，这里是 COM3。接着就可以编译并上传程序了。在工具栏上单击验证和上传按钮，如果没报错，就可以在 IDE 的右上角处单击圆形按钮来打开串口监视器，如图 7-15 所示。

图 7-15

串口监视器如图 7-16 所示。可以看到串口监视器中一直在显示 1，说明此时引脚 2 的数字信号是高电平。我们在面包板上按下按键开关，可以发现串口监视器中输出 0 了，如图 7-17 所示。说明按下按键开关后，引脚 2 读到的是低电平，符合预期。

图 7-16

图 7-17

第8章

按键开关控制 LED

在前面的章节中，我们学习了利用 pinMode 函数将 Arduino 的引脚设置为输出模式和输入模式，还有一种输入上拉模式我们一直没有接触到。本章将介绍输入上拉模式，最终目的是通过面包板上的按键开关，来控制 Arduino 开发板上的位于引脚 13 旁的 LED 灯，当按下开关的时候，这个 LED 就被点亮了；当释放开关的时候，LED 就熄灭了。

8.1 输入上拉的概念

细心的读者可能已经发现了，在上一章的实例里，电路图中有一个上拉电阻，但本章中这个上拉电阻将是不存在的，这是为什么呢？原因就是我们要使用输入上拉模式。为什么设置引脚为上拉模式就不需要上拉电阻呢？这是因为 Arduino 微控制器自带内部上拉电阻，如果需要使用该内部上拉电阻，可以通过 pinMode 函数将引脚设置为输入上拉（INPUT_PULLUP）模式。我们可以这样定义输入上拉模式：对于一个不确定的信号，可以通过 Arduino 微控制器内部自带的电阻和电源 VCC 相连，使其固定在高电平。也就是说，如果某个引脚没有接收到外面明确的数字信号，那么设置输入上拉模式后，它将处于高电平。

需要注意，当 Arduino 引脚设置为输入模式或者输入上拉模式时，请勿将该引脚与负压或者高于 5V 的电压相连，否则可能会损坏 Arduino 开发板。

现在我们知道了，当设置引脚为输入上拉模式时，Arduino 开发板自带的内部上拉电阻就会起作用。因此，如果需要使用该内部上拉电阻，可以通过 pinMode 函数将引脚设置为输入上拉模式。在输入上拉模式的情况下，我们无须为 Arduino 外接一个上拉电阻。第 7 章中需要上拉电阻，是因为引脚被设置为输入模式，而不是输入上拉模式。这是两种完全不同的模式。可能会有读者觉得在上一章花那么多篇幅讲外接的上拉电阻是没必要的，因为 Arduino 完全可以利用输入上拉模式来绕开这个外接的上拉电阻。其实不是这样的，首先上拉电阻是一个非常关键的概念，假如我们将来使用的其他开发板没有输入上拉这种工作模式，那么就得自己搭建一个上拉电阻；要是不会或不了解这方面的概念，就可能会比较麻烦了。另外，也请记住一句话，学习不仅要知其然，还要知其所以然，这是我们应有的学习态度，而不是想着躲避。

8.2　电路设计

相比前两章，本章的电路图要简单得多，只需 Arduino 开发板、面包板和按键开关即可，如图 8-1 所示。

图 8-1

用到的导线有两个，分别连接 Arduino 开发板的 GND 引脚和引脚 2，再和按键开关相连。在按键开关的按键没有被按下的状态下，引脚 2 如果被设置为输入上拉模式，那么其内部将通过一个上拉电阻连接到高电平上。换句话说，在没有按这个开关按键的时候，引脚 2 是高电平；当我们按下这个开关按键后，按键开关的两端就导通了，此时引脚 2 被连通到了接地这个引脚上，所读取到的就是低电平。

下面我们搭建实物电路，如图 8-2 所示。

图 8-2

其中黄色导线和 Arduino 开发板的引脚 2 相连，黑色导线和开发板的 GND 相连。当按键开关没被按下的时候，引脚 2 如果设置为输入上拉模式，则它连接到内部电源，因此处于高电平状态；当按键开关被按下的时候，黑色导线和黄色导线通过按键开关两个同侧引脚连通，这样引脚 2 就和 GND 相连了，因此将处于低电平状态。

8.3　编写程序驱动电路

搭建完电路后，我们就可以编写程序来让电路工作了。这个程序的主要目的是学习逻辑控制，也就是根据不同的条件（比如高、低电平）来决定是否点亮开发板上的 LED。

【例 8.1】编程点亮开发板上的 LED

（1）打开 Arduino IDE，并打开 test.ino 文件，然后输入如下代码：

```
int gPin=2;                        //定义一个全局变量，标记引脚 2
void setup() {
    Serial.begin(9600);            //设置串口波特率为 9600
    pinMode(gPin,INPUT_PULLUP);    //设置引脚 2 为输入上拉模式
    pinMode(13,OUTPUT);            //设置引脚 13 为输出模式
}

void loop() {
    int r=digitalRead(gPin);    //读取引脚 2 的电平状态值，返回结果存于变量 r 中
    Serial.println(r);          //向串口输出引脚 2 的电平状态值，比如 1 或 0
    if(r ==HIGH)                //表示开关没有被按下，这里的 HIGH 是一个宏，等价于 1
        digitalWrite(13,LOW);   //向引脚输出低电平，LED 熄灭，LOW 是一个宏，等价于 0
    else  //r 为 0，也就是引脚 2 由于开关被按下而和 GND 接通，处于低电平
        digitalWrite(13,HIGH); //向引脚 13 输出高电平，LED 被点亮，HIGH 是一个宏，等价
于 1
}
```

在这段程序对应的电路中，引脚 2 连接轻触开关（就是我们的按键开关），开关另一端接地。因为引脚 13 上安装有开发板内置 LED，所以程序中用到了引脚 13。我们将引脚 13 设置为输出模式，这样电平输出到内置 LED 上，就可以控制 LED 的点亮或熄灭了，当向引脚 13 输出高电平时，LED 被点亮，当向引脚 13 输出低电平时，LED 就熄灭。那它怎么和开关的按键状态联动起来呢？这就是 loop 函数中的内容，首先通过 digitalRead 函数读取引脚 2 的电平状态，并把结果存于变量 r 中，当 r 是 1（也就是开关没有被按下，处于高电平状态）时，我们调用 digitalWrite 函数向引脚 13 输出低电平，这样内置 LED 灯就熄灭；当 r 是 0（也就是开关被按下，因为和 GND 接通而处于低电平状态）时，程序执行 else 部分，通过函数 digitalWrite 向引脚 13 输出高电平，从而使得内置 LED 被点亮。

（2）确保开发板和计算机已经通过数据线相连。然后在 IDE 中选择要连接的串口，不同计算机的串口号可能不同，笔者这里是 COM3。接下来就可以编译并上传程序了。在工具栏上单击验证和上传按钮，如果没报错，就可以在 IDE 的右上角处单击圆形按钮来打开串口监视器。此时按键开

关没被按下，引脚 2 处于高电平状态，串口监视器输出的是 1，如图 8-3 所示。同时，Arduino 开发板上和引脚 13 关联的 LED 是不亮的，如图 8-4 所示。

图 8-3   图 8-4

当按键开关被按下时，引脚 2 处于低电平状态，串口监视器输出的是 0，如图 8-5 所示。同时，Arduino 开发板上和引脚 13 关联的 LED 被点亮，如图 8-6 所示。

图 8-5   图 8-6

至此，我们通过按键开关来控制内置 LED 成功了。这个实例的电路虽然简单，但却让两个元件发生了联动，而且是用一个输入元件（按键开关）来控制另外一个输出元件（LED）。在程序中，我们也体会到了 if-else 这样的逻辑控制语句的作用。

第9章

Arduino 纯下位机实验

这里的下位机就是指 Arduino 开发板,纯下位机实验就是说本章的程序代码都是运行在 Arduino 开发板的单片机中。本章起这个名称主要是为了和第 10 章的上位机联合实验进行区别。

本章将介绍更多的实战案例,但限于篇幅,不会像前面几章那样细致讲解,并且原理性的东西也不会多着笔墨,但该有的步骤还是会,比如电路设计、元件准备、源代码分析和最终结果展现。

9.1 制作 LED 流水灯

流水灯是一种电路实验器件,由多个 LED 灯组成。当流水灯电路工作时,一串 LED 灯会依次亮起,然后逐渐熄火,再依次亮起,如此循环往复,就像一道流水在灯串之间不断流动一样。

流水灯的原理是通过时序控制,使得每个 LED 灯在适当的时间被点亮。常见的实现方式是利计时器芯片或者微控制器来产生适当的时序信号,控制 LED 灯的亮与灭。

流水灯有着广泛的应用场景,以下是一些常见的应用领域:

(1)节日装饰:流水灯常被用来装饰节日场景,如圣诞节、新年等,给人们带来欢乐和喜庆的氛围。通过控制灯珠的亮灭和时序,可以打造出各种炫彩的灯光效果,让节日更加热闹。

(2)景观照明:在城市景观照明中,流水灯也发挥了重要作用。通过在建筑物外墙、河道、公园等地方布置流水灯,可以创造出迷人的光影效果,为城市的夜间增添亮丽景观。

(3)广告标识:流水灯可以应用于广告标识中,用来吸引人们的目光,给人留下深刻的印象。通过控制灯珠的亮灭和时序,可以展示出不同的文字、图案,吸引人们的关注。

(4)车辆制动灯:流水灯在汽车、摩托车等车辆上被用作制动灯。当车辆刹车时,流水灯上的 LED 灯会依次亮起,形成流动的效果,提醒后方车辆注意减速。

(5)建筑装饰:在建筑物外墙、室内装饰等领域,流水灯被广泛应用于打造独特的建筑装饰效果。通过设置适当的亮度、颜色和时序,可以创造出丰富多彩、具有艺术感的灯光效果,为建筑增添魅力。

在本节实验中，我们通过 Arduino 开发板来控制几个 LED 灯逐个亮起，再逐个熄灭，这样看起来就像一串流水灯一样。

9.1.1 电路设计

我们用软件 Fritzing 来设计电路图，如图 9-1 所示。

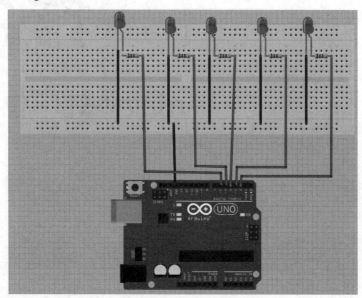

图 9-1

图 9-1 中一共有 5 个 LED 灯。LED 灯的负极接黑色导线，黑色导线的另一端接地，即和 Arduino 开发板 GND 引脚相连。LED 灯的正极接了 1000Ω 的电阻，电阻另一端连接蓝色导线，5 根蓝色导线分别连接到开发板的 2、3、4、5、6 引脚，如图 9-2 所示。

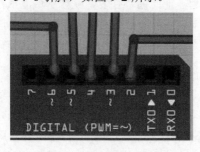

图 9-2

在 Fritzing 中，我们拨动鼠标滚轮可以对电路图进行放大或缩小，从而看清楚开发板上的引脚号。另外再告诉读者一个小技巧，有的人经常会到元件库中找导线，其实没有必要，因为导线可以直接画出。比如在面包板上，将鼠标移动到某个小孔或元件引脚上，然后按下鼠标左键，再移动鼠标，此时会跟着鼠标出现一条线，这条线就是导线，最后在目的小孔或所要相连的目的元件引脚上释放鼠标左键，此时一条导线就相连成功了，如图 9-3 所示。

图 9-3

如果想改变导线颜色，可以单击导线，使其被虚线包围，这个过程就是选中导线，然后对导线右击，在弹出的快捷菜单中单击"连接颜色(W)"，展开二级菜单，就可以看到不同的颜色了，如图 9-4 所示。

图 9-4

另外，如果我们在 Fritzing 中画电路图时某一步画错了，可以按快捷键 Ctrl+Z 来撤销错误的步骤。这个连接图和源码一起保存在随书附赠资源的当前章节目录下，读者需要时可以直接打开。

9.1.2　搭建电路并开发程序

本实验所需要的硬件准备如下：

（1）Arduino 开发板 1 个和 USB 数据线 1 根。

（2）LED 灯（见图 9-5）5 个。

图 9-5

从实物 LED 灯的引脚可以区分出正负极，其中引脚长的一端为正极，引脚短的一端则是负极。

（3）面包板 1 个、跳线若干、1kΩ 电阻 5 个。

硬件准备好后，就可以根据 Fritzing 中的电路图来搭建实物电路了，如图 9-6 所示。

图 9-6

光看这个实物电路貌似有点凌乱，读者参照 Fritzing 电路图细心搭建即可。需要注意，LED 灯的正负极不要弄错，长引脚是正极，接电阻。

电路图搭建完毕后，就可以编写程序了。在企业开发中，现在就该软件工程师上场了。

【例 9.1】开发流水灯程序

（1）打开 Arduino IDE，并打开 test.ino 文件，然后输入如下代码：

```
int ledMark = 2 ;      //第一个 LED 灯对应开发板上的引脚 2
int num = 5;           //LED 灯的个数

void setup()
{
    for (int i = ledMark; i < ledMark + num; i ++)
    {
        pinMode(i, OUTPUT);    //设置引脚 2 到 6 为输出模式
    }
}


void loop()
{
    for (int i = ledMark; i < ledMark + num; i ++)
    {
        digitalWrite(i, LOW);     //设置对应的引脚为低电平，使得小灯逐渐熄灭
        delay(500);               //延时 500ms
    }
    for (int i = ledMark; i < ledMark + num; i ++)
    {
        digitalWrite(i, HIGH);    //设置对应的引脚为高电平，使得小灯逐渐亮起
        delay(500);               //延时 500ms
    }
}
```

程序逻辑很简单，使用 2 个循环即可，第一个循环的作用是让 LED 灯逐个熄灭，第二个循环的作用是让 LED 灯逐个点亮。

（2）确保开发板和计算机已经通过数据线相连。编译并上传程序，然后能看到效果了，如图 9-7 所示。

图 9-7

图 9-8 中的 LED 灯先逐个亮起，稍后逐个熄灭，这样我们的流水灯实验就成功了。另外，由于连接开发板的数据线比较短，所以可能不能连接计算机，因此可以在开发板数据和计算机之间增加一个 USB 延长线。

9.2　制作抢答器

抢答器是一种在知识竞赛和娱乐活动中常用的电子设备，设计宗旨是准确判断并显示参赛者的抢答顺序。这种设备在各种抢答类比赛中至关重要，用于增强比赛的互动性和公平性。

为了照顾初学者，这里不设计复杂的抢答器，只使用 LED 灯来显示谁先抢答了。设计思路是在面包板上放置 4 个按键开关，并连接 3 个 LED 灯，其中 3 个按键开关对应 3 个人，谁先按下开关，则该开关所连接的 LED 灯就点亮，表示该人抢答成功，并且该开关被按下后，其他开关即使被按下也无法点亮 LED 灯，除非复位。最后一个按键开关是复位开关。

9.2.1　电路设计

抢答器实验的电路设计如图 9-8 所示。

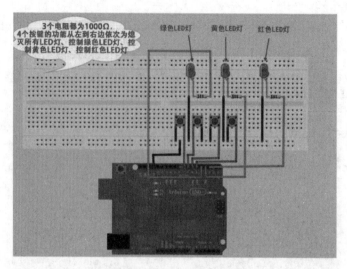

图 9-8

　　3 个 LED 灯的负极分别连接 3 根黑色跳线，最终连接到 Arduino 开发板的 GND（接地）引脚。
3 个 LED 灯的正极分别连接 3 个电阻，电阻的另外一个引脚通过跳线分别连接到 Arduino 开发板的
2、3、4 引脚。而 4 个按键开关的一端接地，另外一端分别连接到开发板的 5、6、7、8 引脚，这样
按键信息就可以通过这 4 个引脚输入 Arduino 开发板中，然后我们的程序就可以根据按键信息相应
地控制 3 个 LED 灯。注意，最左边的按键开关是复位开关。

9.2.2　搭建电路并开发程序

　　本实验所需的硬件准备如下：Arduino 开发板 1 个、USB 数据线 1 根、LED 灯 3 个、面包板 1
个、跳线若干、1kΩ 电阻 3 个、按键开关 4 个。最终实物硬件电路如图 9-9 所示。

图 9-9

　　电路搭建完毕后，下面可以开发程序。

【例 9.2】开发抢答器程序

　　（1）打开 Arduino IDE，并打开 test.ino 文件，然后输入如下代码：

```
int redLed=2;              //定义开发板上的引脚 2
```

```
int yellowLed=3;            //定义开发板上的引脚 3
int greenLed=4;             //定义开发板上的引脚 4
int redKey=5;               //控制红色 LED 灯的按键
int yellowKey=6;            //控制黄色 LED 灯的按键
int greenKey=7;             //控制绿色 LED 灯的按键
int resetKey=8;             //初始化控制按键

void setup()
{
    pinMode(redLed,OUTPUT);                  //控制对应的引脚为输出模式
    pinMode(yellowLed,OUTPUT);               //控制对应的引脚为输出模式
    pinMode(greenLed,OUTPUT);                //控制对应的引脚为输出模式

    pinMode(redKey,INPUT_PULLUP);            //控制对应的按键为输入模式
    pinMode(yellowKey,INPUT_PULLUP);         //控制对应的按键为输入模式
    pinMode(greenKey,INPUT_PULLUP);          //控制对应的按键为输入模式
    pinMode(resetKey,INPUT_PULLUP);          //复位按键

}
void loop()
{
    if(digitalRead(redKey)==LOW)//判断控制红色 LED 灯的按键是否被按下，若被按下，则小
灯亮起
        RED();
    if(digitalRead(yellowKey)==LOW)//判断控制黄色 LED 灯的按键是否被按下，若被按下，
则小灯亮起
        YELLOW();
    if(digitalRead(greenKey)==LOW)//判断控制绿色 LED 灯的按键是否被按下，若被按下，则
小灯亮起
        GREEN();
}

void RED()
{
    while(digitalRead(resetKey)==1)//判断 reset 按键是否被按下，如果被按下，将跳出当
前的 while 循环，进行 clear()函数
    {
        digitalWrite(redLed,HIGH);//红色 LED 灯亮起
        digitalWrite(greenLed,LOW);//绿色 LED 灯熄灭
        digitalWrite(yellowLed,LOW);//黄色 LED 灯熄灭
    }
    clear();//熄灭所有小灯
}
void YELLOW()//判断 reset 按键是否被按下，如果被按下，将跳出当前 while 循环，执行 clear()
函数
{
    while(digitalRead(resetKey)==1)
    {
        digitalWrite(redLed,LOW);                //红色 LED 灯熄灭
        digitalWrite(greenLed,LOW);              //绿色 LED 灯熄灭
```

```
        digitalWrite(yellowLed,HIGH);      //黄色 LED 灯亮起
    }
    clear();//熄灭所有小灯
}
void GREEN()
//判断 reset 按键是否被按下，如果被按下，将跳出当前的 while 循环，进行 clear()函数
{
    while(digitalRead(resetKey)==1)
    {
        digitalWrite(redLed,LOW);      //红色 LED 灯熄灭
        digitalWrite(greenLed,HIGH); //绿色 LED 灯亮起
        digitalWrite(yellowLed,LOW); //黄色 LED 灯熄灭
    }
    clear();//熄灭所有小灯
}
void clear()
{
    digitalWrite(redLed,LOW);           //红色 LED 灯熄灭
    digitalWrite(greenLed,LOW);         //绿色 LED 灯熄灭
    digitalWrite(yellowLed,LOW);        //黄色 LED 灯熄灭
}
```

这里的 4 个按键，最左边的用于复位，按下后所有 LED 灯熄灭；其他 3 个按键分别控制一个 LED 灯。当控制小灯的按键被按下时，对应的 LED 灯就会亮起，再按其他的按键就没有响应，只有按下清除按键（也就是复位按键）才可以重新进行抢答。读者也可以尝试修改电路和程序实现 5 路抢答，就是 5 个 LED 灯，6 个按键控制。在程序中，while(digitalRead(resetKey)==1)代码是实现抢答的关键，该代码的作用是在抢答后只有按下复位按键才可以进行下次抢答，同时按其他按键没有反应。在写代码的时候，我们可以写 void clear()、void GREEN()、void RED()、void YELLOW()这些函数，然后在 loop()主函数中调用各个子函数即可，这样代码比较明了，更加规范。

（2）确保开发板和计算机已经通过数据线相连。编译并上传程序，就能看到效果了，如图 9-10所示。

图 9-10

9.3　让蜂鸣器发出不同频率的声音

蜂鸣器是一种一体化结构的电子讯响器,采用直流电压供电,广泛应用于计算机、打印机、复印机、报警器、电子玩具、汽车电子设备、电话机、定时器等电子产品中作为发声器件。蜂鸣器主要分为压电式蜂鸣器和电磁式蜂鸣器两种类型。蜂鸣器在电路中用字母"H"或"HA"(旧标准用"FM""ZZG""LB""JD"等)表示。

接通电源后,振荡器产生的音频信号电流通过电磁线圈,使电磁线圈产生磁场。振动膜片在电磁线圈和磁铁的相互作用下,周期性地振动发声。

蜂鸣器由振动装置和谐振装置组成,并可分为无源他激型与有源自激型。这里的"源"不是指电源,而是指振荡源。也就是说,有源蜂鸣器内部带振荡源,只要一通电就会发声;而无源蜂鸣器内部不带振荡源,使用直流信号无法令其发声,必须用 2000～5000 频率的方波去驱动它。有源蜂鸣器往往比无源的贵,就是因为里面多了一个振荡电路。

现在我们在 Arduino 程序中控制蜂鸣器发出不同频率的声音,而且 Arduino 开发板一上电,蜂鸣器就开始发出声音。

9.3.1　电路设计

蜂鸣器实验的电路设计如图 9-11 所示。蜂鸣器有两个引脚,一个正极引脚,一个负极引脚。其中,正极引脚连接 Arduino 开发板的引脚 2;而负极引脚接地,即连接开发板的 GND 引脚。

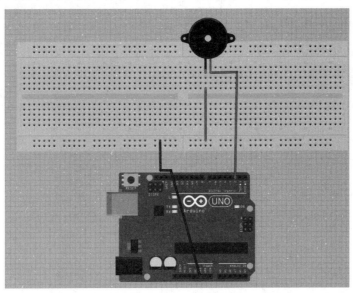

图 9-11

9.3.2　搭建电路并开发程序

本实验所需的硬件准备如下:Arduino 开发板 1 个、USB 数据线 1 根、蜂鸣器 1 个、面包板 1 个、跳线若干。其中蜂鸣器如图 9-12 所示。

蜂鸣器的上表面贴了一张纸，纸上标记了正极，对应的引脚也是正极引脚。最终实物硬件电路如图 9-13 所示。

图 9-12

图 9-13

这个电路相对比较简单。下面开发蜂鸣器程序。

【例 9.3】开发蜂鸣器程序

（1）打开 Arduino IDE，并打开 test.ino 文件，然后输入如下代码：

```
int buzzer=2;//设置控制蜂鸣器的数字引脚对应开发板上的引脚2
void setup()
{
    pinMode(buzzer,OUTPUT);//设置对应的输出模式
}
void loop()
{
    unsigned char i,j;//定义变量
    while(1)
    {
        for(i=0;i<50;i++)//输出一个频率的声音
        {
            digitalWrite(buzzer,HIGH);//高电平打开蜂鸣器，使其发声
            delay(1);//延时1ms，通过这个延时可以改变声音的频率
            digitalWrite(buzzer,LOW);//低电平关闭蜂鸣器，使其不发声音
            delay(1);//延时1ms，通过这个延时可以改变声音的频率
        }
        for(i=0;i<50;i++)//输出另一个频率的声音
        {
            digitalWrite(buzzer,HIGH);//高电平打开蜂鸣器，使其发声
            delay(5);//延时5ms，通过这个延时可以改变声音的频率
            digitalWrite(buzzer,LOW);//低电平关闭蜂鸣器，使其不发声音
            delay(5);//延时5ms，通过这个延时可以改变声音的频率
        }
    }
}
```

本实验用的是有源蜂鸣器。蜂鸣器的两个引脚中短的一端是接负极，也就是 GND；长的一端接高电平，也就是 5V。当长的一端为高电平时，蜂鸣器就会发出声音，因为这个时候会有电流通过有源蜂鸣器，其内部的振荡源就会发出声音。

本实验程序运行后，可以听到蜂鸣器发出不同频率的声音，修改 delay 的时间可以发出不同频率的声音。

（2）确保开发板和计算机已经通过 USB 数据线相连。编译并上传程序，就能听到不同频率的蜂鸣器声音了。

9.4　用按键开关控制蜂鸣器

9.3 节中，我们让蜂鸣器发出了不同频率的声音，只要开发板上电，蜂鸣器就能一直发声，不能人为干涉。现在，我们将通过按键开关来控制蜂鸣器发声。

9.4.1　电路设计

按键开关控制蜂鸣器的实验电路设计如图 9-14 所示。

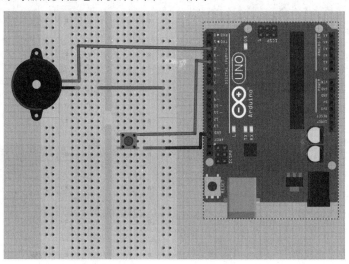

图 9-14

其中，按键开关在被按下之前，纵向是相连的，我们可以看到按键开关左右两边有绿色短线，绿色短线表示连通。当按键开关被按下的时候，横向就会连通。按键开关和蜂鸣器的下边连着的是开发板的 GND，按键开关上边连接的是开发板的引脚 4。蜂鸣器的上边连接的是开发板的引脚 2。

9.4.2　搭建电路并开发程序

本实验所需的硬件准备如下：Arduino 开发板 1 个、USB 数据线 1 根、蜂鸣器 1 个、面包板 1 个、跳线若干、按键开关 1 个。最终实物硬件电路如图 9-15 所示。

图 9-15

可以看到，两根黑色跳线都是接开发板的 GND 引脚，与按键开关相连的黄色跳线接开发板的引脚 4，与蜂鸣器正极相连的红色跳线接开发板的引脚 2。实物电路搭建完毕，接下来开发程序。

【例 9.4】开发蜂鸣器程序

（1）打开 Arduino IDE，并打开 test.ino 文件，然后输入如下代码：

```
int buzzer=2;    //设置控制蜂鸣器的数字引脚对应开发板上的引脚 2
int key=4;       //定义开发板上的引脚 4
int flag=0;      //定义一个变量，记录按键被按下后蜂鸣器是关闭还是打开

void setup()
{
    pinMode(buzzer,OUTPUT);              //设置引脚 2 为输出模式
    pinMode(key,INPUT_PULLUP);          //定义按键所连的引脚 4 为输入上拉模式
}
void loop()
{
    if(digitalRead(key)==LOW)           //判断按键是否被按下，按键被按下时为高电平
    {
        if(flag==0){//判断蜂鸣器是否打开
            flag=1; //标志蜂鸣器打开
            digitalWrite(buzzer,HIGH);  //对应的蜂鸣器发声
        }else{
            flag=0;  //标志蜂鸣器关闭
            digitalWrite(buzzer,LOW);   //对应的蜂鸣器不发声
        }
        while(!digitalRead(key));//按键释放时退出 while 循环，防止按键按下被多次触发
    }
}
```

在 setup 函数中，调用 pinMode 来设置开发板引脚的模式，我们设置开发板的引脚 2 为输出模式，引脚 4 为输入上拉模式。对按键开关的操作会产生高低电平，高低电平信号会输入开发板的引脚 4 中，因此引脚 4 肯定是有输入模式的。输入和输出是针对 Arduino 开发板的，如果外围元件的信号输入 Arduino 开发板，那么 Arduino 开发板的引脚就要定义为输入；如果 Arduino 开发板输出高低电平信号给外围元件，则相应的 Arduino 开发板的引脚要定义为输出。

蜂鸣器的长引脚接 Arduino 的引脚 2，短引脚接 GND。 while(!digitalRead(key))代码用于判断按

键是否释放。同时蜂鸣器控制程序是 digitalWrite(buzzer,HIGH)这个代码，它使得蜂鸣器发出声音。代码 pinMode(key,INPUT_PULLUP)中的 INPUT_PULLUP 是输入上拉模式，这个是软件上对对应的数字引脚进行上拉，也就是开始给与一个高电平，硬件上的上拉也就是在按键上面加一个上拉电阻。

（2）确保开发板和计算机已经通过数据线相连。编译并上传程序，开始时，蜂鸣器是不亮的，如图 9-16 所示。

图 9-16

当按下按钮开关时，蜂鸣器就发出声音了，如果再次按下开关，蜂鸣器就停止发声。

9.5　读取电位器模拟量

电位器（Potentiometer）是具有 3 个引出端、阻值可按某种变化规律调节的电阻元件，实物如图 9-17 所示。

图 9-17

电位器是电阻值可以调节变化的电阻，是一种可调的电子元件。它由一个电阻体和一个可移动的电刷组成。当电刷沿电阻体移动时，在输出端即获得与位移量成一定关系的电阻值或电压。电位器既可作三端元件使用，也可作二端元件使用，后者可视作可变电阻器。

电位器的作用就是调节电压（含直流电压与信号电压）和电流的大小。电位器的电阻体有两个固定端，通过手动调节转轴或滑柄，改变动触点在电阻体上的位置，从而改变动触点与任一个固定端之间的电阻值，进而改变电压与电流的大小。

数字电位器的输出方式有两种，一种是输出电阻，一种是输出电压。具体情况如下：

1）输出电阻

在某些应用场合，数字电位器的输出被设计为电阻值。在这种情况下，电路需要读取电位器的阻值并进行处理。这种输出方式适合于直接控制电阻值的场合，例如滤波、衰减等。电位器阻值的单位与电阻器相同，基本单位也是欧姆，用符号 Ω 表示。

2）输出电压

在某些应用场合，数字电位器的输出被设计成电压。在这种情况下，电路需要读取电位器的输出电压并进行处理。这种输出方式适合于那些需要将电位器控制作为电压信号输入其他设备或模块的场景。例如，数字电位器可以被应用于各种电子设备和电路中，如音量控制器、灯光调节器和电压调节器等。以音量控制器为例，数字电位器被配置为输出电压。当用户调整音量旋钮时，数字电位器的输出电压随之变化。电路随后读取这个电压值，并通过放大、滤波等处理后，最终驱动喇叭发声。

实验中所使用的电位器输出的是电阻值，并且可以不断调节，这样相当于一个连续变化的模拟量。我们就把电位器的中间端口连接到 Arduino 开发板的模拟输入引脚 A0，经过模数转换，从而得到模拟值，这个模拟值的范围是 0～1023Ω。这个实验主要是让读者了解如何通过 Arduino 开发板的模拟输入引脚来读取模拟信号，为以后连接其他外设打下基础，比如以后可能要连接温度计。

9.5.1 电路设计

读取电位器调节值的实验电路设计如图 9-18 所示。

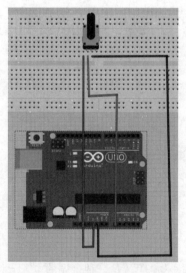

图 9-18

其中红色导线连接 Arduino 开发板的 5V 引脚，黑色导线连接 Arduino 开发板的 GND，而且红色线和黑色线在 Arduino 开发板上是可以互换的（红色线和黑色线在电位器上的连接依旧保持不变），比如，让红色线接 GND，让黑色线接 5V 引脚。中间的蓝色导线连接 Arduino 开发板的 A0 引脚。A0、A1、A2、A3、A4 和 A5 是 Arduino 开发板的 6 个模拟输入引脚，这些引脚都配备有 ADC（模数转换器），可以将外部输入的模拟信号（从引脚上读取到的电平值）转换为可在芯片内部运算的数字信号。Arduino UNO 可以接收 0~5V 的模拟信号。

这 6 个模拟引脚图如图 9-19 所示。

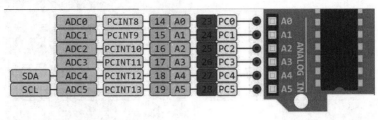

图 9-19

在编程中，一般用 14~19 来引用 A0~A5。也就是说，UNO 开发板具有 6 个模拟量引脚（A0~A5），此时它们可以读取模拟信号；另外，它们也可作为数字量引脚（D14~D19）使用，此时这 6 个数字引脚的编号是 14~19。因此，这 6 个引脚有两种功能。

图 9-20 中第 2 列 ADC 表示模拟到数字转换器，用在将模拟信号（常见为电压信号）转换为数字信号的电子电路。对于模拟信号的转换，我们先来了解什么是基准值和分辨率：在转换过程中，为了量化模拟信号，需要一个基准值来作为转换基准；而分辨率一般用位来表示，即转换成数字量时，可以用多少位的数值来表示模拟量。

模拟信号引脚只能读取不能输出模拟量（其实也可以输出，不过只能输出 5V 和 0V，并且输出的是 CMOS 信号而非数字引脚那种 TTL 信号），因此我们基本上可以使用模拟信号引脚来接收传感器信号。

一个模拟信号是怎么通过模拟信号引脚传入单片机的呢？单片机只认 0 和 1 这种数字信号，它怎么认得模拟信号？其实这里面使用了"映射"的方式来实现模数转换。模拟引脚里面的模数转换器用的是一个 10 位二进制空间，按照二进制的计算方法我们可以知道，这个 10 位二进制空间总共可以计量 $2^9+2^8+\cdots+2^1+2^0=1023$ 个数字。按照十进制的表述就是我们总共可以用这个计数器获得 0、1、2、$\cdots$、1023 这些数字标签。接下来，需要做的就是把这些数字标签与外部传入的模拟信号值一一对应，这就叫映射了。例如，我们输入一个 5V 的电平，那么模数转换器会自动把 0 对应 0V，1023 对应 5V，然后可以算出 5V / 1023=0.0048V=4.8mV，所以 1 对应 4.8mV，2 对应 9.6mV，以此类推，一直到 5V。可见这里面的分辨率是 4.8mV，也就是说我们通过这种方法可以辨认出 0V 到 5V 之间的电平，例如 2.5V 就会对应到 512 这个数字上，然后将 512 这个数字传入单片机，单片机就知道原来输入了一个 2.5V 电压。此外还需要讲一点，Arduino 模拟信号引脚可输入的电平最高就是 5V，再高就会烧坏开发板，所以在开发过程中需要确认传感器传入的电平高低，若太高了就要降压。

Arduino UNO 的 6 个模拟输入引脚可使用 analogRead() 读取模拟值。每个模拟输入都有 10 位分辨率（即 1024 个不同的值）。默认情况下，模拟输入电压范围为 0~5V，可使用 AREF 引脚和 analogReference 函数设置其他参考电压。

9.5.2　搭建电路并开发程序

本实验所需的硬件准备如下：Arduino 开发板 1 个、USB 数据线 1 根、面包板 1 个、跳线若干、单联 10kΩ 电位器 1 个。这里使用的电位器如图 9-20 所示，竖起的那个圆柱体就是可以旋转的调节器。

最终实物硬件电路如图 9-21 所示。

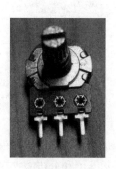

图 9-20

图 9-21

左边的红色跳线接 Arduino 开发板的 5V 引脚,中间的蓝色跳线接 Arduino 开发板的模拟输入引脚 A0,右边的黑色跳线接 GND。实物电路搭建完毕,下面我们开发示例程序。

【例 9.5】开发蜂鸣器程序

(1)打开 Arduino IDE,并打开 test.ino 文件,然后输入如下代码:

```
int dwqPin=14;   //定义电位器接口 14(与之对应的是开发板上的模拟输入引脚 A0)
void setup()
{
    pinMode(dwqPin,INPUT);  //定义接口为输入模式
    Serial.begin(9600);     //设置波特率为 9600
}

void loop()
{
    Serial.println("模拟量值为: ");   //显示字符串 "模拟量值为: "
    Serial.println(analogRead(dwqPin)); //读取模拟输入引脚 A0 的值,并通过串口监视器
显示出来
    delay(2000);//延时 2s
}
```

因为我们是把电位器的信号输入模拟输入引脚 A0 去采集,所以要通过 pinMode 函数将相应的接口定义为输入模式(INPUT)。此外,因为我们在旋转调节电位器时,需要从串口中读取 A0 接收到的值,所以需要设置串口波特率,并在 loop 函数中通过 Serial.println 将读取到的模拟量值打印出来。

函数 analogRead 读取指定模拟引脚的值。Arduino 开发板包含一个 6 通道(Mini 和 Nano 上有 8 个通道,Mega 上有 16 个通道)、10 位模数转换器,这意味着它将把 0~5V 的输入电压映射成 0~1023 的整数值。这在读数之间产生的分辨率为:5V/1023 个单位或每单位 0.0048V(4.8 mV)。可

以使用 analogReference 函数更改输入范围和分辨率。读取模拟输入大约需要 100μs（0.0001s），因此最大读取速率大约为每秒 10000 次。函数 analogRead 的参数是要读取的模拟输入引脚的编号（大多数开发板为 0～5，Mini 和 Nano 为 0～7，Mega 为 0～15）。如果成功，函数返回值是一个整数，范围是 0～1023。如果模拟输入引脚没有连接到任何东西，该函数的返回值将根据许多因素（例如其他模拟输入的值、手与开发板的距离等）而波动。

（2）确保开发板和计算机已经通过数据线相连。编译并上传程序，打开串口监视器，可以看到每隔 2s 打印一次模拟量值。当我们旋转电位器按钮时，则可以看到模拟量值发生了变化，如图 9-22 所示。

另外，源码中的 dwqPin 变量也可以赋值为 0，表示模拟输入引脚 A0。我们从图 9-19 中可以看出，A0 和 14 是对应的，因此这里用 0 或 14 都可以。不信的话，我们可以在代码中将 14 改为 0，然后再编译上传，并且可以将旋转按钮顺时针旋转到底，然后逆时针旋转到底。可以发现顺时针旋转到底时读取到的模拟量值是 0，逆时针旋转到底时读取到的模拟量值是 1023，如图 9-23 所示。

图 9-22

图 9-23

这几个模拟输入引脚是 Arduino 开发板特有的功能。像一些普通的单片机，它一般没有模拟输入引脚，因此必须外接一些 AD 转换设备，把模拟信号转换为数字信号。而 Arduino 开发板上直接集成了模拟输入引脚，我们可以直接使用。

9.6　光控小灯

在本节的实验中，我们利用光敏电阻对光线的敏感性来改变其电阻值，进而控制电路中 LED 灯的亮度变化，同时读取光敏电阻的模拟量。因为光敏电阻会根据光线的变化而发生电阻值的变化，基于这个特性，我们可以通过 Arduino 开发板的模拟输入引脚来读取光敏电阻的模拟量。具体来说，当光线变弱时，光敏电阻的电阻值增大，导致从模拟输入引脚读取到的模拟量增大。

因此，我们可以在 Arduino 程序中设置一个阈值，当读取的模拟量超过这个设定值时，则 LED 灯被点亮。相反，当光线变亮时，光敏电阻的电阻值减小，模拟量也随之减小。如果这个模拟量低于我们设定的阈值，则 LED 灯熄灭。

光敏电阻是利用半导体的光电效应制成的一种电阻值随入射光的强弱而改变的电阻器；入射光强，电阻减小；入射光弱，电阻增大。光敏电阻对光线十分敏感，它在无光照时呈高阻状态，电阻值一般可达 1.5MΩ。光敏电阻如图 9-24 所示。

图 9-24

9.6.1 电路设计

光控小灯的实验电路设计如图 9-25 所示。

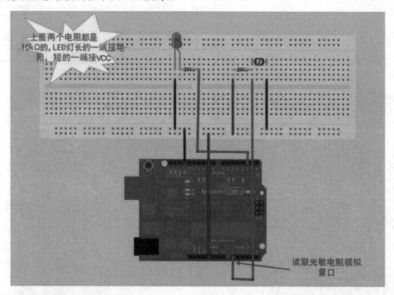

上面两个电阻都是 10kΩ 的，LED 灯长的一端接地阻，短的一端接 VCC

读取光敏电阻模拟量口

图 9-25

其中，LED 灯的负极接黑色导线，该导线的另一端接 Arduino 开发板的 GND。LED 灯的正极接一个 10kΩ 的电阻，该电阻另一端接 Arduino 开发板的引脚 2，这样引脚 2 输出高电平时就会点亮 LED 灯，输出低电平则会让 LED 灯熄灭。两个普通电阻都是 10kΩ 的，而光敏电阻没有正负极，其一端接地，另外一端接 Arduino 开发板的模拟输入引脚 A0，用于读取光敏电阻的模拟量值。得到这个值后，就可以根据值的大小来控制 LED 灯。

9.6.2 搭建电路并开发程序

本实验所需的硬件准备如下：Arduino 开发板 1 个、USB 数据线 1 根、面包板 1 个、跳线若干、10kΩ 的电阻两个、5516 光敏电阻 1 个。5516 是光敏电阻的型号，用万用表测试后，正常光照下，其电阻值为 1.6kΩ 左右；用手遮挡光源后，阻值趋于无穷大。最终实物硬件电路如图 9-26 所示。

图 9-26

其中，黑色跳线连接 Arduino 开发板的 GND，红色跳线连接 Arduino 开发板的 5V 引脚，短蓝色跳线连接 Arduino 开发板的引脚 2，长蓝色跳线连接 Arduino 开发板的模拟输入引脚 A0。这样，我们就能从模拟输入引脚 A0 得到光敏电阻的阻值模拟量；如果阻值模拟量大于 500Ω，就说明周围环境的光线变暗了，此时点亮 LED 灯；反之，如果阻值模拟量小于 500Ω，就说明周围环境的光线比较亮，此时灭掉 LED 灯。实物电路搭建完毕，接下来开发程序。

【例 9.6】开发蜂鸣器程序

（1）打开 Arduino IDE，并打开 test.ino 文件，然后输入如下代码：

```
int led = 2;          //定义 LED 灯的输出引脚 2
int lightR = 14;      //定义光敏电阻的输入引脚 14，也就是对应的模拟输入引脚 A0
int val;
void setup()
{
    pinMode(led,OUTPUT);     //设置连接 LED 灯的引脚为输出模式
    pinMode(lightR,INPUT);   //设置引脚 14 为输入模式
    Serial.begin(9600);      //设置波特率为 9600
}

void loop()
{
    val=analogRead(lightR);//读取模拟输入引脚 A0 的值,也就是引脚 14 的值,并把值赋给 val
    Serial.println(val);   //通过串口打印对应的 val 值，并且通过串口监视器显示出来
    delay(1000);           //延时 1s
    if(val>500)            //判断是否大于设定值，这里把 500 作为设定值
    {
        digitalWrite(led,HIGH); //点亮 LED 灯
    }else{
        digitalWrite(led,LOW);  //熄灭 LED 灯
    }
}
```

在 setup 函数中，我们首先设置连接 LED 灯的引脚为输出模式，并设置引脚 14 为输入模式，这样可以读取光敏电阻的阻值模拟量；然后设置串口波特率，这是因为后面要把读取到的模拟量显

示在串口监视器上。在 loop 函数中，首先通过函数 analogRead 读取光敏电阻的电阻模拟量，然后将其打印在串口监视器上，接着延时 500ms；最后判断电阻模拟量是否大于 500，如果大于 500，说明光敏电阻的电阻值比较大了，即光线比较暗了，那我们就点亮 LED 灯，否则就熄灭 LED 灯。

（2）确保开发板和计算机已经通过数据线相连。编译并上传程序，打开串口监视器，可以看到每隔 1s 就打印一次光敏电阻的电阻模拟量值。当我们遮住光敏电阻上的光线时，会发现 LED 灯被点亮了；当我们让光线照射到光敏电阻上时，则 LED 灯熄灭。笔者把周围光线调暗，则 LED 灯点亮效果如图 9-27 所示。

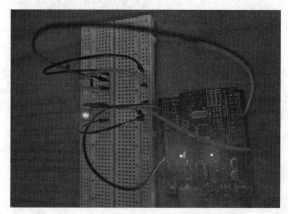

图 9-27

9.7 电位器调节光的亮度

上一节实验使用一个光敏电阻来调节 LED 灯的点亮和熄灭，本节我们将用一个电位器来手动调节 LED 灯的亮度。

电位器实质上是一种滑动变阻器。它利用串联分压原理，不同的阻值对应不同的电压输出。通过调整电位器，可以精确地控制电路中的电压，从而调节其他元件的性能，如亮度、速度等。这种特性使得电位器在调节灯光亮度之类的应用中非常常见。

本节实验用到的电位器会输出 PWM 波，从而达到调节 LED 灯亮度的目的。PWM 是通过调节方波的占空比——信号为高状态的时间占整个信号周期的比例——来控制模拟信号水平的一种技术。在 PWM 信号中，方波的最小值和最大值定义了波的振荡范围，而在这一振幅范围内的周期性变化允许信号模拟出从最低到最高的任意电压值。占空比的调整允许 PWM 信号在其最小和最大电压之间变化，从而控制连接到 PWM 输出的设备。

在实际应用中，例如使用 Arduino 来控制 LED 灯，可以通过编程来调整 PWM 信号的占空比，从而控制 LED 的亮暗程度。这种使用 PWM 信号来控制设备的技术，非常适合用于需要精确控制电压或电流的应用场景，如电机控制、电池充电等。

PWM 信号虽然是数字的，但在给定时刻，它仍然只允许直流供电以全有或全无的状态存在。因此，PWM 可以用于编码任意模拟值。随着电子技术的进步，已经发展出了多种 PWM 技术，如相电压控制 PWM、脉宽 PWM 法、随机 PWM 等。这些技术可以根据不同的需求进行调整，以达到控制电压与频率协调变化的效果。在 Arduino 开发板上，如果引脚号旁边带波浪线就说明引脚有 PWM 功能，如图 9-28 所示。

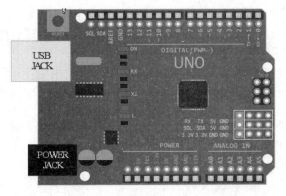

图 9-28

可以看到，3、5、6、9、10、11 的数字旁都带有波浪线，说明它们是带 PWM 功能的，也就是它们可以输出 PWM 波，这个波可以调节 LED 灯的亮度。像普通的引脚，比如引脚 2，一般只能输出高电平（5V）或低电平（0V），而具有 PWM 功能的引脚则可以输出 0～5V 的任何电压值，比如 0.1V、0.2V、1V、2V、3V、4V、5V 等。因此，通过这些不同的电压值可以控制 LED 灯的亮度。

9.7.1　电路设计

电位器调节光的实验电路设计如图 9-29 所示。

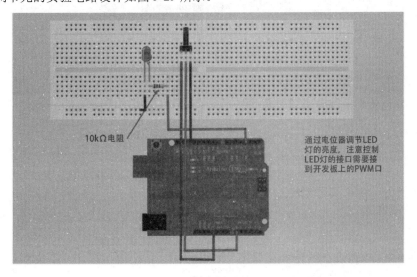

图 9-29

上方的黑色原件就是电位器，相当于一个可调电阻，最左边的红色导线连接的是 Arduino 开发板的 5V 引脚，最右端的黑色导线连接的是 Arduino 开发板的 GND 引脚，而且最左边的导线和最右边导线在 Arduino 开发板上的连接是可以互换的。读取电位器的是 Arduino 开发板的 A0 引脚，它通过导线和电位器的中间引脚相连。电位器的 3 根导线分别输入线、输出线和接地线。其中，输出线就是中间那根线。需要注意，有些电位器的输入和接地不能随意互换，因为电位器上标有"输入""输出"和"地"字样，以及对应的符号或颜色标识。输入线通常与电源连接，输出线通常与负载或电路连接，而地线通常与地线或电路共用。标记好后，就不能互换。

Arduino 开发板程序从 A0 引脚读取模拟量并进行判断，然后通过引脚 3 输出电压，从而控制 LED 灯的亮度。连接 LED 灯的黑色导线的另一端是接 GND。

9.7.2　搭建电路并开发程序

本实验所需的硬件准备如下：Arduino 开发板 1 个、USB 数据线 1 根、面包板 1 个、跳线若干、10kΩ 电阻 1 个、电位器 1 个。最终实物硬件电路如图 9-30 所示。

图 9-30

接下来开发程序。

【例 9.7】电位器调节 LED 灯亮度的程序

（1）打开 Arduino IDE，并打开 test.ino 文件，然后输入如下代码：

```
int ledpin=3;    //定义引脚 3 输出 PWM 波
int dwqPin=14;   //定义电位器接口 14（这个对应的是开发板上的模拟输入引脚 A0）
int val = 0;     //定义变量
void setup()
{
    pinMode(ledpin,OUTPUT); //定义 LED 灯控制引脚为输入模式
    pinMode(dwqPin,INPUT);  //定义引脚 14 为输出模式
    Serial.begin(9600);     //设置波特率为 9600
}
void loop()
{
    val=analogRead(dwqPin);      //读取电位器的值并传给 val 变量
    Serial.println("模拟量值为: ");  //显示字符串"模拟量值为: "
    Serial.println(val/4);       //读取模拟输入引脚 A0 的值，并通过串口监视器进行显示
    analogWrite(ledpin,val/4);   //用产生的 PWM 波控制 LED 灯，其中 PWM 波的范围为 0~255
```

```
    delay(100);                            //延时 100ms
}
```

程序的思路是首先在 setup 中设置引脚的模式和串口的波特率，然后在 loop 函数中读取电位器的模拟量值，再向引脚 3 输出四分之一的模拟量值。这是因为读取的模拟信号值范围为 0 到 1023，而 PWM 信号的输出范围为 0 到 255，所以需要将模拟信号值除以 4 以转换为适合 PWM 输出的范围。如果要转为电压值，可以这样计算：

```
float voltage = sensorValue * (5.0 / 1023.0); //其中 sensorValue 是读到的模拟量值
```

（2）确保开发板和计算机已经通过数据线相连。编译并上传程序，然后调节电位器的旋转按钮，就可以发现 LED 灯的亮度随之改变了，如图 9-31 所示。

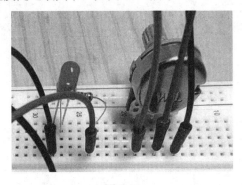

图 9-31

9.8　RGB 三色 LED 实验

前面我们所使用的 LED 灯都是单色的，现在我们用三色 LED 灯来做实验。三色是指红色（Red）、绿色（Green）、蓝色（Blue）。因为人的眼睛对于红、绿、蓝这三种颜色的光线波感受比较强烈，所以 LED 三色灯会使用这三个颜色。

三色 LED 灯通常由红、绿、蓝 3 个不同颜色的 LED 灯和 1 个控制器组成。该控制器根据输入的信号调整每个 LED 灯的亮度和颜色输出，实现不同颜色的变化。控制器可以通过 PWM 技术来控制 LED 灯的亮度和颜色，PWM 控制器会快速地打开和关闭 LED 灯的电流，并通过调节打开的时间和关闭的时间的比例，来控制 LED 灯的亮度和颜色。

我们知道，颜色构成中有红、绿、蓝三原色，其他任何颜色都可以通过这三原色以不同的比例混合得到。在显示的时候，也是通过调节空间上非常靠近的三种颜色的 LED 灯的亮度来达到“合成色”的目的，从距离这三个“单色像素”较远的地方就可以看到混合生成的新的颜色。因此，在实验程序中，我们可以混合三原色来生成新的颜色，比如白色就是 RGB(255,255,255)。

9.8.1　电路设计

实验中的 R、G、B 灯是共阴极的，所以其公共端是连接 GND 的，只要给对应 R、G、B 的 3 个控制引脚一个 PWM 波信号，就会产生不同的颜色。其中 R、G、B 各个色值的范围是 0～255，不同的值组合就会产生不同颜色。三色灯实验必须用到 Arduino 开发板上的具有 PWM 波功能的引脚，也就是 3、5、6、9、10 和 11 引脚。通过调节每个颜色的 LED 灯控制 PWM 的占空比，以不同的亮度比例进行颜色混合，从而得到需要的合成颜色。

三色 LED 灯的实验电路设计如图 9-32 所示。

图 9-32

从图 9-33 中可以看出，三色 LED 灯有 4 根引脚，分别是引脚 R、G、B 和黑色的接地引脚 GND，黑色的接地引脚连接 Arduino 开发板的 GND。引脚 R 连接 Arduino 的 11 号引脚、引脚 G 连接 Arduino 的 9 号引脚、引脚 B 连接 Arduino 的 10 号引脚。

9.8.2 搭建电路并开发程序

本实验所需的硬件准备如下：Arduino 开发板 1 个、USB 数据线 1 根、面包板 1 个、跳线若干、三色 LED 灯 1 个。其中三色 LED 灯如图 9-33 所示。

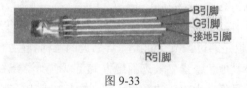

图 9-33

其中，最长的引脚用于接地，接地引脚下面的引脚是 R 引脚，接地引脚上面的引脚是 G 引脚，最上面的引脚是 B 引脚。

最终实物硬件电路如图 9-34 所示。

图 9-34

接下来开发程序。

【例 9.8】RGB 三色 LED 程序

（1）打开 Arduino IDE，并打开 test.ino 文件，然后输入如下代码：

```
int rgb_R=11;    //接到开发板上面的 PWM 引脚 11——R
int rgb_G=9;     //接到开发板上面的 PWM 引脚 9——G
int rgb_B=10;    //接到开发板上面的 PWM 引脚 10——B
void setup()
{
    pinMode(rgb_R,OUTPUT);   //设置 rgb_R 的控制引脚为输出模式
    pinMode(rgb_G,OUTPUT);   //设置 rgb_G 的控制引脚为输出模式
    pinMode(rgb_B,OUTPUT);   //设置 rgb_B 的控制引脚为输出模式
}
void color(int red,int green,int blue)//注意其中各个参数范围为 0~255，值不要超过 255
{
    analogWrite(rgb_R,red);
    analogWrite(rgb_G,green);
    analogWrite(rgb_B,blue);
}

void loop()
{
    color(255,255,255);      //白色
    delay(1000);             //延时 1s
    color(255,0,0);          //红色
    delay(1000);             //延时 1s
    color(0,255,0);          //绿色
    delay(1000);             //延时 1s
    color(0,0,255);          //蓝色
    delay(1000);             //延时 1s
}
```

（2）确保开发板和计算机已经通过数据线相连。编译并上传程序，我们就可以看到三色 LED
灯不停变化了，如图 9-35 所示。

图 9-35

　　程序运行后，RGB 三色灯的颜色会每隔 1s 就发生一次变化，其中有白色、红色、绿色、蓝色。通过在代码中注释其他颜色，可以使得单个颜色亮起，方便我们观察。其中不同颜色可以查阅色值表，比如 color(255,255,255)就是白色，color(255,0,0)就是红色，color(0,255,0)就是绿色，color(0,0,255)就是蓝色。常用的 RGB 色值如图 9-36 所示（颜色请参看本书配套资源中的配图文件）。

	R	G	B	值		R	G	B	值		R	G	B	值
黑色	0	0	0	#000000	黄色	255	255	0	#FFFF00	浅灰蓝色	176	224	230	#B0E0E6
象牙黑	41	36	33	#292421	香蕉色	227	207	87	#E3CF57	品蓝	65	105	225	#4169E1
灰色	192	192	192	#C0C0C0	镉黄	255	153	18	#FF9912	石板蓝	106	90	205	#6A5ACD
冷灰	128	138	135	#808A87	dougello	235	142	85	#EB8E55	天蓝	135	206	235	#87CEEB
石板灰	112	128	105	#708069	forum gold	255	227	132	#FFE384					
暗灰色	128	128	105	#808069	金黄色	255	215	0	#FFD700	青色	0	255	255	#00FFFF
					黄花色	218	165	105	#DAA569	绿土	56	94	15	#385E0F
白色	255	255	255	#FFFFFF	瓜色	227	168	105	#E3A869	靛青	8	46	84	#082E54
古董白	250	235	215	#FAEBD7	莓色	255	97	0	#FF6100	碧绿色	127	255	212	#7FFFD4
天蓝色	240	255	255	#F0FFFF	暗粉	255	97	3	#FF6103	青绿色	64	224	208	#40E0D0
白烟	245	245	245	#F5F5F5	胡萝卜色	237	145	33	#ED9121	绿色	0	255	0	#00FF00
白杏仁	255	235	205	#FFFFCD	柑橘	255	128	0	#FF8000	黄绿色	127	255	0	#7FFF00

图 9-36

　　有兴趣的读者可以将其他 RGB 值传递给 color 函数。RGB 是一种表示颜色的方式，它是由红、绿、蓝三原色组合而成的。在 RGB 颜色模型中，每个数字表示红、绿、蓝三种颜色的强度，范围从 0 到 255。通过调节这三种颜色的强度及其组合比例，可以得到各种不同的颜色。例如，在计算机中，可以使用 RGB(0,0,0)到 RGB(255,255,255)表示任意颜色，其中，RGB(255,255,255)代表纯白色，RGB(0,0,0)代表黑色。

9.9　火焰传感器控制 LED 灯

　　火焰传感器，或称为红外接收管，是一种专门设计用来侦测火源的传感器，对火焰具有高度敏感性。这种传感器利用红外线对火焰的高敏感性，通过专用的红外接收管来检测火焰。在检测到火焰时，传感器将火焰的光亮度转换为变化的电平信号，然后将这些信号输入中央处理器（CPU）。中央处理器分析这些变化的信号，并据此执行相应的响应程序。火焰传感器的引脚有正负极之分，通常短引脚为负极，长引脚为正极。

　　火焰传感器是一种能将红外光信号转换成电信号的半导体器件，其核心部件是由特殊材料制成的 PN 结。相较于普通二极管，火焰传感器在结构上进行了显著的改变，这种改变旨在使其能够接收更多、更大面积的红外光。这样的设计使得当火焰传感器检测到火焰时，能够捕获更多的红外光量，从而导致流过 PN 结的电流显著增大。火焰传感器有两种，一种是二极管，一种是三极管。火焰传感器如图 9-37 所示。

图 9-37

　　火焰传感器的应用不限于火灾烟雾警报器，其应用范围还扩展到了诸如复印机、游戏机等红外线相关产品，以及更为复杂的军事应用如导弹的制导系统。例如，毒刺导弹就装备有红外传感器，这种传感器可以探测并跟踪目标发出的红外线辐射。导弹通过接收这些红外信号来确定目标的位置、距离和方向，从而自主导航向目标。

　　我们的实验则通过火焰传感器来控制 LED 灯，起到指示报警的作用。虽然这个实验很简单，但即使是开发导弹制导系统的工程师，也是从这个实验起步的。

9.9.1　电路设计

　　火焰传感器控制 LED 灯的实验电路设计如图 9-38 所示。

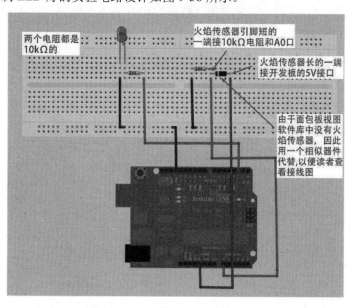

图 9-38

其中，LED 灯的短引脚（负极）接的是 Arduino 开发板的 GND，长引脚（正极）接的是一个 10kΩ 的电阻，这个 10kΩ 的电阻再连接 Arduino 开发板的引脚 2。火焰传感器的长引脚（正极）连接 Arduino 开发板的 5V 引脚，短引脚（负极）连接 10kΩ 电阻和模拟输入引脚 A0，这个 10kΩ 电阻再接地。

这样连接后，我们就可以在程序中读取模拟输入引脚 A0，获得火焰传感器的模拟量值，然后根据这个值向引脚 2 输出信号，从而控制 LED 灯。

9.9.2　搭建电路并开发程序

本实验所需的硬件准备如下：Arduino 开发板 1 个、USB 数据线 1 根、面包板 1 个、跳线若干、10kΩ 电阻 2 个、火焰传感器 1 个。火焰传感器如图 9-39 所示。

图 9-39

最终实物电路如图 9-40 所示。

图 9-40

接下来开发程序。

【例 9.9】火焰传感器控制 LED 灯程序

（1）打开 Arduino IDE，并打开 test.ino 文件，然后输入如下代码：

```
int led = 2;        //定义引脚 2 控制 LED 灯
int val;            //定义变量 val

void setup()
{
    Serial.begin(9600);
    pinMode(led,OUTPUT);      //设置数字引脚 2 为输出模式
}

void loop()
{
```

```
val = analogRead(14);//读取模拟引脚 14 的电压值
Serial.println("模拟量值为: ");
Serial.println(val);
if(val<1)//可以通过调节这个参数来改变火焰检测的阈值
{
    digitalWrite(led,LOW);//熄灭 LED 灯
}
else//否则
{
    digitalWrite(led,HIGH);//点亮 LED 灯
}
delay(1000);
}
```

在 loop 函数中，当 val 小于 1 时，熄灭 LED 灯；当 val 大于或等于 1 时，点亮 LED 灯。平时如果没有火焰，则电压值通常为 0，所以这里用 1 和 val 进行比较就够了。

火焰传感器能够探测到波长在 700～1000nm 范围内的火焰光，探测角度为 60°，其中火焰光波长在 880nm 附近时，其灵敏度达到最大。火焰探头将外界火焰光的强弱变化转换为电流的变化。当火焰靠近火焰传感器时，小灯就会亮起；当火焰远离火焰传感器时，小灯就会熄灭。在代码中，通过串口进行调试，我们设置的阈值是 1，然后通过 if(val<1)这个函数来控制小灯的熄灭和点亮状态。电路中用了两个 10kΩ 的电阻，它们起到限流的作用，以此来保护发光二极管和火焰传感器。

需要注意，这个实验具有一定危险性，一定注意别让火焰烧到导线或其他易燃物。笔者做这个实验的时候，旁边是放着灭火器的，以防万一。另外，年纪小的学生需要在老师的指导和监控下进行该实验，防止出事故。

（2）确保开发板和计算机已经通过数据线相连。编译并上传程序，然后我们在火焰传感器旁打燃一个打火机，就会发现 LED 灯亮了，如图 9-41 所示。

图 9-41

9.10　电　压　表

这个实验我们通过一个 10kΩ 的电位器输出 0～5V 的电压，在程序中得到这个电压值并在串口监视器中打印出来，这样起到一个电压表的作用。

9.10.1　电路设计

电压表的实验电路设计如图 9-42 所示。

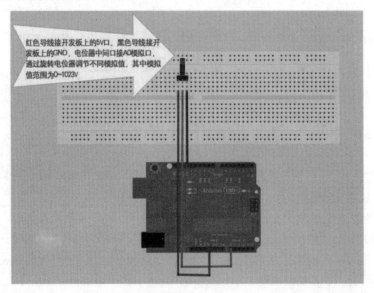

红色导线接开发板上的5V口，黑色导线接开发板上的GND，电位器中间口接A0模拟口，通过旋转电位器调节不同模拟值，其中模拟值范围为0~1023V

图 9-42

本实验的电路连线比较简单，电位器左边引脚连接 Arduino 开发板上的 5V 引脚，中间引脚连接 Arduino 开发板的模拟输入引脚 A0，右边引脚接地。我们将通过旋转电位器来调节不同的模拟值，再映射为电压值。

9.10.2　搭建电路并开发程序

本实验所需的硬件准备如下：Arduino 开发板 1 个、USB 数据线 1 根、面包板 1 个、跳线若干、电位器 1 个。最终实物硬件电路如图 9-43 所示。

图 9-43

接下来开发程序。我们从模拟输入引脚 A0 读到的是电压的模拟量，其范围是 0~1023，而电位器连接的是 5V 电压，因此需要将 0~1023 这个范围映射成 0~5。这个时候就要用到库函数 map，该函数将数字从一个范围重新映射到另一个范围，声明如下：

```
long map(long x, long in_min, long in_max, long out_min, long out_max);
```

其中 x 表示要映射的数字；in_min 表示当前范围的下限；in_max 表示当前范围的上限；out_min 表示目标范围的下限；out_max 表示目标范围的上限。函数返回映射后的值。

【例 9.10】电压表程序

（1）打开 Arduino IDE，并打开 test.ino 文件，然后输入如下代码：

```
int dyPin=14;    //定义电位器接口 14（这个对应的是开发板上的模拟输入引脚 A0）
int val;         //定义变量
int dyValue;     //定义电压示数变量
void setup()
{
    pinMode(dyPin,INPUT);    //定义引脚 14 为输入引脚
    Serial.begin(9600);      //设置波特率为 9600
}

void loop()
{
    Serial.print("电压值为：");        //显示字符串"模拟量值为："
    val = analogRead(dyPin);          //读取模拟输入引脚的模拟量数值
    dyValue=map(val,0,1023,0,500);//将电位器调节的模拟量的值按比例转换成对应的电压量
    Serial.println((float)dyValue/100.00);  //在串口监视器上显示对应的电压值
    delay(1000);                      //延时 1s
}
```

其中，map(val,0,1023,0,500)的作用是把 val 的值从[0,1023]等比例缩放为[0,500]，然后把 map 返回值 dyValue 除以 100.00，就可以得到 0～5 的值了。

（2）确保开发板和计算机已经通过数据线相连。编译并上传程序，然后旋转电位器的旋转按钮，就可以在串口监视器上看到电压值的变化了，如图 9-44 所示。

图 9-44

在这个实验中，我们之所以可以通过调节 10kΩ 单联电位器来输出不同电压值，是因为我们把电位器调节所产生的模拟值，通过 map 函数转换成了对应的电压值，即使用(float)dyValue/100.00 语句将电压值转换成 0～5.00V，精度保持到小数点后两位。

会使用万用表的读者也可以用万用表来验证一下。在使用万用表测量之前，需要把档位切到直档位的 20V，然后将万用表的黑色表笔接到 GND，红色表笔接到模拟输入引脚 A0，测得电压值，再调节电位器，并在万用表上看到对应的电压值。万用表测量可以验证我们通过 Arduino 开发板做的电压表是否精确。通过这个实验我们可以制作一个 5V 的电源，其提供的电压值在 0V 到 5V 之间都是可以的，十分方便。

9.11 声 控 灯

本实验制作一个声控灯，即通过一个声音传感器来控制 LED 灯。

声音传感器主要用于检测环境中的声音强度，对声音的强度极为敏感。这种传感器通常设置有一个阈值，用以判断环境声音是否达到特定的强度。当环境中的声音强度未达到该设定阈值时，传感器的 OUT 输出为高电平；而当声音强度超过该阈值时，OUT 输出转为低电平。

此外，声音传感器的 OUT 引脚可以直接连接到 Arduino 主板。通过 Arduino，可以轻松读取这一高低电平信号，从而实时监控和分析环境声音的变化。这种功能使声音传感器非常适合于需要环境声音监控的应用，如安全系统、噪音检测和自动化控制系统。

声音传感器的特点如下：

（1）可以检测周围环境的声音强度。注意，此传感器只能识别声音的有无（根据振动原理），不能识别声音的大小或者特定频率的声音。

（2）灵敏度可调。

（3）工作电压为 3.3～5V。

（4）输出形式为数字开关量输出（0 和 1 高低电平）。

9.11.1 电路设计

由于默认情况下，Fritzing 软件不提供声音传感器，这个时候，我们可以用一个同样拥有 3 个引脚的元件来代替，这也是当没有现成元件情况下的一种折中的设计方法。这里我们用电位器这个元件来代替声音传感器，电路设计图如图 9-45 所示。

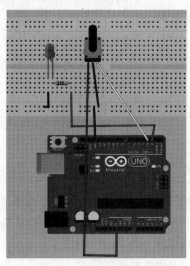

图 9-45

其中，LED 灯的负极引脚接地，正极引脚接一个 10kΩ 电阻，然后连接到引脚 2。声音传感器元件的左边引脚接 5V，中间引脚接地，右边引脚接引脚 3。

9.11.2　搭建电路并开发程序

本实验所需的硬件准备如下：Arduino 开发板 1 个、USB 数据线 1 根、面包板 1 个、10kΩ 电阻 1 个、跳线若干、声音传感器 1 个。声音传感器如图 9-46 所示。

图 9-46

其中 VCC 接 5V 电源，中间引脚接 GND，OUT 引脚接 Arduino 的引脚 3。注意，和声音传感器连接的导线头是方形凹槽的。最终实物硬件电路如图 9-47 所示。

图 9-47

我们用了 3 根长的跳线连接声音传感器。在将跳线插入声音传感器引脚的时候有点紧，要用较大的力气才行。因此，我们还可以把声音传感器插在面包板上，如图 9-48 所示。

图 9-48

无论使用哪种方式，最终效果都是一样的。接下来开发程序。

【例 9.11】声控灯程序

（1）打开 Arduino IDE，并打开 test.ino 文件，然后输入如下代码：

```
int led=2;                    //定义开发板上的引脚 2 控制 LED 灯
int flag=0;                   //定义一个变量，记录 LED 灯是亮起还是熄灭
```

```
int shengyin=3;                          //定义声音传感器的控制引脚

void setup()
{
    pinMode(led,OUTPUT);                 //定义 LED 灯为输出模式
    pinMode(shengyin,INPUT);             //定义声音控制引脚为输入模式
}
void loop()
{
    if(digitalRead(shengyin)==HIGH)      //判断是否检测到声音信号
    {
        if(flag==0) {                    //判断 LED 灯是否亮起
            flag=1;                      //标志 LED 灯亮起
            digitalWrite(led,HIGH);      //对应的 LED 灯亮起
        }
        else
        {
            flag=0;                      //标志 LED 灯熄灭
            digitalWrite(led,LOW);       //对应的 LED 灯熄灭
        }
        delay(1000);                     //延时
    }
}
```

当声音传感器接收到声音信号时，就会执行 if(digitalRead(shengyin)==HIGH)里面的语句，进行 LED 灯的点亮和熄灭。digitalWrite(led,HIGH)语句是点亮 LED 灯，digitalWrite(led,LOW)语句是熄灭 LED 灯。当接收到声音信号时，声音传感器的 OUT 引脚就会输出高电平，反之输出低电平。在代码的最后用到了 delay(1000)这个延时函数，它可以滤除一些杂音干扰信号。

（2）确保开发板和计算机已经通过数据线相连。编译并上传程序，然后在声音传感器旁拍手或打响指，可以看到 LED 灯亮起和熄灭了，如图 9-49 所示。

图 9-49

9.12　红外编码

本实验主要涉及使用红外遥控器和红外接收器进行数据传输和解码的过程。首先，操作红外遥控器的按键，每个按键都对应一个特定的红外信号编码。然后，安装在面包板上的红外接收元件捕捉遥控器发出的红外信号，并将其转换成电信号后传输给连接的 Arduino 开发板。最后，Arduino 开发板负责解码这些信号，将其转换为对应的按键编码数据并通过其串口输出。这些数据通常会在连接到 Arduino 的计算机上的串口监视器中显示出来。

通过这个实验，可以深入理解红外信号的传输与解码过程，以及如何通过 Arduino 来处理和显示这些信息。

红外遥控系统主要由发射部分和接收部分组成：

● 发射部分：包含一个红外发光管，其任务是发射经过调制的红外光。调制过程涉及使用特定的信号模式（例如脉冲宽度调制）来编码需要发送的信息。这确保了信息能够以光的形式准确传输。

● 接收部分：由红外接收管和其他相关的红外接收器件构成。这些器件的功能是捕获由发射管发出的红外光，并将其转换为电信号。接收到的信号首先被放大，然后传输给解码器件，如微控制器或专门的解码芯片，以还原发射时的原始信息。

红外传输的本质是将已知信号进行数字编码、调制到红外光波段，再进行发送的信号传输方式。在接收端以同频进行解调，即可得到传输结果。常见的传输载波频率是 38kHz。

被调制的已知信号可以根据不同红外传输协议进行不同的定义和编码。如常见的 NEC 编码，其标准编码为 4 字节（32 位），为 1 字节地址+1 字节地址反码+1 字节数据+1 字节数据反码。

红外传输具有很多优势。首先，红外光为肉眼不可见光段，在使用时不会影响人类正常生活。与此同时，虽然红外光与可见光 LED 在本质上相同，但在正常使用情况下，它不会对人眼造成伤害。其次，红外发光二极管制造简单，价格便宜，功耗极低。因此，基于红外编码传输的遥控手段，被广泛应用于许多消费电子产品中。

红外传输也具有劣势。首先，红外传输易受到环境中自然红外光源的干扰，尤其是太阳光。这是因为太阳光包含丰富的红外成分，当这些外部红外信号的频率与遥控信号频率相近时，可能会对遥控器信号产生干扰。其次，红外光的穿透性非常差，几乎无法穿透墙壁或其他固体障碍，这限制了红外遥控器的使用范围。最后，红外传输的编码方式通常较为简单，使得设备易于实现遥控器的"学习"功能，虽然这增加了用户的便利性，但同时也降低了系统的安全性。简单的编码方式使得红外系统易于被劫持或复制，导致潜在的安全风险。

9.12.1　电路设计

由于默认情况下，Fritzing 软件不提供红外接收器，因此我们需要用一个同样拥有 3 个引脚的元件来代替。这也是当没有现成元件时的一种折中的设计方法。这里我们用温度传感器元件来代替红外接收器，电路设计如图 9-50 所示。

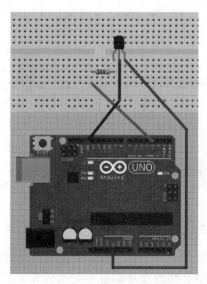

图 9-50

　　"红外接收器"的中间引脚接地，右边引脚接 5V 引脚，左边引脚接一个 1kΩ 的电阻，并最终连接到 Arduino 开发板的引脚 3。

9.12.2　搭建电路并开发程序

　　本实验所需的硬件准备如下：Arduino 开发板 1 个、USB 数据线 1 根、面包板 1 个、1kΩ 的电阻 1 个、跳线若干、红外接收器 1 个。红外传感器如图 9-51 所示，黑色的凸起物质就是接收头，通常把这个面称为正面。这样中间引脚用来接地，下面引脚用来输出信号，上面引脚用来接电源。

　　最终实物硬件电路如图 9-52 所示。

图 9-51　　　　　　　　　　　　　　　　图 9-52

　　其中，红外接收器的左边引脚接 1kΩ 电阻，电阻再通过跳线接 Arduino 开发板的引脚 3，红外接收器的中间引脚接 Arduino 开发板的 GND，右边引脚接 Arduino 开发板的 5V 引脚。

　　接下来开发程序。在开始程序开发之前，我们需要熟悉 IRremote 这个第三方库。IRremote 库是专门为 Arduino 开发的，用于控制红外线接收器和发射器。该库支持多种红外通信协议，包括 NEC

（日本红外通信标准）、Sony、RC5、RC6 以及一些其他自定义协议。这使得它能够与多种类型的红外设备通信，如遥控器和红外传感器。库中提供了一系列函数，使 Arduino 设备能够接收来自红外遥控器的命令，并发送红外信号以控制其他设备。此外，IRremote 库提供了丰富的红外控制相关功能，包括接收、发送、解码和编码等，同时对 AVR 单片机、ESP 系列和 RP2040 也有良好的支持。

这个库是开源的，如果想看其源码，可以去如下网站：

```
https://github.com/Arduino-IRremote/Arduino-IRremote
```

如果想看该库提供的函数说明，可以去如下网站：

```
https://arduino-irremote.github.io/Arduino-IRremote/classIRrecv.html
```

IRremote 库中最核心的类是 IRrecv，它主要用于接收红外信号。定义 IRrecv 类的方式有 3 种：

```
IRrecv name();     //直接定义
IRrecv name(IR_Recv_Pin); //带着接收引脚定义，IR_Recv_Pin 是 IR 模块的信号引脚
IRrecv name(IR_Recv_Pin,Feedback_LED_Pin); //带着接收引脚和反馈灯
```

常用的是第二种方式，name 就是这个类实例化的名字，也可以自己任意命名。IR_Recv_Pin 是指 IR 模块的信号线所连接的引脚。

IRrecv 类的重要函数说明如下。

1）IRrecv::begin

这个函数用于开始接收红外数据，其声明如下：

```
void IRrecv::begin(uint8_t aReceivePin, bool  aEnableLEDFeedback = false,
uint8_t    aFeedbackLEDPin = USE_DEFAULT_FEEDBACK_LED_PIN);
```

参数 aReceivePin 是 IR 模块的信号引脚；参数 aEnableLEDFeedback 表示是否启用反馈灯，默认值为 false；参数 aFeedbackLEDPin 表示反馈灯的引脚号，其默认值 USE_DEFAULT_FEEDBACK_LED_PIN 表示默认使用引脚 0。这个函数主要就是给前面不带引脚直接定义的 IRrecv 类确定引脚和是否启动反馈灯，最后开始接收数据。使用示例如下：

```
name.begin();
name.begin(IR_Recv_Pin, false);     //不使用反馈灯
name.begin(IR_Recv_Pin, true,13);  //使用反馈灯，接在引脚 13 上
```

其中 name 就是前面实例化类的 name。这不是唯一的启动数据接收的方式，如果前面定义时已经指定好了红外接收引脚，也可以用下面这个函数启动数据接收。

2）IRrecv::enableIRIn

这个函数是使能 IR 数据接收，即调用此函数后，Arduino 的红外接收模块将被激活，开始接收从红外遥控器发送的信号。其声明如下：

```
void IRrecv::enableIRIn();
```

在 IRremote 库中，IRrecv::begin 和 IRrecv::enableIRIn 函数都用于初始化红外接收模块，但它们的职责和调用时机略有不同。IRrecv::begin 函数通常包含了更全面的初始化步骤，包括设置引脚模式、配置内部参数以及启动接收进程。而 IRrecv::enableIRIn 函数则更加专注，主要负责启动红外接

收模块的监听功能，即它通常只包括 IRrecv::begin 中的最后一部分，也就是启动接收过程。因此，如果之前确定好了使用引脚，就可以直接用这个函数启动数据接收。使用示例如下：

```
name.enableIRIn();    //启动红外接收
```

3）Rrecv::disableIRIn

这个函数是失能 IR 数据接收，即调用此函数后，Arduino 上的红外接收模块将停止接收来自红外遥控器的信号。通过与 Rrecv::enableIRIn 的配合，可以实现仅在特定条件下开启数据接收。该函数声明如下：

```
void IRrecv::disableIRIn();
```

使用示例如下：

```
name.disableIRIn();    //中止红外接收
```

4）IRrecv::decode

这个函数是进行红外数据的解码。同名函数有两种定义，一种不带参数，另一种带一个指针参数。带参数的为旧版本的红外解码函数。在最新的 IRremote 库中，作者强烈不推荐使用带参数的版本，但是目前网上很多教程仍用旧版 decode，笔者对比使用了新旧版本，发现在效果上没有明显的区别。该函数声明如下：

```
bool IRrecv::decode();          //新版解码函数
```

在 IRrecv 类（也就是前面定义为 name 的）中，已定义了一个 IRData 类型的数据成员，用来储存解码结果，这个数据成员叫作 decodedIRData。通过 name.decodedIRData 可以访问到该数据成员。新版 decode 会将接收到的数据直接转换并存入 decodedIRData 中，使用示例如下：

```
name.decode()    //接收并解码，解码结果存入 name.decodedIRData
```

【例 9.12】红外编码程序

（1）首先导入库 IRremote。打开 Arduino IDE，在菜单栏中依次单击"项目"→"导入库"→"添加.ZIP 库…"，然后选择配套资源中本例源码目录 test 的父目录下的 IRremote.zip 文件，导入成功将会给出提示，如图 9-53 所示。接下来就可以写代码了。

图 9-53

（2）打开 test.ino 文件，然后输入如下代码：

```
#include <IRremote.h>
int RECV_PIN = 3;              //红外一体化接收头连接到 Arduino 开发板的引脚 3
IRrecv irrecv(RECV_PIN);       //实例化 IRrecv 对象
decode_results results;        //用于存储编码结果的对象
void setup()
{
```

```
    Serial.begin(9600);        //初始化串口通信
    irrecv.enableIRIn();       //初始化并启用红外解码
}

void loop() {
    if (irrecv.decode(&results)) {
        Serial.println(results.value, HEX);//通过红外遥控输出，并在串口监视器中显示
        irrecv.resume();                    //接收下一个编码
    }
}
```

程序中需要引入#include <IRremote.h>库，irrecv 函数定义对应的红外信号接收引脚 3。其中红外遥控器发出的红外信号是使用 NEC 协议的，遥控器的每个按键都对应了不同的编码，不同的遥控器使用的编码也不相同。

（3）确保开发板和计算机已经通过数据线相连。编译并上传程序，然后拿遥控器对着红外接收元件按几下，就可以看到串口监视器上有数据显示了，如下所示：

```
FF9867
FFFFFFFF
FF30CF
FFFFFFFF
FF18E7
FFFFFFFF
```

每个按键都有各自的红外编码，对应一个十六进制数值，如表 9-1 所示。

表 9-1　遥控器上的按键和十六进制编码对应关系

按　键	编　码　值	按　键	编　码　值	按　键	编　码　值
按键 1	0xFFA25D	按键 5	0xFF02FD	按键 9	0xFF960F
按键 2	0xFF629D	按键 6	0xFFC23D	按键*	0xFF6897
按键 3	0xFFE21D	按键 7	0xFFE01F	按键 0	0xFF9867
按键 4	0xFF22DD	按键 8	0xFFA857	按键#	0xFFB04F
按键上	0xFF18E7	按键下	0xFF4AB5	按键左	0xFF10EF
按键右	0xFF5AA5	按键 OK	0xFF38C7		

在串口监视器中看到了编码值"FFFFFFFF"，这是因为在使用 NEC 协议的系统中，当用户长时间按住一个按键不放时，遥控器不是重复发送相同的按键编码，而是发送一个特定的重复码，通常是"FFFFFFFF"或者"0"。这种设计可以减少数据传输，提高系统的效率，同时还可以帮助接收设备区分新的按键指令与持续的按键动作。有时红外接收头在接收数据时会发生丢包的现象，数据就会不正确。如果数据在传输中有丢失，多按几次按键就可以获取到正确的编码值。

9.13　红外控制 LED

上一节通过遥控器发射红外编码到 Arduino 程序后，我们只是简单地将这些编码在串口监视器

中打印出来。现在，我们稍微提高一下难度——通过红外编码来控制 LED 灯，即通过遥控器上的某些按键来使 LED 灯点亮或熄灭。

9.13.1　电路设计

由于默认情况下，Fritzing 软件不提供红外接收器，因此我们用一个同样拥有 3 个引脚的元件来代替。这里我们用温度传感器元件来代替红外接收器，电路设计如图 9-54 所示。

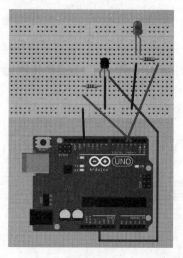

图 9-54

这个图其实是在上一节实验的电路图上增加了 LED 灯而已，LED 灯正极引脚接 10kΩ 电阻和引脚 4，负极引脚接地。

9.13.2　搭建电路并开发程序

本实验所需的硬件准备如下：Arduino 开发板 1 个、USB 数据线 1 根、面包板 1 个、1kΩ 电阻一个、10kΩ 电阻一个、跳线若干、红外接收器 1 个。最终实物硬件电路如图 9-55 所示。

图 9-55

接下来开发程序。

【例 9.13】红外控制 LED 程序

（1）首先导入库 IRremote。这个库在上一节的实验中已经介绍过了，这里不再赘述。打开 Arduino IDE，在菜单栏中依次单击"项目"→"导入库"→"添加.ZIP 库…"，然后选择配套资源中本例源码目录 test 的父目录下的 IRremote.zip 文件。导入成功将会给出提示，如图 9-56 所示。接下来就可以写代码了。

图 9-56

（2）打开 test.ino 文件，然后输入如下代码：

```
#include <IRremote.h>        //引入的库文件
int RECV_PIN = 3;            //红外一体化接收头连接到 Arduino 开发板的引脚 3
int led = 4;                 //引脚 4 控制 LED 灯
IRrecv irrecv(RECV_PIN);
decode_results results;      //用于存储编码结果的对象
void setup()
{
    Serial.begin(9600);      //初始化串口通信
    pinMode(led,OUTPUT);     //定义引脚 4 为输出引脚
    irrecv.enableIRIn();     //初始化红外解码
}

//遥控器的每个按键都对应了不同的编码，不同的遥控器使用的编码也不相同。
//出现"FFFFFFFF"编码或者"0"编码，是因为使用的是 NEC 协议的遥控器，
//当按住某个按键不放时，会发送一个编码"FFFFFFFF"或者"0"

void loop() {
    if (irrecv.decode(&results)) {
        Serial.println(results.value, HEX); //通过红外遥控输出，在串口监视器中显示出
来，输出结果为十六进制值
        if(results.value == 0xFFA25D){    //通过十六进制值判断红外的 CH-按键是否按下
            digitalWrite(led,HIGH);       //点亮 LED 灯
        }else if(results.value == 0xFF629D){//通过十六进制值判断红外的 CH 按键是否按下
            digitalWrite(led,LOW);        //熄灭 LED 灯
        }
        irrecv.resume();                  //接收下一个编码
    }
}
```

程序中需要引入#include <IRremote.h>库，irrecv 函数定义对应的红外信号接收引脚 3。其中红外遥控器发出的红外信号是使用 NEC 协议的。LED 灯控制引脚使用的是开发板上的引脚 4。当红外按键被按下时，对应的串口就会显示编码的值，然后在代码中判断是否接收到对应的编码，如程序

if(results.value == 0xFF629D)和 if(results.value == 0xFFA25D)这两个判断，然后分别控制 LED 灯的亮灭状态。代码里面的编码值是可以修改的，不同的编码值对应不同的按键控制。

（3）确保开发板和计算机已经通过数据线相连。编译并上传程序，然后拿遥控器对着红外接收元件按下"CH-"键，串口监视器上显示"FFA25D"，如图 9-57 所示。

图 9-57

这时，LED 灯亮了，如图 9-58 所示。

图 9-58

如果再按"CH"键，可以发现 LED 灯熄灭了。

9.14 一位数码管显示

数码管是一种半导体发光器件，其基本单元是发光二极管。一位数码管按段数分为 7 段数码管和 8 段数码管，8 段数码管比 7 段数码管多一个发光二极管单元（多一个小数点显示）。一位 8 段数码管实物如图 9-59 所示。

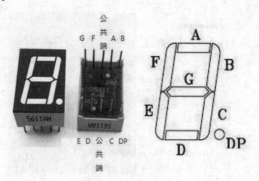

图 9-59

图 9-61 中的 G、F、公共端、A、B、E、D、公共端、C、DP 分别表示数码管的 10 个引脚。两个公共端通常接地；DP 引脚用于指示数字右下角的小数点，当 DP 接高电平时，小数点被点亮，当 DP 接低电平时，小数点熄灭。其他 7 个引脚控制对应的 7 根数码管。

数码管根据发光二极管单元的连接方式，可以分为共阳极数码管和共阴极数码管两种类型。

共阳极数码管的设计是将所有 LED 的阳极连接到一起，形成一个公共的阳极点（COM）。在使用共阳数码管时，应将这个公共阳极连接到 5V 电源。这种配置下，当某段的 LED 的阴极接到低电平时，该段将会点亮；当接到高电平时，则该段不会亮起。

共阴极数码管则是将所有 LED 的阴极连接到一起，形成一个公共的阴极点（COM）。在使用共阴极数码管时，应将这个公共阴极连接到地线。在这种配置下，当某段的 LED 的阳极接到高电平时，该段将会点亮；当接到低电平时，则该段不会亮起。

共阴极和共阳极 8 段数码管原理图如图 9-60 所示。

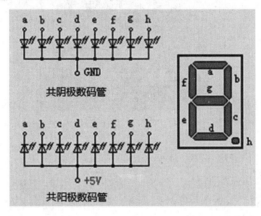

图 9-60

数码管的每一段都由发光二极管组成，所以在使用时也要连接限流电阻，否则电流过大会烧毁发光二极管。本实验用的是共阳极的 8 段数码管，该数码管的引脚如图 9-61 所示。数码管一共有 10 个引脚，其中 COM 引脚是公共端，接低电平；标号为 a、b、c、d、e、f、g、dp 引脚分别对应着数码管上面的各个段，只要给引脚高电平就可以点亮对应数码管中的段。比如引脚 a 接高电平，则数码管 a 就变亮。

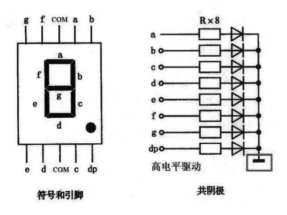

图 9-61

9.14.1 电路设计

电路设计如图 9-62 所示。

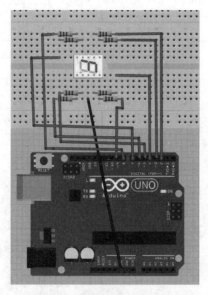

图 9-62

我们看矩形的数码管，上面和下面两排绿色点就表示引脚，上面一排引脚从左到右分别是 g、f、COM、a、b，下面一排引脚从左到右分别是 e、d、COM、c、dp。因此，Arduino 开发板上的引脚 2 连接 a 段数码管，引脚 3 连接 b 段数码管，引脚 4 连接 c 段数码管，引脚 5 连接 d 段数码管，引脚 6 连接 e 段数码管，引脚 7 连接 f 段数码管，引脚 8 连接 g 段数码管，引脚 9 连接 dp 段数码管。黑色导线接 COM 公共端和 GND。

9.14.2 搭建电路并开发程序

本实验所需的硬件准备如下：Arduino 开发板 1 个、USB 数据线 1 根、面包板 1 个、1kΩ 电阻 8 个、跳线若干。最终实物硬件电路如图 9-63 所示。

图 9-63

因为电阻和导线较多，所以看上去比较凌乱，但其实并不难，只要按照设计图仔细连接即可。下面开发程序。

【例 9.14】一位数码管程序

（1）打开 Arduino IDE，打开 test.ino 文件，然后输入如下代码：

```
//共阴极数码管
int a=2;//定义引脚 2 连接 a 段数码管
int b=3;//定义引脚 3 连接 b 段数码管
int c=4;//定义引脚 4 连接 c 段数码管
int d=5;//定义引脚 5 连接 d 段数码管
int e=6;//定义引脚 6 连接 e 段数码管
int f=7;//定义引脚 7 连接 f 段数码管
int g=8;//定义引脚 8 连接 g 段数码管
int dp=9;//定义引脚 9 连接 dp 段数码管

void digital_0(void)  //显示数字 0
{
    digitalWrite(a,HIGH);
    digitalWrite(b,HIGH);
    digitalWrite(c,HIGH);
    digitalWrite(d,HIGH);
    digitalWrite(e,HIGH);
    digitalWrite(f,HIGH);
    digitalWrite(g,LOW);
    digitalWrite(dp,HIGH);
}
void digital_1(void)  //显示数字 1
{
    digitalWrite(a,LOW);
    digitalWrite(b,HIGH);
    digitalWrite(c,HIGH);
    digitalWrite(d,LOW);
    digitalWrite(e,LOW);
    digitalWrite(f,LOW);
    digitalWrite(g,LOW);
    digitalWrite(dp,HIGH);
}
void digital_2(void)  //显示数字 2
{
    digitalWrite(a,HIGH);
    digitalWrite(b,HIGH);
    digitalWrite(c,LOW);
    digitalWrite(d,HIGH);
    digitalWrite(e,HIGH);
    digitalWrite(f,LOW);
    digitalWrite(g,HIGH);
    digitalWrite(dp,HIGH);
}
```

```
void digital_3(void)  //显示数字3
{
    digitalWrite(a,HIGH);
    digitalWrite(b,HIGH);
    digitalWrite(c,HIGH);
    digitalWrite(d,HIGH);
    digitalWrite(e,LOW);
    digitalWrite(f,LOW);
    digitalWrite(g,HIGH);
    digitalWrite(dp,HIGH);
}

void digital_4(void)  //显示数字4
{
    digitalWrite(a,LOW);
    digitalWrite(b,HIGH);
    digitalWrite(c,HIGH);
    digitalWrite(d,LOW);
    digitalWrite(e,LOW);
    digitalWrite(f,HIGH);
    digitalWrite(g,HIGH);
    digitalWrite(dp,HIGH);
}
void digital_5(void)  //显示数字5
{
    digitalWrite(a,HIGH);
    digitalWrite(b,LOW);
    digitalWrite(c,HIGH);
    digitalWrite(d,HIGH);
    digitalWrite(e,LOW);
    digitalWrite(f,HIGH);
    digitalWrite(g,HIGH);
    digitalWrite(dp,HIGH);
}
void digital_6(void)  //显示数字6
{
    digitalWrite(a,HIGH);
    digitalWrite(b,LOW);
    digitalWrite(c,HIGH);
    digitalWrite(d,HIGH);
    digitalWrite(e,HIGH);
    digitalWrite(f,HIGH);
    digitalWrite(g,HIGH);
    digitalWrite(dp,HIGH);
}
void digital_7(void)  //显示数字7
{
    digitalWrite(a,HIGH);
    digitalWrite(b,HIGH);
    digitalWrite(c,HIGH);
```

```
    digitalWrite(d,LOW);
    digitalWrite(e,LOW);
    digitalWrite(f,LOW);
    digitalWrite(g,LOW);
    digitalWrite(dp,HIGH);
}
void digital_8(void) //显示数字 8
{
    digitalWrite(a,HIGH);
    digitalWrite(b,HIGH);
    digitalWrite(c,HIGH);
    digitalWrite(d,HIGH);
    digitalWrite(e,HIGH);
    digitalWrite(f,HIGH);
    digitalWrite(g,HIGH);
    digitalWrite(dp,HIGH);
}
void digital_9(void) //显示数字 9
{
    digitalWrite(a,HIGH);
    digitalWrite(b,HIGH);
    digitalWrite(c,HIGH);
    digitalWrite(d,HIGH);
    digitalWrite(e,LOW);
    digitalWrite(f,HIGH);
    digitalWrite(g,HIGH);
    digitalWrite(dp,HIGH);
}
void setup()
{
    int i;//定义变量
    for(i=2;i<=9;i++)
    pinMode(i,OUTPUT);//设置引脚 2~9 为输出模式
}
void loop()
{

    digital_0();//显示数字 0
    delay(1000);//延时 1s
    digital_1();//显示数字 1
    delay(1000);//延时 1s
    digital_2();//显示数字 2
    delay(1000); //延时 1s
    digital_3();//显示数字 3
    delay(1000); //延时 1s
    digital_4();//显示数字 4
    delay(1000); //延时 1s
    digital_5();//显示数字 5
    delay(1000); //延时 1s
    digital_6();//显示数字 6
```

```
delay(1000); //延时 1s
digital_7();//显示数字 7
delay(1000); //延时 1s
digital_8();//显示数字 8
delay(1000); //延时 1s
digital_9();//显示数字 9
delay(1000); //延时 1s
}
```

（2）确保开发板和计算机已经通过数据线相连。编译并上传程序，程序运行后，数码管上显示 0 到 9 的数字，间隔时间为 1s，如图 9-64 所示。

图 9-64

在连接电路时需要注意，由于用了 8 个电阻，线路连接比较凌乱，在连接时必须防止电阻两端的铁丝碰到其他电阻两端的铁丝，否则会影响显示。

9.15 四位数码管

在本次实验中，我们将使用 Arduino 程序来驱动一块共阴极四位数码管。在驱动数码管时，使用限流电阻是必不可少的措施，以保护数码管的 LED 不会因为过高电流而损坏。每个控制引脚都需要接一个限流电阻。

共阴极四位数码管具有以下特点：每边有 6 个引脚，其中标记为 1、2、3、4 的引脚用于选择对应的数字显示位置。当这些引脚被置为低电平时，相应的数码管就会被激活。然后根据引脚 a、b、c、d、e、f、g 的高低电平来决定是否显示对应的 a、b、c、d、e、f、g 段数码管。此外，引脚 dp 负责控制数码管右下角的小点，该小点通常用作小数点的显示。要点亮这个小点，同样需要给 dp 引脚一个高电平信号。四位数码管的引脚图如图 9-65 所示。

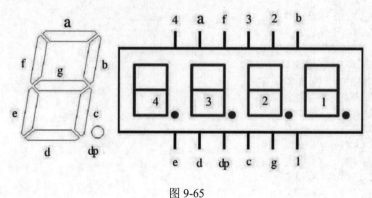

图 9-65

9.15.1　电路设计

因为四位数码管引脚较多，如果用 Fritzing 软件来画，看上去会比较凌乱。因此这里采用文字说明和数码管引脚图结合的方式来描述。同时也让读者换个思路，只要能描述清楚问题，不必拘泥于使用 Fritzing 软件。电路设计如图 9-66 所示。

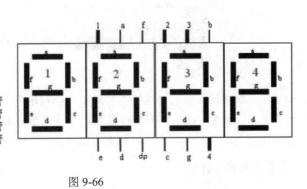

图 9-66

在图 9-66 中，左边文字说明了数码管引脚和 Arduino 开发板引脚的连接对应关系。另外需要注意，在数码管引脚和 Arduino 引脚之间要串连一个 1kΩ 的电阻，如果没有电阻，电流电压比较大，可能会烧毁数码管。

这种非 Fritzing 软件画电路图的方式，更像在画草图，而会画草图也是每个硬件工程师必须掌握的一项技能。通过这个草图，我们完全可以搭建出实物电路来。

9.15.2　搭建电路并开发程序

本实验所需的硬件准备如下：Arduino 开发板 1 个、USB 数据线 1 根、面包板 1 个、1kΩ 电阻 12 个、5461AS-1 四位共阴极数码管 1 个、跳线若干。最终实物硬件电路如图 9-67、图 9-68 所示。

图 9-67

图 9-68

因为引脚多，连线烦琐，所以用两幅图片展示，分别是下一排引脚的连线图和上一排引脚的连线图。或许不能展现所有连接细节，但至少说明这个电路是可以搭建成功的。

电路搭建成功后，我们就可以开发程序来验证了。

【例 9.15】四位数码管程序

（1）打开 Arduino IDE，打开 test.ino 文件，然后输入如下代码：

```
//共阴极数码管
int a=2;          //定义引脚 2 连接 a 段数码管
int b=3;          //定义引脚 3 连接 b 段数码管
int c=4;          //定义引脚 4 连接 c 段数码管
int d=5;          //定义引脚 5 连接 d 段数码管
int e=6;          //定义引脚 6 连接 e 段数码管
int f=7;          //定义引脚 7 连接 f 段数码管
int g=8;          //定义引脚 8 连接 g 段数码管
int dp=9;         //定义引脚 9 连接 dp 段数码管
int num1=10;      //定义引脚 10 选中第一个数码管
int num2=11;      //定义引脚 11 选中第二个数码管
int num3=12;      //定义引脚 12 选中第三个数码管
int num4=13;      //定义引脚 13 选中第四个数码管
int num=0;        //切换数码管的变量

void digital_0(void)     //显示数字 0
{
    digitalWrite(a,HIGH);
    digitalWrite(b,HIGH);
    digitalWrite(c,HIGH);
    digitalWrite(d,HIGH);
    digitalWrite(e,HIGH);
    digitalWrite(f,HIGH);
    digitalWrite(g,LOW);
    digitalWrite(dp,LOW);
}
void digital_1(void)     //显示数字 1
{
    digitalWrite(a,LOW);
```

```
    digitalWrite(b,HIGH);
    digitalWrite(c,HIGH);
    digitalWrite(d,LOW);
    digitalWrite(e,LOW);
    digitalWrite(f,LOW);
    digitalWrite(g,LOW);
    digitalWrite(dp,LOW);

}
void digital_2(void) //显示数字 2
{
    digitalWrite(a,HIGH);
    digitalWrite(b,HIGH);
    digitalWrite(c,LOW);
    digitalWrite(d,HIGH);
    digitalWrite(e,HIGH);
    digitalWrite(f,LOW);
    digitalWrite(g,HIGH);
    digitalWrite(dp,LOW);
}

void digital_3(void) //显示数字 3
{
    digitalWrite(a,HIGH);
    digitalWrite(b,HIGH);
    digitalWrite(c,HIGH);
    digitalWrite(d,HIGH);
    digitalWrite(e,LOW);
    digitalWrite(f,LOW);
    digitalWrite(g,HIGH);
    digitalWrite(dp,LOW);
}

void digital_4(void) //显示数字 4
{
    digitalWrite(a,LOW);
    digitalWrite(b,HIGH);
    digitalWrite(c,HIGH);
    digitalWrite(d,LOW);
    digitalWrite(e,LOW);
    digitalWrite(f,HIGH);
    digitalWrite(g,HIGH);
    digitalWrite(dp,LOW);
}
void digital_5(void) //显示数字 5
{
    digitalWrite(a,HIGH);
    digitalWrite(b,LOW);
    digitalWrite(c,HIGH);
    digitalWrite(d,HIGH);
```

```
    digitalWrite(e,LOW);
    digitalWrite(f,HIGH);
    digitalWrite(g,HIGH);
    digitalWrite(dp,LOW);
}
void digital_6(void)  //显示数字 6
{
    digitalWrite(a,HIGH);
    digitalWrite(b,LOW);
    digitalWrite(c,HIGH);
    digitalWrite(d,HIGH);
    digitalWrite(e,HIGH);
    digitalWrite(f,HIGH);
    digitalWrite(g,HIGH);
    digitalWrite(dp,LOW);
}
void digital_7(void)  //显示数字 7
{
    digitalWrite(a,HIGH);
    digitalWrite(b,HIGH);
    digitalWrite(c,HIGH);
    digitalWrite(d,LOW);
    digitalWrite(e,LOW);
    digitalWrite(f,LOW);
    digitalWrite(g,LOW);
    digitalWrite(dp,LOW);
}
void digital_8(void)  //显示数字 8
{
    digitalWrite(a,HIGH);
    digitalWrite(b,HIGH);
    digitalWrite(c,HIGH);
    digitalWrite(d,HIGH);
    digitalWrite(e,HIGH);
    digitalWrite(f,HIGH);
    digitalWrite(g,HIGH);
    digitalWrite(dp,LOW);
}
void digital_9(void)  //显示数字 9
{
    digitalWrite(a,HIGH);
    digitalWrite(b,HIGH);
    digitalWrite(c,HIGH);
    digitalWrite(d,HIGH);
    digitalWrite(e,LOW);
    digitalWrite(f,HIGH);
    digitalWrite(g,HIGH);
    digitalWrite(dp,LOW);
}
void setup()
```

```
{
    int i;//定义变量
    for(i=2;i<=13;i++)
    pinMode(i,OUTPUT);//设置引脚 2～13 为输出模式
}
void loop()
{
    num++;//切换数码管的变量，四个数码管循环显示
    if(num>4){
        num=1;
    }
    if(num==1){//选中第一个数码管

        digitalWrite(num1,LOW);
        digitalWrite(num2,HIGH);
        digitalWrite(num3,HIGH);
        digitalWrite(num4,HIGH);

    }else if(num==2){//选中第二个数码管
        digitalWrite(num1,HIGH);
        digitalWrite(num2,LOW);
        digitalWrite(num3,HIGH);
        digitalWrite(num4,HIGH);

    }else if(num==3){//选中第三个数码管
        digitalWrite(num1,HIGH);
        digitalWrite(num2,HIGH);
        digitalWrite(num3,LOW);
        digitalWrite(num4,HIGH);

    }else if(num==4){//选中第四个数码管
        digitalWrite(num1,HIGH);
        digitalWrite(num2,HIGH);
        digitalWrite(num3,HIGH);
        digitalWrite(num4,LOW);
    }

    digital_0();//显示数字 0
    delay(1000);//延时 1s
    digital_1();//显示数字 1
    delay(1000);//延时 1s
    digital_2();//显示数字 2
    delay(1000); //延时 1s
    digital_3();//显示数字 3
    delay(1000); //延时 1s
    digital_4();//显示数字 4
    delay(1000); //延时 1s
    digital_5();//显示数字 5
    delay(1000); //延时 1s
    digital_6();//显示数字 6
```

```
    delay(1000); //延时 1s
    digital_7();//显示数字 7
    delay(1000); //延时 1s
    digital_8();//显示数字 8
    delay(1000); //延时 1s
    digital_9();//显示数字 9
    delay(1000); //延时 1s
}
```

（2）确保开发板和计算机已经通过数据线相连。编译并上传程序，然后就可以看到四个数码管在循环显示数字 0~9，每个数字的显示时间为 1s。并且四个数码管从左到右依次显示，左边数码管从 0 显示到 9 后，右边的数码管再开始显示，如图 9-69 所示。

图 9-69

数码管显示不同数字是通过控制每个 LED 段（a 到 g，以及 dp 段）的高低电平来实现的。由于我们使用的是共阴极数码管，因此当相应段的引脚为高电平时，该段就会亮起。不同的是，选择 1 到 4 中哪个数码管进行显示，是通过将对应的选择引脚置为低电平来实现的，而非高电平。

在电路设计中，我们使用了 12 个 1kΩ 电阻来限制流向每个 LED 段的电流，这是必要的安全措施。如果没有适当的限流电阻，由 Arduino 输出的控制电流可能过大，从而导致数码管损坏。

在连接电路时，需要格外注意确保电阻的两端（铁丝部分）不要接触到其他电阻的铁丝端。这种接触可能会导致短路，从而影响数码管的正常显示或造成其他电气问题。

9.16 LCD 显示屏

前面我们用数码管显示了数字，总感觉能显示的内容太少，要是能显示字符该多好。本节我们将使用 LCD 显示屏来显示字符。

LCD（Liquid Crystal Display）即液晶显示屏，是平面显示器的一种，用于电视机及计算机的屏幕显示。该显示屏的优点是耗电量低、体积小、辐射低。本实验使用的显示屏是 LCD1602。LCD1602 是一种字符型液晶显示模块，可以显示 ASCll 码的标准字符和其他一些内置的特殊字符，还可以内置 8 个自定义字符，是工业现场中比较常用的一款液晶显示器，其管脚较多。

　　LCD1602 由字符型液晶显示屏、控制驱动主电路 HD44780 及其扩展驱动电路 HD44100，以及少量电阻、电容元件和结构件等装配在 PCB 板上而组成。不同厂家生产的 LCD1602 芯片可能有所不同，但使用方法都是一样的。为了降低成本，绝大多数制造商都直接将裸片嵌入开发板上。LCD1602 可以通过与微控制器或其他设备的 GPIO 引脚进行连接，实现字符的显示和控制。LCD1602 的主要特点包括：

　　（1）字符显示能力：可以显示 16 列 2 行的字符，每个字符由 5×8 个像素点组成。

　　（2）背光功能：大多数 LCD1602 模块都带有背光功能，可以通过控制引脚来控制背光的开关。

　　（3）低功耗：LCD1602 模块通常使用液晶显示技术，功耗较低。

　　（4）简单的控制接口：通过控制芯片提供的命令和数据传输方式，可以实现对 LCD1602 的控制。

　　使用 LCD1602 进行字符显示，通常需要以下步骤：

　　（1）初始化：通过发送一系列的初始化命令，设置 LCD1602 的工作模式和显示属性。

　　（2）写入数据：通过发送数据命令，将要显示的字符数据写入 LCD1602 的内部 RAM 中。

　　（3）控制显示：通过发送控制命令，控制 LCD1602 的显示属性，如光标位置、光标闪烁等。

　　（4）清屏：通过发送清屏命令，清除 LCD1602 上显示的所有字符。

　　如果直接使用 LCD1602，则需要较多的输入/输出引脚资源，在项目稍微复杂的情况下输入/输出引脚便不够用了，而且连线麻烦。本实验中采用 IIC 总线的 LCD1602 控制方法，加上电源地线，一共只需要 4 根线。LCD1602 背面焊接了一块 IIC 转接模块（PCF8574），如图 9-70 所示。

图 9-70

　　在本实验中，我们将使用 IIC 接口来控制液晶屏，具体是通过 Arduino 主板的 A4 和 A5 引脚连接液晶屏的 SDA（串行数据线）和 SCL（串行时钟线）。我们所使用的是 IIC LCD1602 模块，该模块集成了 IIC I/O 扩展芯片 PCA8574，极大简化了 LCD1602 的使用。这种两线制的 IIC 总线配置不仅简化了电路设计，还节省了宝贵的输入/输出端口，从而使 Arduino 能够实现更多功能。此外，模块上的电位器可以用来调整 LCD 显示器的对比度，改善显示效果。模块还提供设置跳线的功能，允许用户设置不同的 IIC 地址（从 0x20 到 0x27），这使得 Arduino 能够同时控制多块 LCD1602 显示器，适用于需要多屏显示的应用场景。

　　和 LCD 编程有关的函数主要有 lcd.init、lcd.backlight 和 lcd.setCursor。其中，lcd.init 用于初始化液晶屏函数，lcd.backlight 用于设置 LCD 的背景灯亮，lcd.setCursor 用于定义在 LCD1602 的第几行和第几列进行显示。

9.16.1　电路设计

由于 LCD1602 背面焊接了一块 IIC 转接模块，该模块只有 4 个引脚，因此我们只需将这 4 个引脚连接到 Arduino 开发板上即可，如图 9-71 所示。

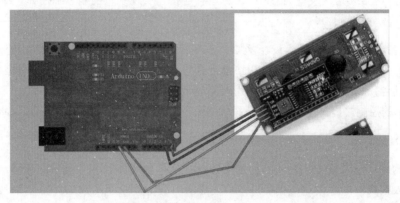

图 9-71

这 4 个引脚的连接分别是 VCC 引脚接 Arduino 的 5V 引脚、GND 引脚接 Arduino 的 GND 引脚、SDA 引脚接 Arduino 的 A4 引脚、SCL 引脚接 Arduino 的 A5 引脚。在实物上，这 4 个引脚也用字母标记出来了，因此不会接错，如图 9-72 所示。

图 9-72

9.16.2　搭建电路并开发程序

本实验所需的硬件准备如下：Arduino 开发板 1 个、USB 数据线 1 根、面包板 1 个、 LCD1602 IIC 显示屏 1 个、公母头跳线若干。最终实物硬件电路如图 9-73 所示。

图 9-73

下面开始编写程序。

【例 9.16】LCD 显示屏程序

（1）打开 Arduino IDE，打开 test.ino 文件，然后输入如下代码：

```
#include "LiquidCrystal_I2C.h"        //LCD1602 IIC 液晶屏库
LiquidCrystal_I2C lcd(0x27,16,2);     //设置 LCD1602 设备地址 0x27
void setup()
{
    lcd.init();                       //初始化 LCD
    lcd.backlight();                  //设置 LCD 背景灯亮
}


void loop()
{
    lcd.setCursor(0,0);               //液晶显示第一行位置
    lcd.print(" I love arduino");     //显示对应的字符
    lcd.setCursor(0,1);               //液晶显示第二行位置
    lcd.print("  welcome to");        //显示对应的字符
}
```

这里使用第三方库来驱动 LCD1602，因此包含了 LiquidCrystal_I2C.h 这个头文件。这个头文件和对应的 CPP 文件（LiquidCrystal_I2C.cpp）需要导入才能使用。在 IDE 菜单栏上依次单击"项目"→"添加文件…"，然后找到配套资源中本例源码目录下的 LiquidCrystal_I2C.h，就可以导入了，再用同样的方式导入 LiquidCrystal_I2C.cpp。导入后，这个文件会同时出现在 test.ino 目录下。

（2）确保开发板和计算机已经通过数据线相连。编译并上传程序，此时在显示屏上可能看不到字符，这是因为当前屏幕显示太亮了，我们需要把亮度调低。用小螺丝刀旋转液晶屏反面的蓝色旋转钮，如图 9-74 所示。

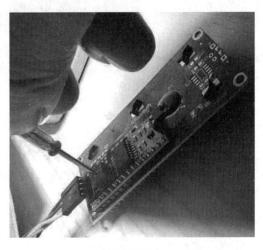

图 9-74

此时屏幕发生变化，出现了好多闪烁的字符。此时对 Arduino 开发板断电（也就是和计算机断开 USB 线），再重新和计算机连接，就可以看到正确的字符了，如图 9-75 所示。

图 9-75

至此，我们的液晶屏工作正常了。

9.17 直流电机驱动风扇

直流电机（Direct Current Machine）是指能将直流电能转换成机械能（直流电动机），或将机械能转换成直流电能（直流发电机）的旋转电机。它是能实现直流电能和机械能互相转换的电机。当它作电动机运行时是直流电动机，将电能转换为机械能；当它作发电机运行时是直流发电机，将机械能转换为电能。

直流电机的结构由定子和转子两大部分组成。直流电机运行时静止不动的部分称为定子，定子的主要作用是产生磁场，由机座、主磁极、换向极、端盖、轴承和电刷装置等组成。运行时转动的部分称为转子，其主要作用是产生电磁转矩和感应电动势，是直流电机进行能量转换的枢纽，所以通常又称为电枢，它由转轴、电枢铁心、电枢绕组、换向器和风扇等组成。本实验中用到的直流电机如图 9-76 所示。

在本实验中，我们将在直流电机上连接一个小风扇，最终让小风扇转动起来，如图 9-77 所示。

图 9-76

图 9-77

由于 Arduino 的引脚是无法驱动直流电机的，因此需要用到 ULN2003 驱动模块或者是加个三极管使得驱动电流变大。

ULN2003 是高耐压、大电流复合晶体管阵列，由 7 个硅 NPN 复合晶体管组成，一般采用 DIP—16 或 SOP—16 塑料封装。ULN2003 的主要特点如下：

（1）ULN2003 的每一对达林顿晶体管都串联了一个 2.7kΩ 的基极电阻，这使得它在 5V 的工作电压下可以直接与 TTL 和 CMOS 电路相连，无须标准逻辑缓冲器。这种设计简化了与其他数字逻辑电路的连接，减少了额外的接口硬件需求。

（2）ULN2003 可以在较高的工作电压下运行，并支持较大的工作电流，最高灌电流可达 500mA。此外，它能够在关态时承受高达 50V 的电压。该芯片的输出端还支持高负载电流的并行运行，适用于驱动高功率负载，如电动机和继电器。

ULN2003 是一个高电流驱动阵列，常被用于单片机、智能仪表、PLC、数字量输出卡等控制电路中，主要用途是直接驱动如继电器等负载。该驱动阵列可以接受 5V 的 TTL 电平输入，并输出最高可达 500mA/50V 的电流和电压。简单来说，ULN2003 的主要功能是放大电流，以增强驱动能力。例如，单片机的输出引脚一般只能输出几毫安的电流，这是不足以驱动电机、继电器或电磁阀的。使用 ULN2003 后，使用单片机的输出引脚就能直接控制这些高电流设备。在本实验中，我们将使用 ULN2003 芯片来增强 Arduino 开发板的输出电流，使其能够驱动直流电机，从而让电扇转动。

9.17.1　电路设计

电路设计如图 9-78 所示。

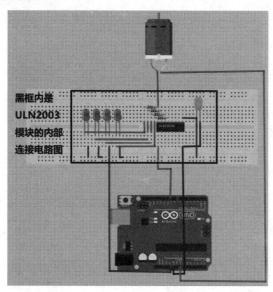

图 9-78

这里我们把 ULN2003 驱动模块的内部连接电路图也画出来了，黑色框包围的就是模块，其中有 4 个电阻，用来保护 4 个 LED 灯；右边粉红色的电容用来保护 ULN2003A 芯片。ULN2003 模块只通过 4 根导线和外部连接，分别连接 Arduino 开发板的 5V 引脚、GND 引脚、9 号引脚以及直流电机的一个引脚（铜片）。直流电机的另外一个引脚（铜片）则连接 Arduino 开发板的 VIN 引脚。

现在我们再把黑色框具体化为实物图，如图 9-79 所示。

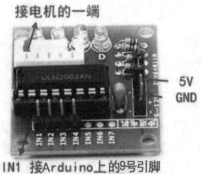

图 9-79

可以看到，实物图上也有 4 个 LED 灯、4 个电阻和 1 块 ULN2003 芯片。另外，我们在实物图中把需要连接导线的各个引脚都标记出来了。其实，本实验是不需要面包板的，直接围绕 ULN2003 驱动模块搭建电路就能达到实验目的。

9.17.2　搭建电路并开发程序

本实验所需的硬件准备如下：Arduino 开发板 1 个、USB 数据线 1 根、ULN2003 驱动模块 1 个、公母头跳线若干。最终实物硬件电路如图 9-80 所示。

总体连接比较简单，但直流电机的两个铜片要通过鲨鱼夹和导线夹在一起，稍微有点麻烦。需要注意，鲨鱼夹的金属部分不要和直流电机金属外壳碰在一起，否则会引起短路。鲨鱼夹夹住铜片和导线如图 9-81 所示。

图 9-80

图 9-81

实物电路搭建完毕后，我们可以编写程序了。

【例 9.17】直流电机驱动风扇程序

（1）打开 Arduino IDE，打开 test.ino 文件，然后输入如下代码：

```
int dianJiPin=9;//定义引脚9接电机驱动IN1的控制引脚
void setup()
```

```
{
    pinMode(dianJiPin,OUTPUT);//定义电机驱动 IN1 的控制引脚为输出引脚
}
void loop()
{
    digitalWrite(dianJiPin,LOW);//关闭电机
    delay(1000);//延时
    digitalWrite(dianJiPin,HIGH);//打开电机
    delay(1000);//延时
}
```

本质上也是通过函数 digitalWrite 向电机驱动 IN1 的控制引脚写入高低电平,若是低电平就关闭电机,若是高电平就打开电机。

（2）确保开发板和计算机已经通过数据线相连。编译并上传程序,可以发现风扇每隔 1s 就旋转一次,如图 9-82 所示。

图 9-82

本实验用 ULN2003 模块驱动直流电机,其中定义 Arduino 的引脚 9 接电机驱动 IN1 的控制引脚,然后控制电机工作。如果不用 ULN2003 驱动,Arduino 引脚是无法控制电机工作的,因为驱动电流不够。在连接电路时候,需要注意不要让连接电机的两根导线碰到电机的金属外壳,否则会导致短路。其中电机的一端连接开发板上的 VIN 引脚,VIN 引脚也可以提供 5V 的电压。当程序运行到 digitalWrite(dianJiPin,LOW)时,风扇就停止转动;当程序运行到 digitalWrite(dianJiPin,HIGH)时,风扇就开始转动。

第10章

Arduino 和上位机实验

严格来讲，一线软件开发中通常会区分下位机软件开发和上位机软件开发。下位机软件开发就是 Arduino 设备端软件开发。而上位机软件开发通常是指运行在用户计算机中的软件开发，它通常要提供图形界面给用户使用，并且要和下位机进行数据交换。当前普通用户的计算机大多使用 Windows 操作系统，因此，本章将介绍 Windows 平台的上位机开发。

10.1 安装 Visual C++ 2017

现在基于 Windows 开发的流行语言一般是微软推出的 C++，开发所使用的框架就是.NET Framework（又称.NET 框架）。

.NET Framework 是一个致力于敏捷软件开发（Agile Software Development）、快速应用开发（Rapid Application Development）、平台无关性和网络透明化的软件开发平台，它提供了统一的编程模型、语言和框架，真正做到了分离界面设计人员与开发人员的工作。.NET Framework 是一种采用系统虚拟机运行的编程平台，以通用语言运行库（Common Language Runtime）为基础，支持多种语言（C#、VB、C++、Python 等）的开发。.NET Framework 也为应用程序接口（API）提供了新的功能和开发工具。这些革新使得程序设计员可以同时进行 Windows 应用软件、网络应用软件以及组件和服务（Web 服务）的开发。

除了强大的语言 C++和功能完备的编程框架.NET Framework，微软还推出了与之配套的集成开发环境 Visual Studio（简称 VS）。我们只需安装好 Visual Studio，就可以直接使用 C++语言的功能。由于本书侧重点不在上位机，不会着墨在 C++和 Visual Studio 的基本操作上，因此，对于本节内容，读者只需了解使用 C++开发上位机程序的相关知识即可。

Visual C++ 2017（简称 VC2017）必须在 Windows 7 或以上版本的操作系统上安装，并且 IE 浏览器的版本要达到 10。满足这两个条件后，就可以开始安装了。首先我们可以到官网（https://visualstudio.microsoft. com/vs/ older-downloads/）上去下载安装文件 vs_setup.exe，双击这个文件就可以开始安装。在"工作负荷"界面上，我们需要选择所需的组件，这里勾选"使用 C++的桌面开发"和"用于 x86 和 x64 的 Visual C++ MFC"复选框，如图 10-1 所示。

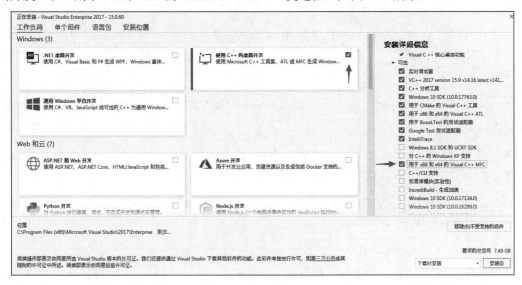

图 10-1

然后单击右下角的"安装"按钮即可开始安装。安装需要联网，而且用时较长，需耐心等待。如果需要用 C++开发.NET 程序，还需要在界面右边勾选"C++/CLI 支持"复选框。安装完毕后，可以直接启动 Visual C++ 2017。第一次打开 Visual C++ 2017 集成开发环境时，会出现起始页，如图 10-2 所示。

图 10-2

10.2　Win32 下的串口编程 API

要让计算机的 Visual C++（VC）程序和 Arduino 开发板上的 Arduino 程序通过串口来相互通信，首先需要使用串口线（通常是 USB 转串口线）将 PC 和 Arduino 开发板连接起来。连接后，进行以下操作：

（1）开发 PC 端上位机程序：使用 Visual Studio 开发 VC 程序，该程序负责管理 PC 端的串口操作。主要功能包括：

- 打开串口：程序首先尝试打开与 Arduino 连接的串口。
- 发送数据：一旦串口成功打开，程序便向串口发送数据。

（2）Arduino 程序开发：在 Arduino 开发板上，编写下位机程序来接收来自 PC 端的数据。该程序具体执行以下操作：

- 接收数据：Arduino 通过串口接收来自上位机的数据。
- 数据回送：接收到数据后，Arduino 将相同的数据发送回 PC，实现数据的"回声"效应。
- 显示接收到的数据：上位机程序接收到从 Arduino 回送的数据后，将其显示在 GUI 的对话框上，以便用户可以看到从 Arduino 返回的确切信息。

在 Win32 下，可以使用两种编程方式实现串口通信：一种是使用 ActiveX 控件，这种方法编写的程序简单，但不够灵活；另一种是调用 Windows 的 API 函数，这种方法可以清楚地掌握串口通信的机制，并且自由灵活。下面介绍 API 串口通信的内容。

串口的操作有两种方式：同步操作方式和异步操作方式（又称重叠操作方式）。同步操作时，API 函数会阻塞，直到操作完成以后才能返回（在多线程方式中，虽然不会阻塞主线程，但是仍然会阻塞监听线程）；异步操作时，API 函数会立即返回，操作在后台进行，避免阻塞线程。

考虑到部分读者可能只有 C 语言的基础，因此这里使用最接近 C 语言的方式来实现串口编程，即直接使用 Windows API 函数。所以在使用 Windows API 进行串口编程之前，我们需要了解这些 API 函数。

另外，串口通信一般分为 4 个步骤：打开串口→配置串口→读写串口→关闭串口，还可以在串口上监听读写等事件；Windows API 也是围绕这四个步骤展开的。因此，下面将根据这 4 个步骤来介绍相关的 Windows API。

10.2.1　打开串口

打开串口的函数是 CreateFile，由于其参数众多且复杂，因此使用时需格外小心以避免错误。在 Windows 编程中，CreateFile 函数不仅限于创建或打开文件，还广泛应用于各种输入/输出设备的操作，包括文件、文件流、目录、物理磁盘、卷、控制台缓冲区、磁带驱动器、通信资源（比如串口设备）和管道等。该函数返回一个句柄，该句柄可用于根据文件或设备以及指定的标志和属性访问文件或设备，以获取各种类型的输入/输出。CreateFile 函数声明如下：

```
HANDLE WINAPI CreateFile(
  _In_      LPCTSTR lpFileName,//要打开或创建的文件名
  _In_      DWORD dwDesiredAccess,//访问方式
  _In_      DWORD dwShareMode,//共享方式
  _In_opt_  LPSECURITY_ATTRIBUTES lpSecurityAttributes,//安全属性
  _In_      DWORD dwCreationDisposition,//指定要打开的文件已存在或不存在的动作
  _In_      DWORD dwFlagsAndAttributes,//文件属性和标志
  _In_opt_  HANDLE hTemplateFile//一个指向模板文件的句柄
);
```

参数说明如下：

- lpFileName：要打开或创建的文件名。
- dwDesiredAccess：访问方式。值为 0 表示设备查询访问，值为 GENERIC_READ 表示读访问，值为 GENERIC_WRITE 表示写访问。
- dwShareMode：共享方式。值为 0 表示文件不能被共享，其他打开文件的操作都会失败；值为 FILE_SHARE_READ 表示允许其他读操作；值为 FILE_SHARE_WRITE 表示允许其他写操作；值为 FILE_SHARE_DELETE 表示允许其他删除操作。
- lpSecurityAttributes：安全属性，是一个指向 SECURITY_ATTRIBUTES 结构的指针。
- dwCreationDisposition：创建或打开文件时的动作。值为 OPEN_ALWAYS 表示打开文件，如果文件不存在则创建它；值为 TRUNCATE_EXISTING 表示打开文件，并将文件清空（需要 GENERIC_WRITE 权限），如果文件不存在则会失败；值为 OPEN_EXISTING 表示打开文件,如果文件不存在则会失败;值为 CREATE_ALWAYS 表示创建文件，如果文件已存在则清空；值为 CREATE_NEW 表示创建文件，如果文件存在则会失败。
- dwFlagsAndAttributes：文件标志属性。值为 FILE_ATTRIBUTE_NORMAL 表示常规属性；值为 FILE_FLAG_OVERLAPPED 表示异步 I/O 标志，如果不指定此标志则默认为同步 I/O；值为 FILE_ATTRIBUTE_READONLY 表示文件为只读；值为 FILE_ATTRIBUTE_HIDDEN 表示文件为隐藏；值为 FILE_FLAG_DELETE_ON_CLOSE 表示所有文件句柄关闭后，文件被删除。
- hTemplateFile：具有 GENERIC_READ 访问权限的模板文件的有效句柄。模板文件为正在创建的文件提供文件属性和扩展属性。该参数通常取值为 NULL。如果此参数的值不是 NULL，则会使用 hTemplateFile 关联的文件的属性和标志来创建文件。如果是打开一个现有文件，则该参数将被忽略。
- 返回值：如果函数执行成功，则返回值是指定文件、设备、命名管道或邮件插槽的打开句柄；如果该函数执行失败，则返回值为 INVALID_HANDLE_VALUE。更多的错误信息可以调用 GetLastError 来获得。

使用 CreateFile()打开串口时需要注意：lpFileName 文件名可以直接写作串口号名，如"COM1"，COM10 及以上的串口名格式应为 "\\\\.\\COM10"；dwShareMode 共享方式应为 0，即串口应为独占方式；dwCreationDisposition 打开时的动作应为 OPEN_EXISTING，即串口必须存在。

10.2.2　配置串口

串口设备需要配置后才能使用。在打开通信设备的句柄后，需要对串口进行一些初始化的配置，这就需要通过一个 DCB（Device Control Block，设备控制块）结构来进行。DCB 结构包含了如波特率、数据位数、奇偶校验和停止位数等信息。在查询或配置串口的属性时，都要用 DCB 结构来作为缓冲区。

一般在用 CreateFile 打开串口后，调用 GetCommState 函数来获取串口的初始配置。当要修改串口的配置时，应该先修改 DCB 结构，然后调用 SetCommState 函数来设置串口。配置工作包括设置超时、设置发送和接收缓冲区大小，以及配置波特率、校验方式、数据位个数、停止位个数等信息。

1. 设置超时

在调用 ReadFile() 和 WriteFile() 读写串口的时候，如果没有指定异步操作，读写就会一直等待指定大小的数据，这时我们可能想要设置一个读写的超时时间，即在用 ReadFile 和 WriteFile 读写串口时，需要考虑超时问题。超时的作用是当在指定的时间内没有读入或发送指定数量的字符时，ReadFile 或 WriteFile 的操作仍然会结束。

要查询当前的超时设置，应调用 GetCommTimeouts 函数，该函数会填充一个 COMMTIMEOUTS 结构。要设置超时时间，应调用 SetCommTimeouts 函数，该函数会用某一个 COMMTIMEOUTS 结构的内容来设置超时。一般先利用 GetCommTimeouts 获得当前超时信息到一个 COMMTIMEOUTS 结构，然后对这个结构进行自定义，再调用 SetCommTimeouts() 进行设置。这两个函数声明如下：

```
BOOL GetCommTimeouts(In_ HANDLE hFile, _Out_ LPCOMMTIMEOUTS lpCommTimeouts);
BOOL SetCommTimeouts(In_ HANDLE hFile, _In_ LPCOMMTIMEOUTS lpCommTimeouts);
```

其中 COMMTIMEOUTS 结构定义如下：

```
typedef struct _COMMTIMEOUTS {
    DWORD ReadIntervalTimeout;          /*读间隔超时 */
    DWORD ReadTotalTimeoutMultiplier;   /*读时间系数*/
    DWORD ReadTotalTimeoutConstant;     /*读时间常量 */
    DWORD WriteTotalTimeoutMultiplier;  /*写时间系数 */
    DWORD WriteTotalTimeoutConstant;    /*写时间常量 */
} COMMTIMEOUTS,*LPCOMMTIMEOUTS;
```

其中成员 ReadIntervalTimeout 为读操作时两个字符间的间隔超时，如果两个字符之间的间隔超过本限制，则读操作立即返回；ReadTotalTimeoutMultiplier 为读操作在读取每个字符时的超时；ReadTotalTimeoutConstant 为读操作的固定超时；WriteTotalTimeoutMultiplier 为写操作在写每个字符时的超时；WriteTotalTimeoutConstant 为写操作的固定超时。以上各个成员设为 0，表示未设置对应的超时。

超时设置有两种：间隔超时和总超时。间隔超时就是 ReadIntervalTimeout，总超时 = ReadTotalTimeoutConstant + ReadTotalTimeoutMultiplier × 要读写的字符数。由此可以看出，间隔超时和总超时的设置是不相关的。写操作只支持总超时，而读操作对两种超时均支持。比如：ReadTotalTimeoutMultiplier 设为 1000（即 1s），其余成员为 0，如果 ReadFile() 想要读取 5 个字符，则总的超时时间为 1s×5=5s。ReadTotalTimeoutConstant 设为 5000（即 5s），其余为 0，则总的超时时间为 5s。ReadTotalTimeoutMultiplier 设为 1000，并且 ReadTotalTimeoutConstant 设为 5000，其余

为 0，如果 ReadFile()想要读取 5 个字符，则总的超时为 1s×5+5s=10s。

如果所有写超时参数均为 0，那么就不使用写超时。如果 ReadIntervalTimeout 为 0，那么就不使用读间隔超时。如果 ReadTotalTimeoutMultiplier 和 ReadTotalTimeoutConstant 都为 0，那么不使用读总超时。如果读间隔超时被设置成 MAXDWORD，并且读时间系数和读时间常量都为 0，那么读操作在读取一次输入缓冲区的内容后就立即返回，而不管是否读入了指定的字符。

需要注意，用异步方式读写串口时，SetCommTimeouts()仍然起作用，在这种情况下，超时规定的是输入/输出操作的完成时间，而不是 ReadFile 和 WriteFile 的返回时间。

2. 设置发送和接收缓冲区大小

程序一般还需要设置输入/输出缓冲区的大小。Windows 中用输入/输出缓冲区来暂存串口输入和输出的数据。SetupComm 函数用来设置串口的发送和接收缓冲区的大小，如果通信的速率较高，则应该设置较大的缓冲区。SetupComm 函数声明如下：

```
BOOL WINAPI SetupComm(
    in HANDLE hFile,      //串口句柄
    in DWORD dwInQueue,   //输入缓冲区大小（字节数）
    in DWORD dwOutQueue   //输出缓冲区大小（字节数）
);
```

3. 设置串口的配置信息

函数 GetCommState()和 SetCommState()分别用来获得和设置串口的配置信息，如波特率、校验方式、数据位个数、停止位个数等。一般也是先调用 GetCommState()获得串口配置信息并保存到一个 DCB 结构中去，再对这个结构自定义后调用 SetCommState()进行设置，DCB 结构包含了串口的各项参数设置。这两个函数声明如下：

```
BOOL WINAPI GetCommState(
    in  HANDLE hFile,    //串口句柄
    out LPDCB lpDCB      //指向一个设备控制块（DCB 结构）的指针，保存的串口配置信息
);

BOOL WINAPI SetCommState(
    in HANDLE hFile,     //串口句柄
    in LPDCB lpDCB       //指向一个设备控制块，设置的串口配置信息
);
```

而 DCB 结构的定义如下：

```
typedef struct _DCB {
    DWORD DCBlength; //结构大小，即 sizeof(DCB)，在调用 SetCommState 来更新 DCB 前必须
设置
    DWORD BaudRate; //指定当前采用的波特率，应与所连接的通信设备相匹配
    DWORD fBinary:1;//指定是否允许二进制模式。Win32 不支持非二进制模式传输，应设置为 true
    DWORD fParity: 1;//指定奇偶校验是否允许，在为 true 时具体采用何种校验要看 Parity 设置
    DWORD fOutxCtsFlow:1;
    DWORD fOutxDsrFlow:1;
    DWORD fDtrControl:2;
    DWORD fDsrSensitivity:1;
```

```
    DWORD fTXContinueOnXoff:1;
    DWORD fOutX: 1;
    DWORD fInX: 1;
    DWORD fErrorChar: 1;   //若值为 true，则用 ErrorChar 指定的字符代替奇偶校验错误的接收
字符
    DWORD fNull: 1;              //若值为 true，则接收时自动去掉空（0 值）字节
    DWORD fRtsControl:2;
    DWORD fAbortOnError:1;
    DWORD fDummy2:17;       //保留，未启用
    WORD wReserved;              //未启用，必须设置为 0
    WORD XonLim;                 //在 XON 字符发送前接收缓冲区内可允许的最小字节数
    WORD XoffLim;                //在 XOFF 字符发送前接收缓冲区内可允许的最大字节数
    BYTE ByteSize;
    BYTE Parity;                 //指定端口数据传输的校验方法
    BYTE StopBits;
    char XonChar;                //指定 XON 字符
    char XoffChar;               //指定 XOFF 字符
    char ErrorChar;              //指定 ErrorChar 字符（代替接收到的奇偶校验发生错误时的字符）
    char EofChar;                //指定用于标示数据结束的字符
    char EvtChar;
    WORD wReserved1;             //保留，未启用
} DCB;
```

DCB 结构中一些复杂的成员字段解释如下：

（1）fParity：指定端口数据传输的校验方法，可取值及其含义如下：

- EVENPARITY：偶校验。
- MARKPARITY：标记校验，所发信息帧第 9 位恒为 1。
- NOPARITY：无校验。
- ODDPARITY：奇校验。

（2）StopBits：指定端口当前使用的停止位数，可取值及其含义如下：

- ONESTOPBIT：1 停止位。
- ONE5STOPBITS：1.5 停止位。
- TWOSTOPBITS：2 停止位。

（3）EvtChar：当接收到此字符时，会产生一个 EV_RXFLAG 事件。如果在 SetCommMask 函数中指定了 EV_RXFLAG，则可用 WaitCommEvent 来监测该事件。

（4）fAbortOnError：读写操作发生错误时是否取消操作。若设置为 true，则当发生读写错误时，将取消所有读写操作（错误状态置为 ERROR_IO_ABORTED），直到调用 ClearCommError 函数后，才能重新进行通信操作。

（5）fOutxCtsFlow：是否监控 CTS（clear-to-send）信号来做输出流控。当设置为 true 时，若 CTS 为低电平，则数据发送将被挂起，直至 CTS 变为高电平。CTS 的信号一般由 DCE（通常是一个 Modem）控制，DTE（通常是计算机）发送数据时监测 CTS 信号。也就是说，DCE 通过把 CTS 置高来表明自己可以接收数据了。

（6）fRtsControl：设置 RTS（request-to-send）流控，若值为 0，则默认取 RTS_CONTROL_HANDSHAKE。可取值及其含义如下：

- RTS_CONTROL_DISABLE：打开设备时置 RTS 信号为低电平，应用程序可通过调用 EscapeCommFunction 函数来改变 RTS 线电平状态。
- RTS_CONTROL_ENABLE：打开设备时置 RTS 信号为高电平，应用程序可通过调用 EscapeCommFunction 函数来改变 RTS 线电平状态。
- RTS_CONTROL_HANDSHAKE：允许 RTS 信号握手，此时应用程序不能调用 EscapeCommFunction 函数，当输入缓冲区已经有足够空间接收数据时，驱动程序置 RTS 为高以允许 DCE 发送数据；反之置 RTS 为低，以阻止 DCE 发送数据。
- RTS_CONTROL_TOGGLE：有字节要发送时 RTS 变高电平，当所有缓冲字节已被发送完毕后，RTS 变低电平。

（7）fOutxDsrFlow：是否监控 DSR（data-set-ready）信号来做输出流控。当设置为 true 时，若 DSR 为低电平，则数据发送将被挂起，直至 DSR 变为高电平。DSR 的信号一般由 DCE 来控制。

（8）fDtrControl：DTR（data-terminal-ready）流控，可取值及其含义如下：

- DTR_CONTROL_DISABLE：打开设备时置 DTR 信号为低电平，应用程序可通过调用 EscapeCommFunction 函数来改变 DTR 线电平状态。
- DTR_CONTROL_ENABLE：打开设备时置 DTR 信号为高电平，应用程序可通过调用 EscapeCommFunction 函数来改变 DTR 线电平状态。
- DTR_CONTROL_HANDSHAKE：允许 DTR 信号握手，此时应用程序不能调用 EscapeCommFunction 函数。

（9）fDsrSensitivity：通信设备是否对 DSR 信号敏感。若设置为 true，则当 DSR 为低时将会忽略所有接收的字节。

（10）fTXContinueOnXoff：当输入缓冲区满且驱动程序已发出 XOFF 字符时，是否停止发送数据。当值为 true 时，数据发送操作仍将继续；当值为 false 时，数据发送会停止，直到缓冲区内至少有 XonLim 指定数量的字节空间，并且驱动程序已发送 XON 字符后，数据发送才会继续。

（11）fOutX：XON/XOFF 流量控制在发送时是否可用。如果值为 true，当 XOFF 值被收到的时候，发送停止；如果值为 false，当 XON 值被收到的时候，发送继续。

（12）fInX：XON/XOFF 流量控制在接收时是否可用。如果值为 true，当输入缓冲区已接收满 XoffLim 字节时，发送 XOFF 字符；当输入缓冲区已经有 XonLim 字节的空余容量时，发送 XON 字符。

有必要多关注 DCB 结构中几个比较重要的成员：BaudRate、fParity、Parity、ByteSize、StopBits。

（1）BaudRate：波特率，常用的有 CBR_9600、CBR_14400、CBR_19200、CBR_38400、CBR_56000、CBR_57600、CBR_115200、CBR_128000、CBR_256000。

（2）fParity：指定奇偶校验使能，若此成员为 1，则允许奇偶校验。

（3）Parity：校验方式，可以为 0~4，对应宏为 NOPARITY、ODDPARITY、EVENPARITY、MARKPARITY、SPACEPARITY，分别表示无校验、奇校验、偶校验、校验置位（标记校验）、校

验清零。

（4）ByteSize：数据位个数，可以为 5～8 位。

（5）StopBits：停止位，可以为 0～2，对应宏为 ONESTOPBIT、ONE5STOPBITS、TWOSTOPBITS，分别表示 1 位停止位、1.5 位停止位、2 位停止位。

配置串口的示例代码如下：

```
SetupComm(hCom,1024,1024); //输入缓冲区和输出缓冲区的大小都是 1024
COMMTIMEOUTS TimeOuts; //设定读超时
TimeOuts.ReadIntervalTimeout=1000;
TimeOuts.ReadTotalTimeoutMultiplier=500;
TimeOuts.ReadTotalTimeoutConstant=5000; //设定写超时
TimeOuts.WriteTotalTimeoutMultiplier=500;
TimeOuts.WriteTotalTimeoutConstant=2000;
SetCommTimeouts(hCom,&TimeOuts); //设置超时 DCB dcb;
GetCommState(hCom,&dcb);
dcb.BaudRate=9600; //波特率为 9600
dcb.ByteSize=8; //每个字节有 8 位
dcb.Parity=NOPARITY; //无奇偶校验位
dcb.StopBits=TWOSTOPBITS; //两个停止位
SetCommState(hCom,&dcb);
PurgeComm(hCom,PURGE_TXCLEAR|PURGE_RXCLEAR); //清空缓冲区
```

注意：在进行读写串口之前，还要用 PurgeComm 函数清空缓冲区。

10.2.3 读写串口

Win32 提供函数 ReadFile 从串口读取数据，该函数声明如下：

```
BOOL WINAPI ReadFile(_In_  HANDLE hFile, _Out_  LPVOID lpBuffer,
    _In_  DWORD nNumberOfBytesToRead, _Out_opt_  LPDWORD lpNumberOfBytesRead,
    _Inout_opt_  LPOVERLAPPED lpOverlapped);
```

其中参数 hFile 表示已经打开的文件或设备句柄；lpBuffer 指向一个缓冲区，保存读取的数据；nNumberOfBytesToRead 表示要读取数据的字节数，如果实际读取的字节数小于这个数，则函数会一直等待直到超时；lpNumberOfBytesRead 表示实际读取的字节数；lpOverlapped 指向一个 OVERLAPPED 结构，用于异步操作。函数执行成功返回 true，执行失败返回 false。

在用 ReadFile()读文件时，如果想要读取的数据大小比文件内容大，则只会读取文件大小的数据。而读串口时，如果想要读取的数据比缓冲区中的数据大，则 ReadFile 函数会阻塞，直到数据到达或者超时。

在使用 ReadFile 函数进行读操作前，应先使用 ClearCommError 函数清除错误。ClearCommError 函数用来清除通信中的错误并获得当前通信状态，该函数声明如下：

```
BOOL WINAPI ClearCommError(
 _In_      HANDLE hFile,       //串口句柄
 _Out_opt_  LPDWORD lpErrors,  //返回的错误码
 _Out_opt_  LPCOMSTAT lpStat   //返回的通信状态
);
```

其中参数 hFile 表示已经打开的文件或设备句柄。参数 lpErrors 用来保存错误码，具体对应的错误为：

- CE_BREAK：检测到中断信号，意思是说检测到某个字节数据缺少合法的停止位。
- CE_FRAME：硬件检测到帧错误。
- CE_IOE：通信设备发生输入/输出错误。
- CE_MODE：设置模式错误，或是 hFile 值错误。
- CE_OVERRUN：溢出错误，缓冲区容量不足，数据将丢失。
- CE_RXOVER：溢出错误。
- CE_RXPARITY：硬件检查到校验位错误。
- CE_TXFULL：发送缓冲区已满。

参数 lpStat 为指向_COMSTAT 结构的指针，保存通信状态。一般我们只关心这个结构中的两个成员：cbInQue 和 cbOutQue。这两个成员分别表示输入缓冲区中的字节数和输出缓冲区中的字节数。

函数 WriteFile 用于向串口中写数据，声明如下：

```
BOOL WINAPI WriteFile(In_HANDLE hFile, In_LPCVOID lpBuffer,
    In_DWORD nNumberOfBytesToWrite, Out_opt_LPDWORD lpNumberOfBytesWritten,
    Inout_opt_LPOVERLAPPED lpOverlapped);
```

其中，参数 hFile 表示已经打开的文件或设备句柄；参数 lpBuffer 指向一个缓冲区，包含要写入的数据；参数 nNumberOfBytesToRead 表示要写入数据的字节数；参数 lpNumberOfBytesRead 表示实际写入的字节数；参数 lpOverlapped 指向一个 OVERLAPPED 结构，用于异步操作。函数执行成功返回 true，否则返回 false。

如果想要执行异步读写操作，则 lpOverlappen 参数不能为 NULL，而且在调用 CreateFile()打开文件时应指定 FILE_FLAG_OVERLAPPEN 标记。在执行异步读写操作时，如果 ReadFile()和 WriteFile()返回 false，则应调用 GetLastError 函数分析返回的结果，结果若是 ERROR_IO_PENDING，说明异步 I/O 操作正在进行。

除了读写函数之外，Win32 还提供了函数 PurgeComm 来清空缓冲，该函数通常在读写串口之前调用。PurgeComm 函数用来停止读写操作、清空读写缓冲区，第一次读取串口数据、写串口数据之前、串口长时间未使用、串口出现错误等情况，应先清空读或写缓冲区。PurgeComm 函数声明如下：

```
BOOL PurgeComm(HANDLE hFile,  DWORD dwFlags );
```

其中参数 hFile 表示已经打开的文件或设备句柄；参数 dwFlags 指定串口执行的动作，可以是以下值的组合：

- PURGE_TXABORT:停止目前所有的传输工作并立即返回,而不管是否完成传输动作。
- PURGE_RXABORT: 停止目前所有的读取工作并立即返回，而不管是否完成读取动作。
- PURGE_TXCLEAR: 清除发送缓冲区的所有数据。
- PURGE_RXCLEAR: 清除接收缓冲区的所有数据。

比如，清除串口的所有操作和缓冲：

```
PurgeComm(hComm, PURGE_RXCLEAR|PURGE_TXCLEAR|PURGE_RXABORT|PURGE_TXABORT);
```

ReadFile 和 WriteFile 函数是同步还是异步，由 CreateFile 函数决定。如果在调用 CreateFile 创建句柄时指定了 FILE_FLAG_OVERLAPPED 标志，那么调用 ReadFile 和 WriteFile 对该句柄进行的操作就应该是异步的；如果未指定异步标志，则读写操作应该是同步的。ReadFile 和 WriteFile 函数的同步或者异步应该和 CreateFile 函数相一致。

ReadFile 函数只要在串口输入缓冲区中读入指定数量的字符，就算完成操作。而 WriteFile 函数不但要把指定数量的字符写入输出缓冲区，而且要等这些字符从串口送出去后才算完成操作。如果操作成功，则这两个函数都返回 true。需要注意，当 ReadFile 和 WriteFile 返回 false 时，不一定就是操作失败，线程应该调用 GetLastError 函数分析返回的结果。例如，在异步操作时，如果操作还未完成函数就返回，那么函数返回 false，而且 GetLastError 函数返回 ERROR_IO_PENDING，这说明异步操作还未完成。但考虑到部分读者可能没有学过 Windows 编程，因此我们不采用多线程和异步方案，而是采用比较简单的同步方式来读写串口。

10.2.4 关闭串口

函数 CloseHandle 用来关闭串口，其声明如下：

```
BOOL CloseHandle( [in] HANDLE hObject);
```

函数参数为已打开的串口句柄。如果该函数执行成功，则返回值为非零值；如果该函数执行失败，则返回值为 0。通常，应用程序应为每个打开的句柄调用一次 CloseHandle。如果使用句柄的函数因 ERROR_INVALID_HANDLE 而失败，通常不需要调用 CloseHandle，因为此错误通常表示句柄已无效。但是，某些函数使用 ERROR_INVALID_HANDLE 来指示对象本身不再有效。例如，当网络连接断开后，任何试图操作网络上文件的函数，如果使用之前打开的文件句柄，则可能会失败，并返回 ERROR_INVALID_HANDLE 错误码，因为该文件对象不再可用。在这种情况下，应用程序应关闭句柄。

10.3 VC 和 Arduino 程序之间的串口通信

首先开发上位机程序。打开 Visual Studio，在菜单栏依次单击"新建"→"项目"，弹出"新建项目"对话框，在该对话框左边展开"已安装"→"Visual C++"，右边选择"控制台应用"，项目名称是 upser（当然也可以自定义），位置是 d:\ex\myvc，如图 10-3 所示。

图 10-3

其他保持默认，然后单击右下角的"确定"按钮，这样一个控制台应用项目就自动建立起来了。然后在菜单栏依次单击"项目"→"属性"来打开"upser 属性页"对话框，在对话框右边的"字符集"旁选择"使用多字节字符集"，如图 10-4 所示。

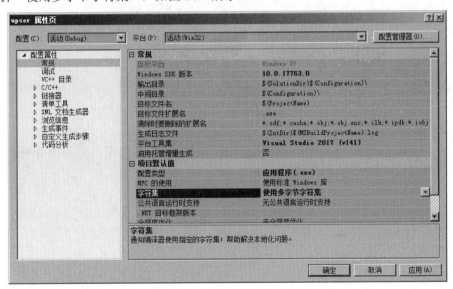

图 10-4

单击"确定"按钮关闭该对话框。然后在 Visual C++ 2017 中双击打开 upser.cpp，并输入如下代码：

```
#include "windows.h"
#include <stdio.h>
#define COMNO "COM3"  //定义串口号
int timeout = 5;
int dosendandrcv(HANDLE hcom, int slen, unsigned char *sendbuffer, unsigned char *receivebuffer)
```

```
{
    int     r, i, count;
    unsigned char    rbuf[MAX_PATH] = "";
    DWORD   dwBytesWritten, NumberOfBytesRead;
    DWORD lpErrors;
    COMSTAT lpStat;
    PurgeComm(hcom, PURGE_TXABORT | PURGE_RXABORT | PURGE_TXCLEAR |
PURGE_RXCLEAR);
    count = 0;
    while (count < slen)
    {
        dwBytesWritten = 0;
        if (WriteFile(hcom, sendbuffer + count, slen - count, &dwBytesWritten,
NULL))
        {
            if (dwBytesWritten > 0)
                count += dwBytesWritten;
        }
        else
        {
            puts("WriteFile failed");
            return -1;
        }
    }
    if (timeout <= 0)
        timeout = 1;
    for (i = 0; i < timeout * 20; i++)
    {
        Sleep(50);
        lpStat.cbInQue = 0;
        ClearCommError(hcom, &lpErrors, &lpStat);//在使用 ReadFile 函数进行读操作
前，应先使用 ClearCommError 函数清除错误
        break;
    }
    Sleep(500);//等待单片机完成
    if ((lpStat.cbInQue) == 0)  //判断输入缓冲区中的字节数是否为 0
    {
        //puts("return -2");
        return  -2;  //如果输入缓冲区无数据，那也用不着读了，直接返回
    }
    memset(rbuf, 0, sizeof(rbuf));//缓冲区置 0
    count = 0;
    while (1)
    {
        NumberOfBytesRead = 0;
        r = ReadFile(hcom, rbuf + count, 1, &NumberOfBytesRead, NULL);//逐个
字符读取
        if (r)
        {
            if (NumberOfBytesRead > 0)
```

```
                {
                        count++;
                }
                else //如果没有读到数据，我们尝试延时一会，清除错误状态后，判断输入缓冲区是
否有数据，如果有，则再次读
                {
                        for (i = 0; i < timeout; i++)
                        {
                                Sleep(20);
                                lpStat.cbInQue = 0;
                                //在使用 ReadFile 函数进行读操作前，应先使用 ClearCommError 函数
清除错误
                                ClearCommError(hcom, &lpErrors, &lpStat);
                                if ((lpStat.cbInQue) > 0) //还有数据，需要读取
                                        break;
                        }
                        if ((lpStat.cbInQue) == 0)  //判断输入缓冲区中的字节数是否为 0
                        {
                                break; //输入缓冲区中没数据了，则跳出循环，结束读取
                        }
                }
        }
        else //r==FALSE
        {
                r = GetLastError();
                printf("ReadFile return:%d", r);
                return -3;
        }
    }

    puts((const char*)rbuf);//输出结果
    memcpy(receivebuffer, rbuf, count); //复制到结果缓冲区中
    return count;
}
int sendandrcv(HANDLE hcom, int slen, unsigned char *sendbuffer, unsigned char
*receivebuffer)
{
    int ret, i;
    for (i = 0; i < 3; i++)  //多次发送
    {
        ret = dosendandrcv(hcom, slen, sendbuffer, receivebuffer);
        if (ret >= 0)
        {
            return ret;
        }
    }
    return ret;
}
int main()  //主函数
{
```

```
        char str[200] = "";
        int len = 3;
        unsigned char SBuf[1024] = "ABC", RBuf[1024];
        //打开串口
        HANDLE g_hCom = CreateFile(COMNO, GENERIC_READ | GENERIC_WRITE, 0, NULL,
OPEN_EXISTING, 0, 0);
        if (g_hCom == INVALID_HANDLE_VALUE)
        {
            int errCode = GetLastError();
            printf("CreateFile failed:%d", errCode);
            return false;
        }

        //设置读超时
        COMMTIMEOUTS timeouts;
        GetCommTimeouts(g_hCom, &timeouts); //获得当前的超时设置
        timeouts.ReadIntervalTimeout = 0; //读间隔超时
        timeouts.ReadTotalTimeoutMultiplier = 0;//读时间系数
        timeouts.ReadTotalTimeoutConstant = 5000; //读时间常量
        timeouts.WriteTotalTimeoutMultiplier = 0;//写时间系数
        timeouts.WriteTotalTimeoutConstant = 0; //写时间常量
        SetCommTimeouts(g_hCom, &timeouts);//设置串口读写超时时间

        DCB dcb;
        if (!GetCommState(g_hCom, &dcb)) //获取当前串口配置信息
        {
            puts("GetCommState() failed");
            CloseHandle(g_hCom);
            return false;
        }
        int nBaud = 9600; //设置波特率为 9600
        dcb.DCBlength = sizeof(DCB);
        dcb.BaudRate = nBaud;//波特率为 9600
        dcb.Parity = 0;//校验方式为无校验
        dcb.ByteSize = 8;//数据位为 8 位
        dcb.StopBits = ONESTOPBIT;//停止位为 1 位
        if (!SetCommState(g_hCom, &dcb)) //设置串口配置信息
        {
            puts("SetCommState() failed");
            CloseHandle(g_hCom);
            return false;
        }
        sendandrcv(g_hCom, len, SBuf, RBuf);
        CloseHandle(g_hCom);//关闭串口
        return 0;
    }
```

我们在程序中准备向 Arduino 下位机发送的字符串是"ABC"，下位机收到后，会返回这个字符串。下面开发下位机程序。

打开 Arduino IDE，并打开 test.ino 文件，然后输入如下代码：

```
void setup() {
    Serial.begin(9600); //设置串口波特率
}
void loop() {
    String msg = rcvData(); //获取串口收到的数据
    if (msg != "") {
    Serial.println("收到: " + msg); //将数据输出到串口,这样上位机就可以收到了
    }
}
String rcvData()//串口数据接收函数
{
    String inputString = "";
    while (Serial.available())
    {
    inputString += (char)Serial.read(); //读取串口一个字节数据,并添加到字符串中
    delay(2);//延时使数据连续接收
    }
    return inputString;
}
```

在上面代码中,loop 函数反复调用串口数据接收函数 rcvData,该函数里有一个 while 循环,一旦有数据来了,就调用 read 函数进行读取,并将读取到的数据存于字符串 inputString 中,如此反复,直到读完全部数据。读取完毕后,再通过 println 函数将所有数据打印输出到串口,这样上位机的串口数据接收函数就可以读到数据了。程序编写完后,我们把程序进行编译并上传到 Arduino 开发板中。至此,下位机程序开发完毕。

确保 Arduino 开发板和计算机已通过数据线连接好,通电后下位机程序自动启动。因为 Arduino IDE 会占用串口,所以先将 Arduino IDE 关闭,然后在计算机上运行(按快捷键 Ctrl+F5)上位机程序,稍等片刻就可以收到数据了,结果如图 10-5 所示。

图 10-5

第11章

超声波智能小车项目实战

本章将实现一个超声波智能小车项目，小车可以自动避障、遥控和寻迹。我们将从最基本的组装开始讲起，逐步实现各个功能，最终把所有功能组合在一起，完成一个超声波智能小车。

11.1　组装小车

组装小车是实现智能小车的第一步，这项任务有这不小的挑战，需要细心和耐心。限于篇幅，这里只能用文字和有限的图片来描述组装小车的大致步骤，但笔者也提供了详细的安装视频，读者可以在本章源码目录下找到。最终组装好的小车如图 11-1 所示。本节将讲解其大体的安装步骤。

图 11-1

1. 安装主板

这里所说的主板就是 Arduino 开发板。首先为其安装螺丝，Arduino 开发板上有 4 个圆孔，可以用 4 个 10mm 的圆头螺丝分别穿过每个圆孔和小铜柱固定。最终效果如图 11-2 所示，图中左上角的小图是螺丝固定的细节图。

然后把这个主板安装到车子底盘上，通过螺丝连接小铜柱，而且只需连接 2 个小铜柱即可，如图 11-3 所示。可以看出，这个黄色的大块板子就是智能小车的底盘了。

图 11-2　　　　　　　　　　　　图 11-3

2. 安装车轮电机

车轮电机是将车子的动力系统、传动系统、刹车系统集成到一起而设计出来的电机。准备的物品如图 11-4 所示。单个车轮电机安装后的效果如图 11-5 所示。

图 11-4　　　　　　　　　　　　图 11-5

3. 安装万向轮

万向轮装在小车尾部。先用 4 个螺丝将 4 个小铜柱安装在万向轮上，如图 11-6 所示。然后将其安装在车子尾部，如图 11-7 所示。注意，万向轮和车轮电机在底盘同一侧。

图 11-6　　　　　　　　　　　　图 11-7

4. 安装电机驱动板

电机驱动板用的是 L298N 驱动板，该驱动板如图 11-8 所示。L298N 是意法半导体集团旗下量产的一种电机驱动芯片，拥有工作电压高、输出电流大、驱动能力强、发热量低、抗干扰能力强等特点，通常用来驱动继电器、螺线管、电磁阀、直流电机以及步进电机。

先将 4 个前凸铜柱插入 L298N 驱动板的 4 个孔中，前凸铜柱如图 11-9 所示。再用 4 个螺母固定住，效果如图 11-10 所示。

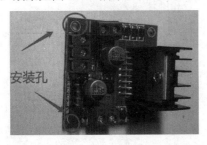

图 11-8   图 11-9   图 11-10

最后将其安装在小车板子上，如图 11-11 所示。我们只用了板子上的 2 个孔就将其固定住了。孔位也可以自己选择，只需能固定住即可。

图 11-11

5. 安装车轮

车轮的安装比较简单，直接将车轮安装在电机的外侧即可，如图 11-12 所示。车轮的内侧端部设计有专门的插槽，用于安装一块黑色圆形塑料片。这个黑色圆片遮挡了可能显得杂乱的机械部件，让装置更加美观。

图 11-12

6. 安装超声波和舵机模块

超声波模块用来探测障碍物，实现小车的避障功能。超声波模块如图 11-13 所示。

舵机也被称为陀螺仪，是一种用来调整方向和升降的设备。舵机模块（包括固定件）如图 11-14 所示。

图 11-13　　　　　　　　　　　　　图 11-14

这里的陀机将配合云台，起到旋转的作用。超声波模块用两根白色扎带固定在陀机模块上，如图 11-15 所示。

接着把云台装在车前方，如图 11-16 所示。最后将已经绑定了超声波模块的陀机模块插入云台，最终效果如图 11-17 所示。

图 11-15　　　　　　　　　图 11-16　　　　　　　　　图 11-17

7. 安装电池盒

首先我们来看一下电池盒，如图 11-18 所示。电池盒中一共要放置 6 节 5 号电池。

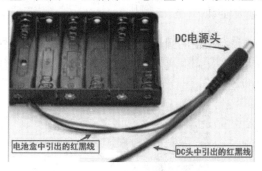

图 11-18

从电池盒中引出了两根导线，一根红色导线来自电池组的正极，另外一根黑色导线来自电池组的负极，然后这两根导线进入 DC 电源头，使得 DC 电源头有能力向 Arduino 开发板（即主板）供电，因此 DC 电源头最终插入 Arduino 开发板的电源插孔中。而为了能再向 L298N 驱动板供电，又从 DC 电源头中引出一根红色导线和一根黑色导线，并且它们是粘在一起的，我们需要将其分开。这两根线其实也连接了电池的正极和负极，红色连着的是电池正极，黑色连着的电池负极。将它们分开后，黑色导线将插入驱动板的 G 引脚插槽（GND 插槽）中，红色导线将和从开关引出的一根导线相互绑定。"开关"将在稍后讲述，现在还是重点讲电池盒的安装。

电池盒直接安装在小车末尾。电池盒上有两个螺丝孔，使用其中一个即可，安装后的效果如图

11-19 所示。最后，把电源盒引出的圆形 DC 电源头插入主板（Arduino 开发板）的电源孔中，如图 11-20 所示。

图 11-19   图 11-20

8. 安装开关

开关用来接通或断开电源，它安装在小车底板上，位于两个车轮电机之间，如图 11-21 所示。

按下圆圈那侧表示断开电源，按下横线那侧表示接通电源。注意把开关的两根导线引到底板正面，然后把其中一根插入驱动板尾部蓝色接线槽的左边第一个孔（A 插槽）内，并用自带的螺丝拧紧，如图 11-22 所示。

图 11-21   图 11-22

开关的另外一根导线和电池盒引出的圆形插头尾部的红导线绑定（注意，绑定的是两根导线的金属头），绑定后用胶带包裹一下；而电池盒引出的圆形插头尾部的黑色导线则插入驱动板尾部蓝色接线槽的中间孔内，如图 11-23 所示。

图 11-23

绑定是将两根导线的铜线部分缠绕在一起，如果铜线裸露得不多，可能需要把绝缘体刮掉一些。

另外需要注意，黑色导线在和红色导线撕开的时候，会沾染不少红色颜料，可千万不要认为它是红黑导线，它就是一根黑色导线。

9. 安装扩展板

扩展板就是扩展端口的板子，通过扩展板可以连接更多的外部设备。扩展板通过排针直接插在主板上，这样就相当于主板拥有更多的端口了。需要注意，插的时候，扩展板和主板边缘要对齐，如图 11-24 中的箭头指向所示。

图 11-24

关于扩展板上的插针，在下一节测试小车轮子时再详细讲解。至此，小车组装工作基本完成。

11.2 测试小车轮子

上一节我们组装了小车，现在开始要逐步测试其功能了。首先测试其轮子能否在电力的驱动下跑起来。这个过程包括接线、放电池、编程和下载程序、通电测试。

11.2.1 L298N 驱动板的接线

组装车子时，我们只是进行了部分接线，包括开关引出的导线和电池盒引出的导线。那为何不一次性完成全部接线工作呢？其实这也是笔者的用心所在，这样做是为了方便测试。因为测试是按照不同的功能来进行的，比如本节测试的是小车最基本的跑起来的功能，那就没必要去接超声波模块的导线，只需去接"让汽车跑起来"这个功能相关的导线。一旦出现问题，我们也可以缩小排错的范围。而组装车子时接的开关导线和电池盒导线是所有功能的基础，开关导线和电池盒导线就是为了让开关能顺利开启和关闭电源，因此连接了这两个导线。

言归正传，首先考虑一个问题，为何要用一块 L298N 驱动板？对此，笔者第一次用电机的时候，也很疑惑，车轮电机是 5V 的，直接连上单片机输入/输出引脚，让其输出高低电平不也能控制电机转动吗？但其实不是的，输入/输出引脚确实能输出 5V 的电压，也确实是和电机的电压一样，但输入/输出引脚输出的电流太小了，根本带不动电机。举个例子，让一个小伙子去耕地，他肯定拉不动耕地的犁，但如果给他一头牛，让小伙牵着牛耕地，肯定非常容易。而 L298N 的作用就和例子中牛的作用一样，我们只需用单片机输入/输出引脚控制 L298N，让它去做所有工作。

L298N 是 L293 电机驱动芯片的高功率、大电流版本，由 Multiwatt 15 封装，它是一款可接受高电压、大电流的双路全桥式电机驱动芯片，工作电压可达 46V，输出电流最高可至 4A，接受标准 TTL 逻辑电平信号，具有两个使能控制端。它在不受输入信号影响的情况下，通过板载跳线帽插拔的方式动态调整电路运作方式，有一个逻辑电源输入端，通过内置的稳压芯片 78MO5 使内部逻辑电路部分在低电压下工作，也可以对外输出逻辑电压 5V。为了避免损坏稳压芯片，当使用大于 12V 驱动电压时，务必使用外置的 5V 接口独立供电。

N 是 L298 的封装标识符，表示立式封装。它还有其他两种不同类型的封装方式：P（贴装形式封装）和 HN（侧安装封装）。三种封装形式如图 11-25 所示。

N是立式封装　　P是贴装形式封装　　HN是侧安装封装

图 11-25

因此，我们可以在驱动板上看到 L298N 芯片是立着的，如图 11-26 所示。此外，该芯片还连着一块黑色散热片。散热片是一种无源热交换器，可将电子或机械设备产生的热量传递到流体介质中（空气或液体冷却剂），对芯片起到一定的散热作用，类似计算机中的风扇。

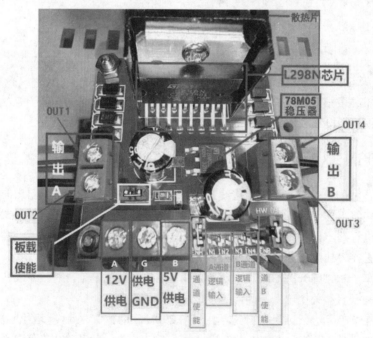

图 11-26

78M05 是一种三端固定正电压稳压器，采用平面外延制造工艺，并以 TO-220 封装形式出现。这个稳压器具有三个端子：输入端子、公共端子（通常作为地线使用）和输出端子。它能提供最高

500mA 的输出电流，其输入偏置电流为 3.2mA，而最大输入电压为 35V。78M05 的设计特别包括过流和过热保护功能，这使得它在电子电路设计中非常实用，特别是在需要稳定 5V 电压源的应用中。

了解过芯片，我们再来看其他部分。

1. 输出

L298N 模块拥有双通道输出，也就是输出 A 与输出 B，可以实现对两路电机进行不同的控制与操作，输出 A 与输出 B 直接连车轮电机的两根导线即可。一个车轮电机有红色和黑色两根导线，通常而言，红线接高电平，黑线接低电平，这样车轮就是正转（顺时针），如果反过来接，车轮就是反转（逆时针）。

输出 A 对应两个输出端口 OUT1 和 OUT2，并且 OUT1 在前方，OUT2 在后方。在本实验中，我们稍后将在程序中设置 OUT1 输出高电平，因此 OUT1 应该接左侧车轮电机的红线，使得红线得到的是高电平；设置 OUT2 输出低电平，因此 OUT2 应该接左侧车轮电机的黑线，使得黑线得到的是低电平。

输出 B 对应了两个输出端口 OUT3 和 OUT4，并且 OUT4 在前方，OUT3 在后方。在本实验中，我们稍后将在程序中设置 OUT3 输出高电平，因此 OUT3 应该接右侧车轮电机的红线，使得红线得到的是高电平；设置 OUT4 输出低电平，因此 OUT4 应该接右侧车轮电机的黑线，使得黑线得到的是低电平。

因此，我们从图 10-26 中可以看到，左侧是红线在前，黑线在后；右侧是黑线在前，红线在后。接线时，把裸露的铜线插入插槽中，然后用螺丝刀拧紧螺丝，使得导线不掉出来即可。

2. 供电

继续看图 11-26，供电 A、G、B 插槽与"板载 5V 使能"的跳线帽组合起来，一共有 3 种接法。A 端又称 VCC 端或 12V 端；G 是接地（GND），连接到电源负极，注意 GND 是电源和单片机一起共地；B 端又称 VC 端或 5V 端，也称"5V 驱动芯片内部逻辑供电引脚"，如果安装了"板载 5V 使能"的跳线帽，则此引脚可输出 5V 电压，为微控板或其他电路提供电力供给，如果拔掉"板载 5V 使能"的跳线帽，则需要独立外接 5V 电源。

值得强调的是，12V 端（A 端）供电接电源的正极，G 端（供电 GND，可以暂时简单理解为负极或者接地）接电源的负极。切勿接错，否则 L298N 模块很容易被烧毁。

具体接法如下：

（1）双 5V 输入：在 A、B 两处都接入一个 5V 电压，G 接 GND。A、G、B 上方的"板载 5V 使能"要用跳线帽接起来。这种方法的电压比较小，轮子可能转不起来，也无法进行 PWM 调速，因此不推荐。

（2）小于或等于 12V 输入：在 A 处接入一个 7～12V 电压，G 接 GND，B 处不需要接电压，反而可以输出 5V 的电压供单片机使用，而且 A、G、B 上方的"板载 5V 使能"要用跳线帽接起来。注意：B 端不要输入电压，如果强行供电，有可能会烧坏右侧电容。

这种情况下，内部电路由稳压器供电，并且 5V 引脚作为微控制器供电的输出引脚，即 A 端作为 78M05 稳压器的输入，5V 是 78M05 稳压器的输出，从而可以为板载提供 5V 电压，为外部电路供电。使用这种方法，B 端不但可以用来给单片机供电，也可以进行 PWM 调速，因此常用这种方法。本实验中就是这样接的，A 和 G 接了导线，B 并没有接线；A 处接的线来自反面开关引出的线，而且如果开关闭合，则电池供电就会导通。L298N 的 GND 接单片机的 GND，否则没有参考电压，不能进行正常控制。

（3）大于 12V 输入：先拔掉"板载 5V 使能"的跳线帽，然后在 A 处接入一个大于 12V 电压，G 接 GND，再通过 B 端单独为内部供电，此时 B 端（5V 端）为输入。即 A 端不作为 78M05 稳压器的输入，而 5V 由外部电路提供给 B 端，B 端再为内部供电。因此，这种情况需要两个供电电源，A 端接入大于 12V 的电源以及 B 端接入 5V 电源。

需要要强调的是，这种情况下，"板载 5V 使能"的跳线帽要拔掉，如果不拔掉该跳线帽，可能会损坏内置的 78M05 稳压器。这种方法的电压太大，可能会烧坏玩具电机等小型电机，甚至摧毁单片机，因此不推荐。总之，如果电压大于 12V，则必须拔掉跳线帽。

电压讲得有些复杂了，我们再简单总结一下：

- 当输入电压 U<7V 时：12V 端口（即 A 端）输入电压供内部电路使用。缺点是 12V 输入的电压可能不足，导致电机转速不够（这种情况是笔者自己假设的，U<7V，理论上内部电路依旧由稳压器供电）。
- 当 7V<U<12V 时：内部电路将由稳压器供电，5V 端口（即 B 端）为输出，不能强行供电。
- 当 12V<U≤24V 时：12V 端口输入高电压驱动电机，内部控制电路的电压从外面 5V 端口额外输入，拔掉"板载 5V 使能"的跳线帽，A 端不作为 78M05 稳压器的输入。

3. 逻辑输入

所谓逻辑输入，简单理解就是通过高低电平实现一定的程序逻辑功能。共有 4 个插针用于逻辑输入，从左到右为 IN1、IN2、IN3、IN4，IN1 和 IN2 分别对应输出 A 的 OUT1 和 OUT2，IN3 和 IN4 分别对应输出 B 的 OUT3 和 OUT4。也就是说，如果 IN1 输入的是高电平，那么 OUT1 输出的就是高电平；如果 IN1 输入的是低电平，那么 OUT1 输出的就是低电平。其他 INx 和 OUTx 也有同样的对应关系。

这 4 个 IN 插针通过导线连接到单片机的输入/输出引脚上。如果 IN1 输入为高电平，IN2 输入为低电平，则 OUT1 输出为高电平，OUT2 输出为低电平，从而左边的电机正转（顺时针）；反之，如果 IN1 输入的是低电平，IN2 输入的是高电平，则左边电机反转（逆时针）。同理可知，如果 IN3 输入的是高电平，IN4 输入的是低电平，则右边电机正转，反之，如果 IN3 输入的是低电平，IN4 输入的是高电平，则右边电机反转。要设置 IN 输入为高电平或低电平，可通过单片机代码设置输入/输出引脚的高或低来实现。如果要测试电机是否损坏，可直接短接 3.3V 电源与 GND，查看电机是否会转。还有其他一些情况，我们总结如下：

（1）IN1 和 IN2 是电机驱动器 A 的输入引脚，控制电机 A 转动：

- IN1 输入高电平，IN2 输入低电平，对应电机 A 正转。
- IN1 输入低电平，IN2 输入高电平，对应电机 A 反转。
- IN1、IN2 同时输入高电平或低电平，对应电机 A 停止转动。

以上 3 种情况，需插着 ENA 处跳线帽。而调速就是改变 IN1、IN2 高电平的占空比，需拔掉

ENA 处跳线帽。

（2）IN3 和 IN4 是电机驱动器 B 的输入引脚，控制电机 B 转动：

- IN3 输入高电平，IN4 输入低电平，对应电机 B 正转。
- IN3 输入低电平，IN4 输入高电平，对应电机 B 反转。
- IN3、IN4 同时输入高电平或低电平，对应电机 B 停止转动。

以上 3 种情况，需插着 ENB 处跳线帽。而调速就是改变 IN3、IN4 高电平的占空比，需拔掉 ENB 处跳线帽。

在本实验中，这 4 个 IN 插针和我们的扩展板连接一起。具体如何连接呢？这就要先认识一下扩展板了。扩展板上插针较多，理解插针的作用是关键，我们用图来说明，首先看一下图 11-27。

图 11-27

第一行的字母 G 对应的一排插针都表示 GND 引脚，第二行的字母 V 对应的一排插针都表示 5V 引脚，第三行的字母 S 对应的一排插针都表示数字引脚，我们对其单独进行了标记。

在我们的实验中，数字引脚 D4、D5、D6、D7 分别和驱动板上的 IN1、IN2、IN3、IN4 用导线连接在一起，如图 11-28 所示。

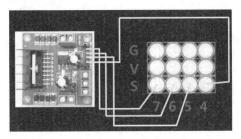

图 11-28

这样，我们只需在程序中控制 D4、D5、D6 和 D7，就能最终控制 IN1、IN2、IN3、IN4 和 OUT1、

OUT2、OUT3、OUT4 的高低电平值，从而控制车轮电机的正转或反转等。

11.2.2　检查通电情况

在实际测试小车之前，我们需要检查各个电路板的通电情况。到目前为止，小车上一共有 3 块电路板，主板（Arduino 开发板）、扩展板和 L298N 驱动板。此时，如果在电池盒中放满 6 个电池，那么主板和扩展板上就会各有一个红色 LED 灯变亮，如图 11-29 所示。

如果我们再开启小车底下的开关，则驱动板上的 LED 灯也会亮，如图 11-30 所示。

图 11-29　　　　　　　　　　　　　　　　图 11-30

此时 3 个电路板上的 LED 灯都亮了，说明它们的通电情况正常。下面我们就可以开始开发小车的前进功能了。

11.2.3　小车前进

我们要让驱动板两边所连的车轮电机向前转，就要让 OUT1 输出高电平，OUT2 输出低电平，OUT3 输出高电平，OUT4 输出低电平。这就意味着我们要让 IN1 输入高电平，IN2 输入低电平，IN3 输入高电平，IN4 输入低电平，即 D4 要设置为高电平，D5 要设置为低电平，D6 要设置为高电平，D7 要设置为低电平。知道了这一点，我们就可以在程序中对这 4 个数字引脚进行设置了。另外需要注意，扩展板插在 Arduino 开发板上后，Arduino 开发板程序就可以直接访问扩展板上的数字引脚。下面开始开始编写程序。

【例 11.1】实现小车前进

（1）打开 Arduino IDE，并打开 test.ino 文件，然后输入如下代码：

```
void setup(){   //初始化函数
   pinMode(4, OUTPUT);
   pinMode(5, OUTPUT);
   pinMode(6, OUTPUT);
   pinMode(7, OUTPUT);
}

void loop(){
   digitalWrite(4,HIGH);  //设置引脚 D4 为高电平
```

```
    digitalWrite(5,LOW);    //设置引脚 D5 为低电平
    digitalWrite(6,HIGH);   //设置引脚 D6 为高电平
    digitalWrite(7,LOW);    //设置引脚 D7 为低电平
}
```

　　首先，在 setup 函数中设置引脚 4、5、6、7 为输出模式；然后，在 loop 函数中设置引脚 4 和 5 为高低电平，设置引脚 6 和 7 为高低电平。这样最终驱动板上 OUT1 是高电平，OUT2 是低电平，左边车轮就可以向前滚动了；OUT3 是高电平，OUT4 是低电平，右边车轮也可以向前滚动了。

　　（2）确保 Arduino 开发板和计算机已经通过 USB 数据线相连。编译并上传程序，然后装上电池，打开开关就可以看到两个车轮都向前滚动，如图 11-31 所示。

图 11-31

11.3　超声波避障

　　超声波是一种机械波，具有指向性强、能量消耗缓慢、传播距离相对较远等特点。它必须依靠介质进行传播，无法存在于真空（如太空）中。人类耳朵能听到的声波频率为 20HZ～20kHz，超声波频率一般为 20kHz～40kHz。

　　所谓超声波避障，就是在小车前头装上超声波模块，当小车前面有障碍物时，超声波能检测到，然后我们在程序中控制小车停止或转弯等，从而避免撞上障碍物。

　　超声波测距的原理是，已知超声波在空气中的传播速度，测量声波在发射后遇到障碍物反射回来的时间，根据发射和接收的时间差，计算出发射点到障碍物的实际距离。当距离小于一个预先值的时候，就可以让小车停止或改变方向，从而实现避障。

11.3.1　认识超声波传感器

　　我们所用的超声波传感器型号是 HC-SR04，该芯片具有较高的集成度以及良好的稳定性，测度距离十分精确且稳定。其供电电压为 DC5V，供电电流小于 10mA，探测距离为 0.01～3.5m，一共有 4 个引脚，即 VCC（DC5V）、Trig（发射端）、Echo（接收端）、Gnd（接地），如图 11-32 所示。

图 11-32

在我们的实验中，超声波模块被绑定在陀机云台上，从而可以随着陀机云台的转动而转动。

11.3.2 超声波模块的接线

超声波传感器模块有 4 个引脚，可以通过导线将其和扩展板相连，从而使得我们可以在 Arduino 程序中获得超声波工作时的相关数据，并据此控制小车的运动。超声波模块接线如图 11-33 所示。

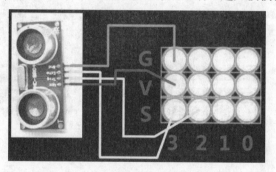

图 11-33

可以看出，Gnd 引脚接地，Echo 接的是 D3，Trig 接的是 D2，VCC 接的是 5V。超声波模块的工作电压是 5V，工作电流是 15mA。实际接线如图 11-34 所示，图中左边是在扩展板上的接线，右边是超声波模块上的接线。

图 11-34

11.3.3　编程测试超声波模块

超声波模块接线完成后，我们就要开始测试其功能了。这也是模块化设计的一种方法，不是一上来就实现小车避障功能，而是先逐个测试不同的模块，在功能正常的情况下，再逐步把这些功能集成起来，实现最终目标。

测试超声波模块的基本原理就是把一个障碍物（比如一个盒子、一只手掌或其他物体）放在超声波模块前面，此时我们可以在程序中获得一个值，然后让障碍物远离超声波模块，这时在程序中获得另外一个值。通过对比不同值的变化，就可以感知障碍物的存在和距离了。具体原理是，在超声波模块的触发脚位（Trig 引脚）输入 10μs 以上的高电位，即可发射超声波；在发射超声波之后，接收到传回的超声波之前，"响应"脚位（Echo 引脚）呈现高电位。因此，程序可以根据"响应"脚位的高位脉冲持续时间，计算出超声波模块与被测物的距离。我们来看一下超声波的时序图就明白了，如图 11-35 所示。

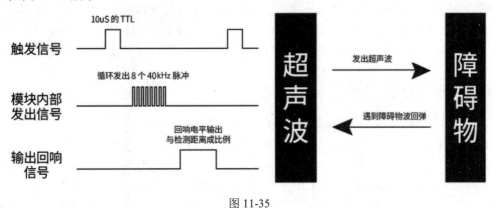

图 11-35

先给 Trig 引脚发送一个 10μs 的 TTL（高电平），Trig 引脚就可以循环发出 8 个 40kHz 的脉冲。超声波发出去后，Echo 引脚就会一直维持高电平，即超声波在空中传播时，Echo 引脚一直维持高电平。那么就可以根据 Echo 引脚的高电平维持时间和超声波在空气中的传输速度，计算出障碍物跟发波点的距离。另外，超声波模块对于障碍物的感测距离通常为 2～400cm，感测角度不大于 15°，被测物体的面积不要小于 50cm²，且尽量平整。

下面我们将编写一个测试超声波的程序，根据障碍物与超声波模块的不同距离而在串口打印不同的值。其中用到了一个库函数 pulseIn，该函数是一种用于读取数字引脚上的脉冲信号的函数。它的作用是让 Arduino 根据指定的电平和超时时间，测量一个脉冲信号从开始到结束的持续时间，并返回该时间的微秒数。这样可以实现一些需要测量脉冲信号的功能，例如测量距离、速度、频率等。pulseIn 函数声明如下：

```
unsigned long pulseIn(uint8_t pin, uint8_t state, unsigned long timeout =
1000000L);
```

其中，参数 pin 表示需要读取脉冲信号的引脚号，state 表示读取的脉冲信号的状态（HIGH 或 LOW）；timeout 为可选参数，表示读取脉冲信号的超时时间，单位为 μs，默认为 1000000μs（即 1s）。该函数返回在引脚上读取到的脉冲的持续时间，单位为 μs，如果超时还没有读取到脉冲信号，则返回 0。

脉冲信号是一种离散信号，形状多种多样。与普通模拟信号（如正弦波）相比，其波形在时间轴不连续（波形与波形之间有明显的间隔），但具有一定的周期性。这也是脉冲信号的特点。最常见的脉冲波是矩形波（也就是方波）。标准脉冲信号如图 11-36 所示。

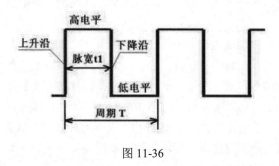

图 11-36

我们把脉冲信号从低电平到高电平的沿称为上升沿，从高电平到低电平的沿称为下降沿，有些文献也称为前沿和后沿。在实际电路中，高电平是几伏，低电平是几伏，没有严格的规定。比如在 TTL 电路中，高电平约为 3V，低电平约为 0.5V；而在 CMOS 电路中，高电平为 3～18V 或 7～15V，低电平为 0 V。

使用 pulseIn 函数时，需要注意以下几点：

（1）读引脚的脉冲信号。被读取的脉冲信号可以是 HIGH 或 LOW。例如，我们要检测 HIGH 脉冲信号，Arduino 将在引脚变为高电平时开始计时，当引脚变为低电平时停止记时，并返回脉冲持续时长（时间单位为 μs）。根据经验发现，pulseIn 函数在检测脉冲间隔过短的信号时会产生错误。Arduino 可检测的脉冲间隔时间范围是 10μs 到 3min。注意，假如调用 pulseIn 函数时，被读取信号的引脚上已经为高电平，此时 Arduino 将等待该引脚变为低电平后，再开始检测脉冲信号。另外，只有 Arduino 的中断是开启时，才能使用 pulseIn 函数。

（2）超时时间的设置。如果超时时间设置得太短，则可能会导致 pulseIn 函数没有读取到完整的脉冲信号，从而返回错误的结果。因此，在使用 pulsein 函数时，需要根据实际情况合理设置超时时间。

（3）脉冲状态的确定。在设置 pulseIn 函数时，需要确保 state 参数设置正确。如果这个参数设置不正确，将会导致返回的脉冲时间不正确。

虽然 pulseIn 函数非常实用，可以应用于很多场景，但它也存在以下局限性：

（1）阻塞程序。当 pulseIn 函数在等待脉冲信号时，整个程序会被阻塞，直到读取到脉冲信号或超时。因此，在使用 pulseIn 函数时，需要注意程序是否会因为等待脉冲信号而停滞不前。

（2）不适用于高速脉冲信号。pulseIn 函数因其实现方式而无法在高速脉冲信号的情况下工作。当脉冲信号的频率接近函数能够处理的时间上限时，pulseIn 函数将无法正确处理脉冲信号。

（3）不适用于需要高精度的定时。pulseIn 函数的读取精度取决于系统的时钟精度和时间分辨率。当需要更高精度的定时功能时，pulseIn 函数可能无法满足需求。

【例 11.2】测试超声波程序

（1）打开 Arduino IDE，并打开 test.ino 文件，然后输入如下代码：

```
#define Trig    2
```

```
#define Echo     3

float getDistance() {
    digitalWrite(Trig, LOW);     //向 Trig 引脚输出一个低电平，保证不发出超声波
    delayMicroseconds(2);        //等待 2μs
    digitalWrite(Trig, HIGH);    //向 Trig 引脚输出一个高电平，发出超声波
    delayMicroseconds(10);       //持续发出超声波脉冲的时间
    digitalWrite(Trig, LOW);     //向 Trig 引脚输出一个低电平，发出超声波
    float distance = pulseIn(Echo, HIGH) / 58.00;  //检测脉冲宽度，并计算出距离
    delay(10); //延时 10ms
    return distance;   //返回距离
}

void setup(){
    Serial.begin(9600);
    pinMode(Trig, OUTPUT);
    pinMode(Echo, INPUT);
}

void loop(){
    Serial.print(getDistance()); //打印距离
    Serial.println( " cm" );  //打印距离单位（cm）
}
```

在上面代码中，使用 Arduino 数字引脚给 SR04 模块的 Trig 引脚至少 10μs 的高电平信号，触发 SR04 的测距功能；触发后，SR04 模块会自动发送 8 个 40kHz 的超声波脉冲，并检测是否有信号返回。这一步会在模块内部自动完成。如果有信号返回，Echo 引脚会输出高电平，高电平持续的时间就是超声波从发射到返回的时间。此时，我们能使用 pulseIn 函数获取测距的结果，并计算出距被测物的实际距离。

pulseIn 函数其实就是一个简单的测量脉冲宽度的函数，默认单位是 μs，也就是说 pulseIn 测出来的是超声波从发射到接收所经过的时间。对于除数 58 也很好理解，声音在干燥、温度为 20℃的空气中的传播速度大约为 343m/s，合 34,300cm/s。我们进行单位换算，34,300cm/s 除以 1,000,000 即为 0.0343cm/μs；再换一个角度，1/（0.0343cm/μs）即为 29.15μs/cm。这就意味着，每 1cm 需要 29.15μs。但是从发送到接收到回波，超声波脉冲走过的是 2 倍的距离，所以实际距离就是 1cm 对应 58.3μs。而 pulseIn 返回的是时间（μs），要换成距离（cm），则要除以 58（当然，除以 58.3 可能更精确）。因此，我们可以用 pulseIn(EchoPin, HIGH) / 58.00 获取测得的距离。

（2）确保 Arduino 开发板和计算机已经通过 USB 数据线相连。编译并上传程序，然后在串口监视器中就可以看到输出结果了。当我们把手或其他障碍物靠近超声波传感器的时候，发现打印的距离值变短了，如图 11-37 所示；当障碍物远离超声波传感器时，会发现打印的距离值变大了。

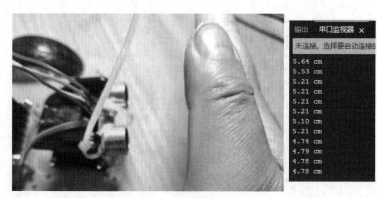

图 11-37

至此，我们确认超声波模块工作正常。

11.3.4 无舵机小车避障

无舵机小车的避障很简单，如果探测到前方有障碍物，小车就停车、后退并左转，否则一直直行。

要想让小车停止，就要让车轮不再滚动，也就是车轮电机停止运转。而 IN1、IN2 同时输入高电平或低电平，左侧的车轮电机就停止转动；IN3、IN4 同时输入高电平或低电平，右侧的车轮电机就停止转动。

要想让小车后退，则要让左右车轮都往后转。此时，IN1 输入低电平，IN2 输入高电平，左侧车轮电机就向后转；IN3 输入低电平，IN4 输入高电平，右侧车轮电机就向后转。

要想让小车左转，可以让左车轮向后转，右车轮停止。此时，IN1 输入低电平，IN2 输入高电平，左侧车轮电机就向后转；IN3、IN4 同时输入高电平或低电平，右侧的车轮电机就停止转动。

【例 11.3】无舵机小车避障

（1）打开 Arduino IDE，并打开 test.ino 文件，然后输入如下代码：

```
float getDistance() { //获得和前方障碍物的距离
   digitalWrite(2, LOW);
   delayMicroseconds(2);
   digitalWrite(2, HIGH);
   delayMicroseconds(10);
   digitalWrite(2, LOW);
   float distance = pulseIn(3, HIGH) / 58.00;
   delay(10);
   return distance;
}

void back() { //小车后退
   digitalWrite(4,LOW);   //设置 D4 为低电平，扩展板引脚 D4 连接 IN1，因此 IN1 是低电平
   digitalWrite(5,HIGH); //设置 D5 为高电平，扩展板引脚 D5 连接 IN2，因此 IN2 是高电平
   digitalWrite(6,LOW);   //设置 D6 为低电平，扩展板引脚 D6 连接 IN3，因此 IN3 是低电平
   digitalWrite(7,HIGH); //设置 D7 为高电平，扩展板引脚 D7 连接 IN4，因此 IN4 是高电平
}
```

```
void go() { //小车前进
    digitalWrite(4,HIGH); //设置 D4 为高电平
    digitalWrite(5,LOW);  //设置 D5 为低电平
    digitalWrite(6,HIGH); //设置 D6 为高电平
    digitalWrite(7,LOW);  //设置 D7 为低电平
}

void left() { //小车左转（左轮后转，右车轮不动）
    digitalWrite(4,LOW);
    digitalWrite(5,HIGH);
    digitalWrite(6,LOW);
    digitalWrite(7,LOW);
}

void stop() { //停车
    digitalWrite(4,LOW);
    digitalWrite(5,LOW);
    digitalWrite(6,LOW);
    digitalWrite(7,LOW);
}

void setup(){ //初始化函数
    pinMode(4, OUTPUT);
    pinMode(5, OUTPUT);
    pinMode(6, OUTPUT);
    pinMode(7, OUTPUT);
    pinMode(2, OUTPUT);
    pinMode(3, INPUT);
}

void loop(){
    if (getDistance() > 15) {  //如果和前方障碍物的距离大于 15cm，则往前开
        go();  //往前开
    } else if (getDistance() <= 15) { //如果和前方障碍物的距离小于 15cm，则停车、后
退并左转
        stop(); //停车
        delay(200);
        back(); //后退
        delay(200);
        left(); //左转
        delay(300);
    }
}
```

　　代码中，getDistance 是获取和前方障碍物的距离，这个函数在前面有例子解释过了，这里不再赘述。back 函数是小车后退函数；go 函数是小车前进函数；left 函数是小车左转函数；stop 函数是小车停止函数。在 loop 函数中，如果和前方障碍物的距离大于 15cm，则往前开；如果和前方障碍物的距离小于 15cm，则停车、后退并左转。

（2）确保 Arduino 开发板和计算机已经通过 USB 数据线相连。编译并上传程序，我们把小车放桌子或地板上，当和前方障碍物的距离大于 15cm 时，小车往前跑，当和前方障碍物的距离小于 15cm 时，小车就停车、后退并左转了。

这个实例我们基本实现了小车的避障，但是不怎么完美，因为遇见障碍物时只能左转，而不知道左转是否合适。这个时候，如果我们的超声波模块能在停车的时候左右都探测下，知道哪边（左或右）更空旷，再决定往哪边转，岂不更好。因此，我们需要让超声波模块转动起来，这就需要用到舵机这个模块。

11.3.5 编程测试舵机模块

小车在前进过程中，如果超声波模块探测到前面有障碍物，会将这个信息反馈给 Arduino 程序，Arduino 程序就让小车停止前进。停止后再往哪个方向走呢？左边还是右边？这个时候通常有两种方案：

（1）无舵机方案：小车遇到障碍时先左转 0.3s，如果还是有障碍就继续左转 0.3s，重复以上步骤，直到找到无障碍方向。

（2）有舵机方案：小车遇到障碍时，左右旋转舵机，从而让超声波模块测量左右的障碍物距离，然后选更为空旷的方向转向。

无舵机方案比较简单，遇到障碍时只需要控制小车即可，上一小节已基本实现了。本小节要实现有舵机的方案。因此，首先要认识舵机。

舵机是一种用于精确控制位置（角度）的伺服驱动器，广泛应用于需要不断变化角度并能保持该状态的控制系统中。它能根据输入的控制信号输出特定角度，常见的角度范围包括 0°～90°、0°～180° 以及 0°～360°。SG90 是一种常用的微型舵机，其旋转角度能够从 0° 调节至 180°。该舵机对应的脉冲宽度控制范围大约是 0.5～2.5ms。SG90 舵机以其较小的体积和适中的扭矩而受到青睐，尽管其扭矩不是非常大，但它足以驱动一些简单的装置，如小型云台。这使得 SG90 舵机特别适合安装在小型车辆和各种自动化项目上。SG90 舵机如图 11-38 所示。

图 11-38

舵机的工作原理比较简单。舵机内部有一个基准电压，单片机产生的 PWM 信号通过信号线进入舵机，与舵机内部的基准电压进行比较，获得电压差输出。电压差的正负输出到电机驱动芯片上，从而决定正反转。开始旋转的时候，舵机内部通过级联减速齿轮带动电位器旋转，使得电压差为 0，电机停止转动。

SG90 有 3 个引脚，分别是红线（VCC），棕线（GND）和橙线（信号线）。通常使用 5V 供电，信号线接单片机引脚，用来接收单片机发送的 PWM 信号。当对舵机输入相同控制信号时，舵机会运动到固定位置，它的动作不是做圆周运动，而是在运动范围内，每一个位置对应一个控制信号。舵机的控制一般需要一个 20ms 左右的时基脉冲，该脉冲的高电平部分一般为 0.5～2.5ms 范围内的角度控制脉冲部分，总间隔为 2ms。以 180°角度伺服为例，对应的控制关系是这样的：

- 0.5ms：对应 0°。
- 1.0ms：对应 45°。
- 1.5ms：对应 90°。
- 2.0ms：对应 135°。
- 2.5ms：对应 180°。

这种控制关系也就是角度与脉冲时间的关系。另外，180°舵机可以控制旋转角度、有角度定位。上电后舵机自动复位到 0°，通过一定参数的脉冲信号控制它的角度。而 360°的舵机则不可控制角度，只能顺时针旋转、逆时针旋转、停止、调节转速；无角度定位，上电不会复位到 0°。因为这是 360°任意旋转的，所以没有 0°。我们可以通过一定参数的脉冲信号控制它的选择。

在我们的实验中，这 3 根线直接插在扩展板上，接线方法如图 11-39 所示。黄色信号线接在扩展板 S 那一排的 9 号插针上，红色线接在 V 那一排的 9 号插针上，蓝色线接 GND，即接在 G 那一排 9 号插针上。最终实物接线如图 11-40 所示。

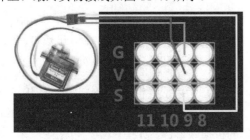

图 11-39　　　　　　　　　　　　　　　图 11-40

舵机连线完成后，我们就可以编程测试其功能了。Arduino 提供了一个 Servo 库来支持舵机编程，我们直接使用里面的库函数即可。常见的 Servo 库函数如下：

1）attach 函数

该函数用来设置 Arduino 舵机的引脚连接，用法如下：

```
servo.attach(pin);
```

其中参数 pin 表示连接舵机数据线的 Arduino 引脚号。

2）write 函数

该函数用于控制舵机旋转。对于标准 180°舵机，write 函数会将舵机轴旋转到相应的角度位置；对于连续旋转 360°类型的舵机，write 函数可以设置舵机的旋转速度。用法如下：

```
servo.write(angle);
```

其中参数 angle 表示舵机旋转的角度；对于标准 180°舵机，angle 范围为 0°～180°。

在实际应用舵机前，先要手动"告诉"舵机正前方的位置，然后舵机就以正前方为基准，在 0°到 180°之间摆动时。具体怎么做呢？我们可以先编写并上传一段让舵机处于 90°的代码，此时若舵机没有正对前方，那么可以将它从云台上拔下来，再把舵机插入云台，并使舵机对着正前方。这样做的目的就是把舵机的 90°和小车正前方对应起来，后续转 0°和 180°的时候，就相当于以正前方为基准左右各转 90°，看起来就像在探测正前方的左右两边了。

【例 11.4】校准舵机的正前方

（1）打开 Arduino IDE，并打开 test.ino 文件，然后输入如下代码：

```
#include <Servo.h> //包含 Servo 库的头文件
Servo servo; //实例化 Servo 对象

void setup(){
    servo.attach(9); //设置舵机的引脚连接
}

void loop(){
    servo.write(90); //让舵机旋转到 90°
    delay(1000); //延时 1s
}
```

在上面代码中，首先包含 Servo 库的头文件，然后实例化一个 Servo 对象。在 setup 函数中，通过 attach 函数设置舵机的引脚连接，现在连接的是扩展板上的引脚 9。在 loop 函数中，我们通过 write 函数让舵机转到 90°的位置，因为 loop 是循环调用的，所以舵机就一直处于 90°的位置。

（2）确保 Arduino 开发板和计算机已经通过 USB 数据线相连。编译并上传程序，就可以看到舵机停在了一个方向（对舵机来讲就是 90°）。这个方向如果不是小车正前方，就把舵机从云台上拿下来，然后让超声波模块朝着正前方，再把舵机插入云台，如图 11-41 所示。

图 11-41

注意：在这个过程中，USB 数据线要始终插着，这样才会让舵机一直处于 90°的位置，然后将舵机朝着小车正前方插入云台。这样，舵机的 90°就和正前方对应起来了。

接下来就可以编程让小车左右旋转了。

【例 11.5】舵机不停地左右旋转

（1）打开 Arduino IDE，并打开 test.ino 文件，然后输入如下代码：

```
#include <Servo.h> //包含 Servo 库的头文件
```

```
Servo servo; //实例化 Servo 对象
void setup(){
    servo.attach(9); //设置舵机的引脚连接
    servo.write(90);
    delay(1000);
}

void loop(){
    servo.write(0); //让舵机旋转到 0°
    delay(1000);       //等待 1s
    servo.write(180);//让舵机旋转到 180°
    delay(1000);
}
```

在上面代码中，setup 函数调用 attach 函数来设置舵机的引脚连接。在 loop 函数中，我们让舵机先旋转到 0°，等待 1s 后，让舵机旋转到 180°，如此反复执行，会让舵机左右不停地旋转。

（2）确保 Arduino 开发板和计算机已经通过 USB 数据线相连。把电池全部放入电池盒，然后编译并上传程序，就可以看到舵机不停地左右旋转了，如图 11-42 所示。

图 11-42

之所以上传程序之前装上全部电池，是因为仅凭 USB 供电，让舵机转起来会比较吃力，而且会影响程序的上传。

至此，测试舵机模块成功了。此外，使用舵机时要注意以下几点：

（1）使用舵机时要防止其堵转，因为电机堵转时电流会增大，很容易烧坏舵机。

（2）舵机的红色电源线接入电压一般要大于或等于其工作电压，供电不足会导致舵机不停自转。

（3）Arduino 的 Servo 库里提供的 write 函数输出的 PWM，即为舵机专用的、以 20ms 为周期的 PWM 波，如果使用其他开发板或者函数，请务必保证输出方波周期为 20ms，否则舵机不会受控制。

11.3.6　有舵机小车避障

现在有了舵机功能，我们就可以让小车在遇到障碍时左右旋转舵机，从而让超声波模块测量左右的障碍物距离，然后选更为空旷的方向转向。下面的实例将在无舵机小车避障实例的基础上，加入一些左右判断的代码。

【例 11.6】实现有舵机小车避障

（1）打开 Arduino IDE，并打开 test.ino 文件，把【例 11.3】的代码复制后粘贴到本例 test.ino 中，然后在文件开头加入两行代码：

```
#include <Servo.h> //包含 Servo 库的头文件
Servo servo; //实例化 Servo 对象
```

再修改 left 和 right 函数：

```
void left() { //小车左转（左轮后转，右轮前进）
    digitalWrite(4,LOW);
    digitalWrite(5,HIGH);
    digitalWrite(6,HIGH);
    digitalWrite(7,LOW);
}

void right() { //小车右转（左轮前进，右轮后退）
    digitalWrite(4,HIGH);
    digitalWrite(5,LOW);
    digitalWrite(6,LOW);
    digitalWrite(7,HIGH);
}
```

现在转弯时两边的轮子都动起来了，这样转的幅度更大些。

接着在 setup 函数的末尾添加如下代码：

```
Serial.begin(9600); //初始化串口
servo.attach(9);        //设置舵机的引脚连接
servo.write(90);        //让舵机转到 90°位置，并且我们要手动把 90°时的舵机对着正前方
delay(1000);
```

我们初始化串口是为了后续可以打印左右距离等数据，如果不需要数据，也可以不初始化串口。

最后，修改 loop 函数代码：

```
void loop(){
    int i,leftdis,rightdis,frontdis;

    servo.write(90);
    frontdis = getDistance();
    //Serial.print("front_Distance:");        //输出距离（单位：cm）
    //Serial.println(frontdis);                //显示距离
    if (frontdis> 25) {        //如果和前方障碍物的距离大于 25cm，则往前开
        go();                //往前开
    } else {                //如果和前方障碍物的距离小于 25cm，则停车、后退并左转
        stop();                //停车
        stop();                //停车
        delay(200);
```

```
servo.write(30);        //让舵机旋转到30°，即右边
delay(1000);            //等待1s
rightdis=getDistance();
//Serial.print("Left_Distance:");           //输出距离（单位：cm）
//Serial.println(leftdis);                   //显示距离
servo.write(150);                            //让舵机旋转到150°，即左边
delay(1000);
leftdis=getDistance();
//delay(1000);
//Serial.print("Right_Distance:");           //输出距离（单位：cm）
//Serial.println(rightdis);                   //显示距离
if(leftdis<rightdis)
{
    for(i=0;i<10;i++)
    {
        delay(20);
        right(); //右转
    }
}
else
{
    for(i=0;i<10;i++)
    {
        delay(20);
        left();  //左转
    }
}
delay(300);
    }
}
```

在上面代码中，如果小车和正前方障碍物的距离大于 25cm，就让小车往前开；否则，停下小车并左右探测，记录与左侧障碍物的距离 leftdis 以及与右侧障碍物的距离 rightdis，如果左边距离更小，则右转，否则左转。

（2）确保 Arduino 开发板和计算机已经通过 USB 数据线相连。把电池全部放入电池盒，然后编译并上传程序，接着找一个三面都是墙壁的地方，比如厨房或卫生间，就可以打开小车开关测试了。建议在小车尾部的小孔中栓一根小绳子，稍微拖住小车，尤其是快撞上墙壁的时候，否则超声波模块容易被撞坏。

当然，我们的代码无法做到像真正的汽车检测障碍物那样灵敏，实际汽车尾部装有多个探测器的，而我们只有一个；而且小车向前开的时候是正对前方，如果和前方障碍物不是垂直的，则有可能会撞上去。

11.4 魔法手控制小车

想不想让小车跟着我们的手走？本节将来实现这个神奇的功能，好比我们的手有了魔法，可以"吸"着小车，带着它运动。

【例 11.7】实现超声波魔法手

（1）打开 Arduino IDE，并打开 test.ino 文件，把【例 11.3】的代码复制后粘贴到本例 test.ino 中，然后修改 loop 函数如下：

```
void loop(){
    int frontdis = getDistance ();        //得到和前方障碍物的距离
    if (frontdis < 6) {                    //和前方的障碍物距离如果小于 6cm，则后退
        back();
    } else if (frontdis>= 6 && frontdis<= 12) {//如果在 6cm 和 12cm 之间，则前进
        go();
    } else if (frontdis > 12) {            //如果大于 12cm，则停止
        stop();
    }
}
```

上面代码其实很简单，就是实时判断和前方障碍物（比如小车到手掌）的距离，如果距离小于 6cm，则小车后退；如果距离在 6cm 和 12cm 之间，则小车前进，也就是和手靠近；如果距离大于 12cm，则小车停止，也就说，手离开小车太远了，小车跟不上了，只能"伤心"地停止了。这些数值也可以自己设定。

（2）确保 Arduino 开发板和计算机已经通过 USB 数据线相连。把电池全部放入电池盒，然后编译并上传程序，接着打开小车开关，再把手掌放到小车前方，慢慢靠近小车，小车就会跟上来，等手掌距离小车很近的时候，小车又会后退，此时我们的手远离小车，小车又会跟来，就好像我们的手有了魔法一样。

11.5 红外遥控器控制小车

红外通信是一种利用红外光编码进行数据传输的无线通信方式，目前使用非常广泛。生活中常见的电视遥控器、空调遥控器等均使用了红外线遥控。红外线遥控主要包括一体化红外接收头和红外遥控器。

一体化红外接收头内部集成了红外接收电路，它可以接收红外信号并还原发射端的波形信号。通常使用的一体化红外接收头接收的都是 38kHz 的红外信号。

红外遥控是一种无线、非接触控制技术，具有抗干扰能力强，信息传输可靠，功耗低，成本低，易实现等显著优点，因而被诸多电子设备特别是家用电器广泛采用，并越来越多地应用到计算机和手机系统中。

红外光按波长范围分为近红外、中红外、远红外、极红外 4 类。红外线遥控利用近红外光传送

遥控指令，波长为 0.76～1.5μm。之所以用近红外光作为遥控光源，是因为红外发射器件（红外发光管）与红外接收器件（光敏二极管、三极管及光电池）的发光与受光峰值波长，一般为 0.8～0.94μm，在近红外光波段内，二者的光谱正好重合，能够很好地匹配，可以获得较高的传输效率及较好的可靠性。

红外遥控器主要由红外发射和红外接收两部分组成。红外发射和接收的信号是一串二进制脉冲码，高低电平按照一定的时间规律变换来传递相应的信息。为了使其在无线传输过程中免受其他信号的干扰，信号调制在 38kHz 红外载波上，通过红外发射二极管发射出去，而红外接收端则要将信号进行解调处理，还原成二进制脉冲码进行处理。

11.5.1 红外遥控接收器的组装

11.4 节中我们实现了用魔法手来"吸引"小车前进和后退，本节实验更具有科技感，用一个遥控器来控制小车前进、后退、左转和右转。

实验用的红外遥控器和接收头如图 11-43 所示。

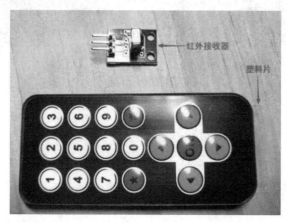

图 11-43

遥控器尾部有一个塑料片，实际使用前要把它拿掉。这个塑料片是为了防止平时遥控器电池走电。

红外接收器要固定在小车板子上，可以在小车板子前部找一个洞，然后用圆柱和螺丝固定接收器，如图 11-44 所示。

图 11-44

图 11-44 中接收器电路板上竖着的黑色装置就是红外接收头。我们拿着遥控器要对着它按键，它收到红外信号后，会使电路板上的一个 LED 灯闪烁一下。

11.5.2　红外遥控接收器的接线

安装好红外接收器后，我们就可以对其连线了。接收器电路板上有 3 个根插针，可以插 3 根导线将其与扩展板连接起来，具体插法如图 11-45 所示。在接收器电路板的 S 一端引出的导线连接扩展板的模拟输入引脚 A0 那一列的 S 插针（表示控制信号），从接收器中间插针引出的导线连接扩展板的模拟输入引脚 A0 那一列的 V 插针（5V），而从接收板的"-"引出的导线和扩展板中模拟输入引脚 A0 那一列的 G 插针相连（GND）。最终实物连接如图 11-46 所示。

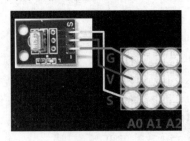

图 11-45　　　　　　　　　　　　　　　　图 11-46

如果连接没问题，那么我们拿着遥控器对着接收器按一下，就会发现有 LED 灯闪烁，说明红外信号收到了。注意，遥控器尾部的塑料片要抽掉。

11.5.3　编程实现遥控小车

遥控器没问题后，我们就可以通过编程来控制小车的前进、后退和左右转弯了。这个过程的基本原理是遥控器按键后，会发送信号给接收器，接收器再把这个信号传送给 Arduino 开发板，Arduino 开发板中的程序会收到这个信号后做出相应的动作。红外遥控器的每个按键信号会对应一个十六进制数值（这些数值也称为红外编码，具体见表 9-1），程序直接根据不同的数值采取不同（小车）动作即可。

在本次实验中，我们只需要用到遥控器上的上、下、左、右和 OK 键，因此只需要在程序中判断这几个键的数值即可。要想使用红外遥控功能，需要使用第三方红外遥控库 IRremote。IRremote 类库中定义了红外接收类 IRrecv、红外发射类 IRsend 和解码结果类 decode_results。在我们实验中用到了 IRrecv 类和 decode_results 类。

IRrecv 类用于接收红外信号并对其解码。在使用这个类之前，需要在程序中包含头文件 IRremote.h，并要实例化一个该类的对象。IRrecv 类常用的成员函数如下：

- IRrecv(recvpin)：构造函数，recvpin 为连接到接收头的引脚。
- enableIRIn()：初始化红外解码。
- decode()：检查是否接收到编码。
- resume()：接收下一个编码。

decode_results 类的定义如下：

```
class decode_results {
public:
    int decode_type; //解码类型，取值为 NEC、SONY、RC5、 UNKNOWN 等
    unsigned int panasonicAddress; //仅用于解码 Panasonic 数据
    unsigned long value; //解码的值
    int bits; //解码值中的位数
    volatile unsigned int *rawbuf; //红外脉冲时间阵列
    int rawlen; //rawbuf 中的记录数
};
```

【例 11.8】解析红外编码并遥控小车

（1）打开 Arduino IDE，并打开 test.ino 文件，然后输入如下代码：

```
#include <IRremote.h>  //红外库的头文件
IRrecv irrecv_A0(A0); //实例化 IRrecv 对象，并把 A0 作为连接到接收头的引脚
decode_results results_A0; //实例化解码器结果类，该对象可以得到解码相关的信息
long ir_item;
//为了节省篇幅，这里省略了小车后退、前进、左转和右转的代码，读者可以直接查看配套源文件

void setup(){   //初始化函数
    Serial.begin(9600);   //初始化串口
    //设置和小车电机相连的 4 个引脚为输出模式
    pinMode(4, OUTPUT);
    pinMode(5, OUTPUT);
    pinMode(6, OUTPUT);
    pinMode(7, OUTPUT);
    irrecv_A0.enableIRIn(); //初始化红外接收器
}

void loop(){
    if (irrecv_A0.decode(&results_A0)) { //判断是否接收到红外遥控信号
        ir_item=results_A0.value;    //保存红外信号编码值到全局变量 ir_item 中
        String type="UNKNOWN";
        //定义解码类型字符串
        String typelist[14]={"UNKNOWN", "NEC", "SONY", "RC5", "RC6", "DISH",
"SHARP", "PANASONIC", "JVC", "SANYO", "MITSUBISHI", "SAMSUNG", "LG", "WHYNTER"};
        if(results_A0.decode_type>=1&&results_A0.decode_type<=13){
            type=typelist[results_A0.decode_type];//根据解码类型,得到解码类型字符串
        }
        Serial.print("IR TYPE:"+type+"  "); //输出解码类型字符串
        Serial.println(ir_item,HEX); //串口打印红外信号编码值，HEX 表示数值以十六进制
形式展现
        irrecv_A0.resume(); //接收下一个编码
    } else {
        if (ir_item == 0XFF18E7) { //如果在遥控器上按了上键
            go();   //小车前进
        } else if (ir_item == 0xFF4AB5) {   //如果在遥控器上按了下键
            back(); //小车后退
        } else if (ir_item == 0xFF10EF) {   //如果在遥控器上按了左键
            left(); //小车左转
```

```
        } else if (ir_item == 0xFF5AA5) { //如果在遥控器上按了右键
            right(); //小车右转
        } else if (ir_item == 0xFF38C7) { //如果按了 OK 键
            stop(); //停车
        }
    }
}
```

上述代码针对遥控器的上、下、左、右和 OK 键进行处理，一旦这些按键中的某个按键被按下，则小车做相应的动作，比如前进、后退等。关于红外库 IRremote，我们在 9.12 节的实验中已经添加过了，因此这里可以直接使用。

（2）确保 Arduino 开发板和计算机已经通过 USB 数据线相连。把电池全部放入电池盒，然后编译并上传程序，接着打开小车开关，再按下遥控器方向键中的一个，就可以发现小车会有相应的动作了。注意，遥控器需要对着接收头正面再按下按键。

11.6　红外避障

前面我们通过超声波传感器来实现小车的避障，本节将再用红外传感器来实现小车的避障。智能小车红外避障运动的原理是：红外光线具有反射特性，红外发射管发出的红外信号经物体反射后被红外接收管接收，但距离不同的物体反射量是不一样的。对距离近的物体，红外光线的反射量就会多一点，红外接收管的电压输出就会高一点；而对距离远的物体，红外光线的反射会少一些，红外接收管的电压输出就低一点。

11.6.1　避障红外传感器的组装

一共有 2 个红外（避障）传感器，分别装载在汽车前部的左右两边。每个红外传感器用一个 10mm 的螺丝和螺帽来固定在小车木板上。如图 11-47 所示是小车右边的红外传感器，底部由一个螺帽和螺丝拧紧。左边也是这样安装的。

图 11-47

11.6.2　避障红外传感器的接线

红外传感器的尾部有 4 根针，分别标有"GND""+""OUT"和"EN"字符，其中"EN"对应的引脚针不需要接导线。

左侧红外传感器和扩展板的接线如图 11-48 所示。从图中可以看出，红外传感器的 3 个插针引脚都和扩展板的 11 那一列相连，即 OUT 插针引脚连接 S，用于传输控制信号；VCC（也就是"+"）插针引脚连接 V，用于 5V 供电；GND 插针引脚连接 G，用于接地。

右侧红外传感器和扩展板的接线如图 11-49 所示。右侧的红外传感器连线与左侧的类似，只不过是在 12 那一列上。

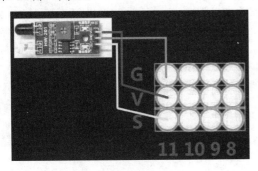
图 11-48

图 11-49

注意：实物导线的颜色不必和图中连线的颜色一致。例如，右侧传感器的实际连线如图 11-50 所示，这 3 条线的另外一端插入扩展板第 12 列的 G、V、S 插针中。

图 11-50

11.6.3 编程实现红外避障

接线完成后，我们就可以编程实现红外避障功能了。最终目标和超声波避障类似，就是当红外传感器前面有障碍物时，程序将控制小车后退和转弯。在我们的实验中，当小车两侧的红外避障都没检测到障碍时，小车前进；当左边避障模块检测到障碍时，小车后退 0.2s、停止 0.3s，再右转 0.3s；当右边避障模块检测到障碍时，小车后退 0.2s、停止 0.3s，再左转 0.3s；当小车两侧红外避障都检测到障碍时，小车后退 0.2s，停止 0.3s，再左转 0.3s。

【例 11.9】实现小车红外避障

（1）打开 Arduino IDE，并打开 test.ino 文件，然后输入如下代码（为了节省篇幅，省略了小车后退、前进、左转和右转的代码）：

```
void loop(){
```

```
    if (digitalRead(11) == 0 && digitalRead(12) == 0) {  //左右两侧都检测到障碍物
        stop();             //停车
        delay(200);         //延时 0.2s
        back();             //后退
        delay(300);         //延时 0.3s
        left();             //左转
        delay(300);         //延时 0.3s

    } else if (digitalRead(11) == 1 && digitalRead(12) == 0) {//右侧检测到障碍物
        stop();             //停车
        delay(200);         //延时 0.2s
        back();             //后退
        delay(300);         //延时 0.3s
        left();             //左转
        delay(300);         //延时 0.3s

    } else if (digitalRead(11) == 0 && digitalRead(12) == 1) {//左侧检测到障碍物
        stop();             //停车
        delay(200);         //延时 0.2s
        back();             //后退
        delay(300);         //延时 0.3s
        right();            //右转
        delay(300);         //延时 0.3s
    } else if (digitalRead(11) == 1 && digitalRead(12) == 1) {  //如果两侧都没探
测到障碍物
        go();               //前进
    }
```

当 digitalRead(x)返回 1 时，说明没有探测到障碍物；若返回 0，则表示探测到了障碍物。

（2）确保 Arduino 开发板和计算机已经通过 USB 数据线相连。把电池全部放入电池盒，然后编译并上传程序，接着打开小车开关，小车开始前进。前进过程中，当左或右有障碍物时，就会采取相应的动作了。也可以把小车拎在空中，然后将障碍物放在小车的左侧或右侧，观察车轮的运动。

11.7　小车原地旋转

在前面的实验中，我们实现了小车前进、后退、左转和右转的动作，本节将让小车原地旋转，即顺时针旋转几圈，再逆时针旋转几圈。小车原地转圈其实很简单，就是不用前进和后退，直接原地左转或右转。

【例 11.10】实现小车原地转圈

（1）打开 Arduino IDE，并打开 test.ino 文件，然后输入如下代码：

```
int Left_IN1_Motor_go=4;      //左电机车轮前进，电机驱动板上 IN1 接 Arduino 上的引脚 4
int Left_IN2_Motor_back=5;    //左电机车轮后退，电机驱动板上 IN2 接 Arduino 上的引脚 5
int Right_IN3_Motor_go=6;     //右电机车轮前进，电机驱动板上 IN3 接 Arduino 上的引脚 6
int Right_IN4_Motor_back=7;   //右电机车轮后退，电机驱动板上 IN4 接 Arduino 上的引脚 7
```

```
void setup()
{
    pinMode(Left_IN1_Motor_go,OUTPUT);     //定义电机输出引脚，具有 PWM 功能
    pinMode(Left_IN2_Motor_back,OUTPUT);   //定义电机输出引脚
    pinMode(Right_IN3_Motor_go,OUTPUT);    //定义电机输出引脚，具有 PWM 功能
    pinMode(Right_IN4_Motor_back,OUTPUT);  //定义电机输出引脚
}

void left()          //小车左转（左轮不动，右轮前进）
{
    digitalWrite(Right_IN3_Motor_go,HIGH);   //小车右轮前进
    digitalWrite(Right_IN4_Motor_back,LOW);
    digitalWrite(Left_IN1_Motor_go,LOW);     //小车左轮不动
    digitalWrite(Left_IN2_Motor_back,LOW);
}

void right()          //小车右转(右轮不动，左轮前进)
{
    digitalWrite(Right_IN3_Motor_go,LOW);    //小车右轮不动
    digitalWrite(Right_IN4_Motor_back,LOW);
    digitalWrite(Left_IN1_Motor_go,HIGH);  //小车左轮前进
    digitalWrite(Left_IN2_Motor_back,LOW);
}
void loop()
{
    right();      //小车右转
    delay(3000); //延时 3s
    left();       //小车左转
    delay(3000); //延时 3s
}
```

在上面代码中，我们用宏定义来表示和电机驱动板相连的 Arduino 数字引脚，这样以后要更改其他数字引脚时，只需更改宏定义即可。在 loop 函数中，我们首先让小车右转，停顿 3s 后再左转，再停顿 3s，如此反复。

（2）确保 Arduino 开发板和计算机已经通过 USB 数据线相连。把电池全部放入电池盒，然后编译并上传程序，接着打开小车开关，可以发现小车原地转圈了。

11.8　聪明小车智能寻迹

上一节，我们让小车不停地原地打转，使得它看起来非常"傻"，本节将尽快让它"聪明"起来，即让小车能够智能寻迹。所谓寻迹，就是小车通过寻迹传感器探测某些特定颜色的路面，然后控制小车在这些路面上行驶。

我们的聪明小车将使用一个红外传感器发射红外线，红外线会被黑色吸收，而被其他颜色反弹。因此，当地面上有黑色路段时，小车就可以判断出来了，我们就可以让小车沿着黑色路段行驶。

11.8.1 寻迹传感器的组装

首先找出两个寻迹（红外）传感器，并准备两个铜柱和 4 颗 6mm 的短螺丝，如图 11-51 所示。虽然传感器上面有两个孔，但我们只需要挑选 1 个孔即可（用中间的孔更好些），然后把它倒挂在车前方，如图 11-52 所示。

图 11-51   图 11-52

两个寻迹（红外）传感器装在小车最前面的两个孔上，而且螺丝穿在传感器中间的孔上，这样传感器相对小车往前突出一些，可以更快地探测到地面的黑色部分。

11.8.2 寻迹传感器的接线

每个寻迹传感器上有 3 根针，分别是 GND、VCC（也就是+，接 5V 电源）和 OUT（接信号）。这 3 根针以小车前方为基准，分别与右侧的传感器和扩展板 A1 那一列的 G、V、S 相连；左侧传感器和扩展板 A5 那一列的 G、V、S 相连。右侧寻迹模块连接示意图如图 11-53 所示。左侧寻迹模块连接示意图如图 11-54 所示。

注意：这里说的左侧、右侧都是基于小车前进方向的，也就是说和左轮、右轮是一致的，如图 11-55 所示。

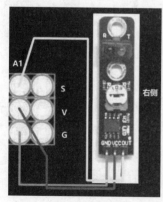

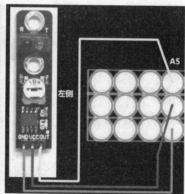

图 11-53   图 11-54   图 11-55

11.8.3 布置路径

我们的循迹传感器会"寻找"路面上的黑色区域，因此需要预先在路面上布置一块黑色区域。这里可以拿出黑色的胶带，然后剪下 3 条贴在桌面或地板上，如图 11-56 所示。

图 11-56

我们后面将编程实现让小车探测到黑色区域就往前跑，没有黑色区域了就停车。

11.8.4　实现小车直走寻迹

路径布置好后，我们就可以让小车遵循这个路径来运动了，这需要编程来实现。简单地讲，开始的时候小车是不动的，我们慢慢地把小车移动到黑色区域，小车一旦探测到了黑色区域就自动行驶，直到越过黑色区域就停车。这个过程主要是为了演示循迹模块探测到路面的黑色区域，就可以控制小车的行为。

【例 11.11】编程实现小车直线寻迹

（1）打开 Arduino IDE，并打开 test.ino 文件，然后输入如下代码（初始化、前进、停止、左转和右转代码这里不再重复列出，具体参看配套源码文件）：

```
void loop(){
    if (digitalRead(A5) == 0 && digitalRead(A1) == 0) { //当左右两个寻迹模块都没
探测到黑色，则停车
        stop(); //停车
    }
    else if (digitalRead(A5) == 1 && digitalRead(A1) == 1) { //左右两个寻迹模块
都探测到黑色，则前进
        go(); //前进
    }
}
```

（2）确保 Arduino 开发板和计算机已经通过 USB 数据线相连。把电池全部放入电池盒，然后编译并上传程序，接着打开小车开关，把车慢慢从后面移动到黑色区域，小车一旦探测到了黑色就行驶，越过黑色区域就停车。

11.8.5　实现小车转弯寻迹

上一小节我们实现了小车的直走寻迹，也就是在黑色轨迹上直行，一旦没有黑色区域了，就停车。本小节将更进一步，尝试让小车在黑色轨迹上转弯。我们首先要准备一条带弯的黑色道路，如图 11-57 所示。

我们大致弄了一个钝角的转弯，而且拓宽了黑色道路，这是因为本次实验中，我们将把两个寻迹模块扳开，并隔开一定距离后再固定在小车前方，如图 11-58 所示。

图 11-57

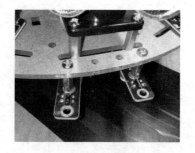
图 11-58

从图 11-58 中可以看出，我们原来是把两个模块固定在小车中间相邻的两个孔中，现在则各自往外移了一个孔，这样它们就间隔两个孔了。让两个传感器隔开一定距离，这是为了可以分别探测到左右两边黑色区域是否存在。比如，车子行驶过程中，左边传感器一旦探测不到黑色区域了（说明车子左边部分已经驶出黑色区域），那么车子就需要右转一下，让车子修正路线，完全回到黑色区域范围内。同样地，如果车子行驶过程中，右边传感器探测不到黑色区域了（说明车子右边部分已经驶出黑色区域），那么车子就需要左转一下。这个过程我们可以通过编程来实现。

【例 11.12】编程实现小车直线寻迹

（1）打开 Arduino IDE，并打开 test.ino 文件，然后输入如下代码（初始化、前进、停止、左转和右转代码这里不再重复列出，具体参看配套源码文件）：

```
uint8_t leftPin=A5,rightPin=A1;  //定义左右两侧寻迹模块和扩展板相连的引脚号

void loop(){
    if (digitalRead(leftPin) == 0 && digitalRead(rightPin) == 0) {
        stop(); //当左右两个寻迹模块都没探测到黑色，则停车
    } else if (digitalRead(leftPin) == 1 && digitalRead(rightPin) == 0) {
        left(); //当右侧没有探测到黑色，则要左转
    } else if (digitalRead(leftPin) == 0 && digitalRead(rightPin) == 1) {
        right(); //当左侧没有探测到黑色，则要右转
    } else if (digitalRead(leftPin) == 1 && digitalRead(rightPin) == 1) {
        go();  //当左右两个寻迹模块都探测到黑色，则前进
    }
}
```

（2）调节寻迹模块敏感度到最优。我们可以用一张卡片或一字螺丝刀旋转寻迹模块的调节按钮到一定角度，如图 11-59 所示。

调到图示这样的角度后，当手靠近寻迹模块前方传感器位置时，模块上红色 LED 灯将会亮起，如图 11-60 所示。

图 11-59　　　　　　　　　　　　　　图 11-60

此时，就认为是调节到最优了。如果还不清楚，可以参考配套资源中本实例目录下的视频"循迹调试.mp4"。

（3）确保 Arduino 开发板和计算机已经通过 USB 数据线相连。把电池全部放入电池盒，然后编译并上传程序，接着打开小车开关，把小车放到黑色路径一端，多试几次，就可以发现小车能转弯行驶了。但不一定每次都成功，这是因为小车速度快，如果转弯的时候冲出黑色跑道，则会导致两个寻迹模块都探测不到到黑色，从而使得小车停止。最终运行结果如图 11-61 所示。

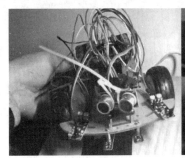
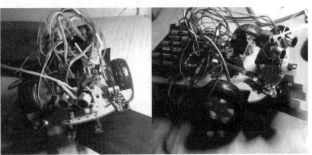

图 11-61

这 3 幅图片是从笔者录制的视频中截取的，分别代表开始直行的行驶状态，转弯的行驶状态和转弯后直行的行驶状态。这个视频也可以在配套资源文件中本例源码目录下看到。

在图 11-61 中可以看到，右边的车轮电机引出的两个导线是以"黑在前红在后"的方式插入驱动板右边的两个电源插槽中；左边的车轮电机引出的两个导线是以"红在前黑在后"的方式插入驱动板左边的两个电源插槽中。以这样的方式插入后，两边的轮子是往前滚动的。如果想让某边的轮子往后滚动，只需交换红线、黑线的次序即可。比如，让左边的轮子往后转，则只要让左边的两根导线以"黑在前、红在后"的方式插入电源插槽中即可。